林 业 碳 汇 计 量

Carbon Inventory Methods

李怒云　杨炎朝　编译

中国林业出版社

图书在版编目(CIP)数据

林业碳汇计量 / 李怒云编译. —2 版 . —北京:中国林业出版社,2016.5
(碳汇中国系列丛书)
ISBN 978 - 7 - 5038 - 8516 - 7

Ⅰ.①林…　Ⅱ.①李…　Ⅲ.①森林 - 二氧化碳 - 资源利用 - 研究 - 中国　Ⅳ.①S718.5

中国版本图书馆 CIP 数据核字(2016)第 097637 号

中国林业出版社
责任编辑:李　顺　王思源
出版咨询:(010)83143569

出版:中国林业出版社(100009 北京西城区德内大街刘海胡同 7 号)
网站:http://lycb. forestry. gov. cn
印刷:北京卡乐富印刷有限公司
发行:中国林业出版社
电话:(010)83143500
版次:2017 年 1 月第 1 版
印次:2017 年 1 月第 1 次
开本:787mm×960mm　1/16
印张:19.75
字数:350 千字
定价:80.00 元

"碳汇中国"系列丛书编委会

总　序

　　进入 21 世纪，国际社会加快了应对气候变化的全球治理进程。气候变化不仅仅是全球环境问题，也是世界共同关注的社会问题，更是涉及各国发展的重大战略问题。面对全球绿色低碳经济转型的大趋势，各国政府和企业和全社会都在积极调整战略，以迎接低碳经济的机遇与挑战。我国是世界上最大的发展中国家，也是温室气体排放增速和排放量均居世界第一的国家。长期以来，面对气候变化的重大挑战，作为一个负责任的大国，我国政府积极采取多种措施，有效应对气候变化，在提高能效、降低能耗等方面都取得了明显成效。

　　森林在减缓气候变化中具有特殊功能。采取林业措施，利用绿色碳汇抵销碳排放，已成为应对气候变化国际治理政策的重要内容，受到世界各国的高度关注和普遍认同。自 1997 年《京都议定书》将森林间接减排明确为有效减排途径以来，气候大会通过的巴厘路线图、哥本哈根协议等成果文件，都突出强调了林业增汇减排的具体措施。特别是在去年底结束的联合国巴黎气候大会上，林业作为单独条款被写入《巴黎协定》，要求 2020 年后各国采取行动，保护和增加森林碳汇，充分彰显了林业在应对气候变化中的重要地位和作用。长期以来，我国政府坚持把发展林业作为应对气候变化的有效手段，通过大规模推进造林绿化、加强森林经营和保护等措施增加森林碳汇。据统计，近年来在全球森林资源锐减的情况下，我国森林面积持续增长，人工林保存面积达 10.4 亿亩，居全球首位，全国森林植被总碳储量达 84.27 亿吨。联合国粮农组织全球森林资源评估认为，中国多年开展的大规模植树造林和天然林资源保护，对扭转亚洲地区森林资源下降趋势起到了重要支持作用，为全球生态安全和应对气候变化做出了积极贡献。

　　国家林业局在加强森林经营和保护、大规模推进造林绿化的同时，从 2003 年开始，相继成立了碳汇办、能源办、气候办等林业应对气候变化管理机构，制定了林业应对气候变化行动计划，开展了碳汇造林试点，建立了全国碳汇计量监测体系，推动林业碳汇减排量进入碳市场交易。同时，广泛宣传普及林业应对气候变化和碳汇知识，促进企业捐资造林自愿减排。为进一步引导企业和个人等各类社会主体参与以积累碳汇、减少碳排放为主的植树造林公益活动。经国务院批准，2010 年，由中国石油天燃气集团公司发起、国家林业局主管，在民政部登记注册成立了首家以增汇减排、应对气候变化为目的的全国性公募基金会——中国绿色碳汇基金会。自成立以来，碳汇基金会在推进植树造林、森林经营、减少毁林以及完善森林生态补偿机制等方面做了许多有益的探索。特别是在推动我国企业捐资造林、树立全民低碳意识方面创造性地开展了大量工作，收到了明显成效。2015 年荣获民政部授予的"全国先进社会组织"称号。

增加森林碳汇，应对气候变化，既需要各级政府加大投入力度，也需要全社会的广泛参与。为进一步普及绿色低碳发展和林业应对气候变化的相关知识，近期，碳汇基金会组织编写完成了《碳汇中国》系列丛书，比较系统地介绍了全球应对气候变化治理的制度和政策背景，应对气候变化的国际行动和谈判进程，林业纳入国内外温室气体减排的相关规则和要求，林业碳汇管理的理论与实践等内容。这是一套关于林业碳汇理论、实践、技术、标准及其管理规则的丛书，对于开展碳汇研究、指导实践等具有较高的价值。这套丛书的出版，将会使广大读者特别是林业相关从业人员，加深对应对气候变化相关全球治理制度与政策、林业碳汇基本知识、国内外碳交易等情况的了解，切实增强加快造林绿化、增加森林碳汇的自觉性和紧迫性。同时，也有利于帮助广大公众进一步树立绿色生态理念和低碳生活理念，积极参加造林增汇活动，自觉消除碳足迹，共同保护人类共有的美好家园。

国家林业局局长

二〇一六年二月二日

序

全球气候变化是人类面临的巨大威胁，是人类必须共同面对的重大挑战。森林与气候变化有着十分密切的关系，在应对气候变化中具有独特的功能和地位。

森林是陆地最大的储碳库。据联合国政府间气候变化专门委员会估算：全球陆地生态系统中约贮存 2.48 万亿吨碳，其中 1.15 万亿吨贮存在森林生态系统中。目前，全球的 38 亿公顷森林，构筑了维持地球碳平衡的重要基础。

森林又是最经济的吸碳器。森林通过光合作用吸收二氧化碳，放出氧气，把大气中的二氧化碳以生物量的形式固定下来，这个过程被称为碳汇。科学研究表明：林木每生长 1 立方米蓄积量约平均吸收 1.83 吨二氧化碳，放出 1.63 吨氧气。对减少和降低大气中二氧化碳浓度起到了重要作用。

森林固碳投资少、代价低、综合效益大，具有很强的经济可行性和现实操作性。世界各国已经把发展和保护森林资源，作为应对气候变化最根本的措施之一。《京都议定书》已将造林、再造林固碳确立为抵减二氧化碳排放量的重要途径。2009 年中央 1 号文件明确提出，要发展"碳汇林业"，从而把森林固碳提到了重要位置。

新中国成立以来，特别是改革开放以来，我国政府坚持不懈地开展植树造林和森林保护，先后实施了三北防护林、天然林保护、退耕还林等重点生态工程，实现了森林资源的持续快速增长。据联合国全球森林资源评估，2000～2005 年，全球年均减少森林面积约 1 亿亩，而中国年均增加森林面积 6000 多万亩。国际社会一致公认，中国已成为全球森林资源增长最快的国家，在很大程度上抵消了其他国家与地区的森林高采伐率，为减缓全球气候变暖做出了重要贡献。

大力开发森林的碳汇功能，充分发挥森林在应对气候变化中的独特作用，必须首先建立一个科学的林业碳汇评价体系。只有全面掌握森林吸收二氧化碳的过程和机理，准确计量不同树种、不同生长期以及不同造林配置情况下森林的碳吸收和森林破坏后的碳排放情况，才能准确地把握森林碳汇的运行规律，有针对性地经营森林，提高森林质量，提升森林的碳汇功能，也才能真实反映森林在减缓和适应气候变化中的重要作用和突出贡献。

目前，我国林业碳汇计量和监测方面的研究还相对滞后，森林碳计量和监测体系还未完全建立，与碳汇林业的发展要求不相适应，也难以准确反映我国林业在应对气候变化中的巨大作用和贡献。很有必要引进、学习和借鉴国际上科学的碳汇计量方法，全面了解国际通行的林业碳汇计量和监测体系。李怒云同志主持编译的《林业碳汇计量》一书，系统介绍了国际林业碳汇计量、监测的基本知识和一些重要的碳汇计量方法。这本书是国际上碳汇计量方面的权威著作，代表了碳汇计量的国际水平，对我国准确计量林业碳汇很有指导意义。

我相信这本书的编译出版，必将为我国碳汇林业发展提供重要的理论支撑和技术保障，为普及林业碳汇知识、培训指导碳汇项目计量与监测人员、反映林业在应对气候变化中的贡献等起到积极的推动作用。

贾治邦

2009 年 7 月

编译者的话

气候变化严重影响了人类的生存环境，同时也严重影响了经济社会的可持续发展。如何通过各方的共同努力，减缓气候变化和保护环境成为国际社会关注的焦点问题。为应对全球气候变化，国际社会先后制定了《联合国气候变化框架公约》和《京都议定书》。鉴于发达国家在工业化进程中已排放大量温室气体的历史事实，《京都议定书》要求发达国家在 2008 ~ 2012 年的第一个承诺期内，将其温室气体排放量在 1990 年基础上平均减少 5.2%。其中在《京都议定书》框架下的土地利用、土地利用变化和林业（LULUCF）条款中，充分认可森林吸收二氧化碳、减少温室气体排放的作用。2005 年 2 月 16 日，《京都议定书》正式生效。

森林是陆地生态系统的主体。森林植物通过光合作用吸收二氧化碳，放出氧气，把大气中的二氧化碳以生物量的形式固定在植被和土壤中，这个过程称为"汇"。因此，森林具有碳汇功能。森林的这种碳汇功能可以在一定时期内对稳定乃至降低大气中温室气体浓度发挥重要作用。森林以其巨大的生物量成为陆地生态系统中最大的碳库。因此，在减缓与适应全球气候变化中，森林具有十分重要的和不可替代的作用。加强森林管理，提高林分质量；加大湿地和林地保护力度；大力开发与森林有关的生物质能源；加强对森林火灾、病虫害和非法征占林地行为的防控；适当增加木材使用，延长木材使用寿命等都将进一步增强森林生态系统的整体固碳能力。而且，通过植树造林、封山育林等增加森林植被的方式吸收固定二氧化碳，其成本要远低于工业减排的成本。因此，大力开展植树造林和森林保护，成为国际社会积极推进的应对气候变化的重要行动之一。《中共中央国务院关于 2009 年促进农业稳定发展农民持续增收的若干意见》中要求"建设现代林业，发展山区林特产品、生态旅游业和碳汇林业"。所谓碳汇林业就是要遵循应对气候变化国家战略和可持续发展原则，以增加森林碳汇功能、减缓全球气候变化为目标，综合运用市场、法律和行政手段，促进森林培育、森林保护和可持续经营的林业活动，提高森林生态系统整体固碳能力；同时，鼓励企业、公民积极参与造林增汇活动，承担社会责任，提高公民应对气候变化和保护环境意识；充分发挥林业在应对气候变化中的功能和作用，促进经济、社会和环境的可持续发展。

虽然碳汇林业是一个较新的名词，但是我国政府多年来重视森林植被恢复和保护，使我国成为全球人工林面积最多的国家。这实际上就是发展碳汇林业的举措。中国多年来大规模植树造林不仅增加了森林面积和蓄积，也吸收固定了大量的二氧化碳。据专家估算：1980~2005年，我国通过持续不断地开展植树造林和森林管理活动，累计净吸收二氧化碳46.8亿吨，通过控制毁林，减少排放二氧化碳4.3亿吨，两项合计51.1亿吨。2004年全国森林净吸收了约5亿吨二氧化碳，相当于当年全国温室气体排放总量的8%，对减缓全球气候变暖做出了重要贡献。

为了帮助发达国家尽快实现其在《京都议定书》中承诺的减排目标，《京都议定书》设立了三种灵活机制，即联合履约(JI)、排放贸易(ET)和清洁发展机制(CDM)。其中清洁发展机制是指发达国家通过向发展中国家提供资金和技术，与发展中国家合作开展减少温室气体排放或增加吸收温室气体的项目，项目所获得的温室气体减排量，用于完成发达国家在《京都议定书》中承诺的减排指标；排放贸易是指那些已经完成了减排目标的发达国家可以把超额完成的温室气体排放权卖给其他发达国家；联合履约与清洁发展机制原理相同，只不过是在发达国家之间开展的项目合作。在《京都议定书》规定的这三种履约机制中，清洁发展机制是惟一与发展中国家有关的机制，这种机制既能使发达国家以低于其国内成本的方式获得减排量，又为发展中国家带来先进技术和资金，有利于促进发展中国家经济、社会的可持续发展。因此，清洁发展机制被认为是一种"双赢"机制。

清洁发展机制规定，附件Ⅰ国家每年通过在发展中国家实施的清洁发展机制林业碳汇项目所获取的减排量，不得超过基准年(1990年)排放量的1%。按照目前通过的国际规则，在第一承诺期内，造林是指在过去50年以来的无林地上开展的人工造林活动；再造林是指在1989年12月31日以来的无林地上开展的人工造林活动。

由于清洁发展机制对林业碳汇项目的要求很高，再加之计量复杂、交易成本高等问题，目前全球批准了57个清洁发展机制的林业碳汇项目(截止2014年底)。其中"中国广西珠江流域再造林项目"于2006年11月获得了联合国清洁发展机制执行理事会的批准，成为了全球第一个获得注册的清洁发展机制下再造林碳汇项目。这个项目通过以混交方式栽植马尾松、枫香、大叶栎、木荷、桉树等树种，预计在未来的 15 年间，由世界银行生物碳基金按照一定的价格，购买项目产生的 48 万吨二氧化碳。

但是，单纯依靠政府的力量还远远不能满足中国经济社会发展的日益增长对高质量的生态环境的需求，因此，迫切需要构建一个平台，既能以较低的成本帮助企业志愿参与应对气候变化行动，树立良好的公众形象和绿色经营理念，为企业自身长远发展抢占先机，又能增加森林植被，巩固国家生态安全。这个平台就是 2007 年建立的中国绿色碳基金（2010 年发展成为中国绿色碳汇基金会）。目前，中国绿色碳汇基金会已资助和管理了 100 多万亩的碳汇造林面积。当地农户通过造林获得了就业机会并增加了收入，而捐资企业获得通过规范计量的碳汇。

当前，森林在应对气候变化中的功能和作用，受到了越来越多的重视。因此，深刻了解森林如何减缓与适应气候变化，成了社会公众和业内人士、专业人员关注的问题。例如，社会公众迫切想知道森林如何影响气候变化、又如何受气候变化影响；而专业人员又迫切想了解在应对气候变化的国际背景下，用什么方法能够准确地衡量和表述森林生态系统吸收固定二氧化碳的功能，如何用通俗语言告诉公众森林吸收固定二氧化碳的过程、活动或机制，这是一个十分复杂的科学问题。森林碳汇专家能够娴熟的计量和测量森林的碳储存量，而在气候变化的国际规则下，特别是涉及《京都议定书》以及清洁发展机制造林再造林和国际碳贸易中的碳汇项目，问题就变得十分复杂。因此，我们希望更多的学习和了解应对气候变化框架下森林的碳计量方法，以促进我们正在积极推进的碳计量工作。

德国施普林格国际出版公司出版的 *Carbon Inventory Methods*（2008 年底），是当时世界上惟一一本全面阐述以土地利用为基础的碳减缓项目的碳计量图书。该书囊括了《联合国气候变化框架公约》和政府间气候变化专门委员会（IPCC）的指南以及目前国际社会有关土地利用、土地利用变化和林业等项目的碳汇计量方法、标准等。它对我们建立中国森林碳汇计量监测的科学体系和开展碳汇造林项目的计量监测以及实施其他的碳汇项目，具有重要的参考价值。在阅读该书的过程中，我们对森林生态系统在应对气候变化中的功能和作用又有了新的认识。根据碳汇林业的概念，碳汇项目实施过程中，不仅仅考虑碳汇积累量，还要充分考虑项目活动对提高森林生态系统的稳定性、适应性和整体服务功能，对推进生物多样性保护、流域保护和社区发展的贡献等多重效益。要通过对项目积累的碳汇计量和监测，以证明项目实施对缓解气候变化产生真实的贡献。同时，还要促进公众应对气候变化和保护气候意识的提高。考虑到林业碳汇是书中重要内容以及当前发展碳汇林业的需要，我们将书的中文名编译定为《林业碳汇计量》。

碳汇林业虽然和传统林业有着密切联系，但又是对传统林业功能的进一步深化。为林业在全球气候变化背景下的发展提供了战略机遇和具体的技术方法。学习这些技术方法有助于我们更好地掌握土地利用、土地利用变化和林业中的碳汇和碳源情况，寻找减少排放、增加碳汇的途径，增强我国林业应对气候变化的能力。

随着国际气候谈判的深入，需要让更多的人了解这些规则。因此，我们有一个强烈的愿望，就是把这些新知识介绍给公众。让相关专家和业内人士了解并掌握与国际接轨的碳计量方法。中国林业出版社购买了把此书翻译成中文版的版权，经作者同意编译出版。

本书观点明确、概念清晰、内容丰富、方法具体，理论性和实用性强。不仅可供碳计量的专业人员、管理人员使用，还可以作为高等院校的教材，教师和学生参考使用。

衷心感谢为本书编译和出版做出努力的专家、学者以及对我们工作支持的同事们。

由于水平有限，难免有译错或不准确的地方，请读者谅解。

李怒云

2015 年 12 月

前　言

　　全球关注的环境问题已经是当今世界面临的主要问题之一。毁坏森林、土地退化、生物多样性丧失、全球变暖和气候变化等环境问题都不同程度地与自然和人工经营的陆地生态系统有着直接关系。森林、草原和农田占地面积是全球土地面积的63%。陆地生态系统在全球碳循环中起到关键作用。全球对粮食、饲料、能源和木材的日益需求又给土地利用系统造成了巨大的压力，而土地利用系统的保护和可持续发展对满足这些持续的需求和稳定大气中的二氧化碳浓度，减缓全球气候变化起到了十分关键的作用。

　　15年前我开始对森林生态效益中的碳流通十分感兴趣，后来逐渐关注二氧化碳排放量的增加对气候变化影响的全球性问题。1996年，我的第一篇关于碳流通的论文发表在《气候变化》杂志上；从那时起，我的研究兴趣就转移到应对全球气候变化上了(R)。

　　作为《1996年IPCC指南条款(土地利用变化和林业)修订》的作者之一，参加了制定《温室气体(GHG)清单指南》IPCC报告的撰写工作，2003年又参加了土地利用、土地利用变化和林业(LULUCF)以及2006年的农业、林业和其他土地利用(AFOLU)的工作，开始关注碳计量，之后我更加努力地为IPCC土地利用、土地利用变化和林业的特殊报告以及IPCC第三、第四次评估报告工作。参加制定IPCC温室气体计量指南，以及把指南应用在碳计量中和评估IPCC温室气体计量应用效果等。参加这些工作使我有了撰写一本关于碳计量方法的工具书想法。因为我了解IPCC指南条款提供的内容能够满足相关专家制定土地利用系统计量所需要的知识，同时作为温室气体清单的一部分，所有国家都要制定土地利用类型的碳计量清单(R)。

　　全球共同努力，减缓气候变化。人们越来越关注起到稳定大气中二氧化碳浓度的土地利用系统的主要作用。然而，由于受到不确定性和方法学以及数据的限制，实施以土地为基础的减缓项目的努力还受到许多约束。任何以土地为基础的项目——气候变化减缓项目都需要计量碳储存量、累积速率、5大碳库的损失量等时间与空间的变化量，甚至单一植被种类。例如，常绿森林、草原、桉树或松树人工林等使得估算碳效益的方法十分复杂。通过土地利用系统减缓气候变化需要降低土地利用部门排放量、转移大气中贮存在植被和土壤中的二氧化碳以及应用生物质燃料替代化石燃料。像这样的碳效益应该是永久的和可持续的，但是通过皆伐森林、生物量燃烧、土地利用变化，甚至简单地干扰地表土壤，都能损失碳效益。进一步说，保护一个地区的森林可能将导致另一个地区森林损失和碳效益泄漏。解决这些问题需要方法学和计量方法，碳计量就是这些方法的核心。

商品材生产以及社区林业项目需要估算碳量，尤其是在生物量、木材和薪炭材产品中的碳量。最后，草原改良、流域治理、土地开垦和防治荒漠化等项目也需要计量碳。

从我们的教学和研究中发现，为教学课程和研究项目设计一本手册十分重要。这本书有利于应用在土地利用变化、植被评估和生物量计量项目以及受时间、资金和经验限制的研究领域。我们希望这本手册有助于教师、学生、研究人员以及项目管理者。

例如，已经出版了一些关于森林调查和土壤化学方面的专业教科书。我们一直惊讶为什么没有关于碳计量的简单方法手册，尽管各种机构和个人都需要这样的实践指导书。这本手册一步一步地详细介绍了估算碳储存量和变化量的方法，为项目开发者、评估者、评价者，更重要的是受益者，例如，以生产木材为主要目的的工业人工林经营者；要用薪炭材或木材的乡村社区，以及减缓气候变化项目的利益相关者等提供参考书。

这本书为各类使用者提供了碳计量的简单方法，涵盖了项目概念、规划、建议书、评估、实施、监测和评价的项目周期，计量过程的所有方面。作为IPCC温室气体计量指南条款的补充，能够通过不同途径、方法和步骤估算出碳贮存量、碳排放量和温室气体转移量。

随着新技术的发展，进一步改进了碳计量方法。例如，遥感技术的应用能够提高成本效益，使用者通过良好界面把新技术应用到大范围的实践中。传统方法既是成熟的，在应用上又是简单的。估算不同碳库碳贮存量和变化量等的碳计量工作中，经常应用缺省值。我们试图制定有价值的缺省值数据资源，提供选择和验证不同数据资源的方法和途径。

当确定本书是简单一点还是更详细一些时，我们感到为难。但是我们希望使用者能根据需要进行选择，我们没有过分追求篇幅长度和内容复杂程度，而是把内容控制在一个可接受的范围内。为了读者方便，减少阅读一些重复内容，我们试图每一章节自成体系，也就是各章独立，能够随意选择要读的内容，而不受章节相连的限制。同时，也需要改变土地利用系统碳计量工作中有争议、复杂和不确定性大的观点。我们希望这本书能够帮助所有潜在使用者为不同规划、机构和终端用户进行碳计量和制定碳清单。

N. H. Ravindranath（R）

Madelene Ostwald（O）

目　录

目录

第一章　绪　论

科学家、政府官员、普通民众等各行各业人士越来越关注全球环境问题。例如：气候变化、热带雨林毁坏、生物多样性丧失、荒漠化程度加重。这些环境问题都不同程度地与土地利用系统有直接的关系，尤其是气候变化与其表现特征。温度升高、降水模式改变、海平面上升等现象（IPCC 2007a）不仅是当今世界讨论的热点问题，并且也是直接影响自然生态系统（例如，森林、草原与湿地等）以及各国社会经济系统（例如，食品生产、渔业及沿海地区生活）的主要因素。如果这些环境问题继续发展下去，不仅会给人类社会带来灾难性损失，而且也会对自然生态系统造成极其严重的破坏。长远地讲，气候变化将严重影响淡水的供应量、食品和森林产品的生产量，甚至会阻碍发达国家与发展中国家的经济发展（IPCC 2007b）。

工业革命以来，尤其是近 $30 \sim 50$ 年，大气中温室气体浓度（GHGs）与其正向辐射力日趋增加和增大。二氧化碳（CO_2）在温室气体中所占比例最大。大气中温室气体排放出的二氧化碳约占全球二氧化碳量的 77%（IPCC 2007c）。人类活动使温室气体增多，结果导致其正辐射力加强。（二氧化碳占温室气体内温度升高的所有气体的 56%。）（IPCC 2007a）。大气中二氧化碳的浓度从工业时代前的 $279\mu L/L$ 增加到 2005 年的 $379\mu L/L$（ppmv）。据观测，$1750 \sim 2005$ 年，大气中二氧化碳浓度史无前例地增加了 36%。

最近 25 年来，二氧化碳、甲烷和一氧化二氮排放量逐年增多（图 1-1a）。2004 年，以化石燃料燃烧为主的二氧化碳排放量约等于全球总的二氧化碳当量（温室气体）的 57%（图 1-1b），而从毁林、生物与泥炭腐化排出的二氧化碳仅占 19%（约 95 亿吨）。土地利用部门排放的二氧化碳量从 1970 年的 63.5 亿吨增加到 2004 年的 95 亿吨。年均增加 1.26 亿吨二氧化碳。在过去的第 19 世纪和 20 世纪大部分年代里，大气中二氧化碳的净增长量主要来源于陆地生物圈（IPCC 2001a）。

IPCC 排放情景专题报告（Nakicenovic et al. 2000）说明了所有的 5 个排放情景专题报告下，空气中的二氧化碳浓度都是增加的（图 1-2），人类活动产生的温室气体主要是二氧化碳，预计 2100 年二氧化碳浓度是 $540 \sim 970\mu L/$

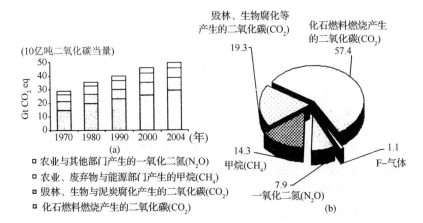

图1-1 **a.** 全球人类温室气体排放示意图；**b.** 不同种类气体在温室气体中所占比例

（1970～2004年）

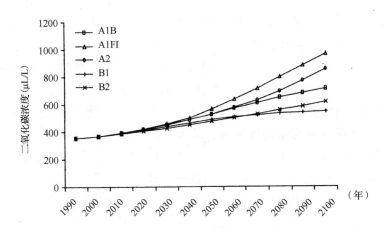

图1-2 **排放情景专题报告中预测的大气中的二氧化碳（CO₂）**

（详见 Nakicenovic et al 的 2000 年情景细部）

L，而在工业时代前仅是 $279\mu L/L$（IPCC 2001a）。

依据不同的排放情景专题报告，预测到 2100 年，陆地表面温度高于海洋，全球温度升高 $1.8～4.0℃$，同时会出现区域性的降水模式改变和海平面升高现象（IPCC 2007a）。科学研究表明，气候变化将导致部分地区缺水、干旱加重、降雨量增多、生物多样性丧失、森林类型改变；干旱热带地区粮食生产量减少，饥饿灾害频繁发生；以及海平面升高、洪涝灾害更加严重等现象发生。气候变化将会对生物多样性和湿地产生难以估量的损失，并且是不可逆的(IPCC 2007b)。

全球科学界与政府组织分别采取"减缓"和"适应"两种途径来应对气候变化。"减缓"被定义为：通过人为干扰减少温室气体排放源或者增加温室气体的吸收量。减缓措施就是要稳定大气中温室气体的浓度，尤其是二氧化碳的浓度，使其浓度低于预测值，尽而降低气候变化的强度与速率。"适应"是调整自然与人类系统，使其适应实际的和预期的气候变化，以及受气候变化影响的自然和社会经济系统。适应是补充减缓的必要战略措施。

应对气候变化，需要对以下各项进行科学、技术和经济评估：①不同部门排放和转移二氧化碳和其他温室气体的清单；②不同国家排放二氧化碳占全球二氧化碳的比重，以及空气中温室气体浓度的增加，尤其是二氧化碳浓度的增加；③不同减缓情景方案、减缓潜力、成本与效益；④减缓项目、战略与政策的制定、执行与监督。

减缓的可能性(机会)主要存在于能源与土地利用部门。通过减缓与适应两项措施，土地利用部门(也是本书的重点)对解决气候变化问题将起到十分关键的作用。尽管许多国家在自然和社会经济的条件方面有所差异，但都不同程度地采取了减缓活动；并在不同的减缓规划与项目中，采取了不同的估算和监测碳汇以及限制二氧化碳排放的方法。本书集中讨论了适合于不同土地利用类型，尤其是林业用地、农业用地和草原利用土地，提供估算与监测碳计量的方法。本书的另一目的是试图为制定国家级二氧化碳排放和转移的清单以及在监测碳减缓规划与项目中碳储量的变化提供可靠的、低成本的、高效的、透明的和可比较的方法。

第一节　土地利用部门二氧化碳排放与碳汇

二氧化碳是土地利用部门(尤其是森林与草原)产生温室气体的最主要成分。2005年，森林面积占全球土地面积的30%，为39.52亿公顷；草原占27%。20世纪90年代，土地利用与土地利用变化部门每年排放二氧化碳16亿吨碳，范围在5亿~27亿吨碳(IPCC 2007a)。尤其是在热带地区，土地利用与土地利用变化和林业(LULUCF)部门每年产生的二氧化碳净排放量为8.3亿~13.7亿吨碳(IPCC 2007c)。造成二氧化碳排放量增多的主要因素是森林土地的转变(热带雨林的毁坏)，其次是土壤流失，以及采取不可持续方式采伐森林、收集薪材和森林火灾造成的森林退化。20 世纪 90 年代，估算出的二氧化碳排放量在 5 亿~27 亿吨碳之间。从这一估算值区间可以看出土地利用部门估算出的二氧化碳排放量具有较高的不确定性。产生这样较高不确定性的主要原因是估算的方法和可利用的相关数据存在问题。更有趣的是，监测与估算的温室气体表明了一些国家中（例如，阿根廷、津巴布韦）的土地利用、土地利用变化与林业是主要的碳汇，而其他国家［例如，印度尼西亚和巴西（www. unfccc. int）］又是碳源。IPCC 已经为土地利用部门（例如，森林、农田、草原和湿地）开发和推荐了监测二氧化碳以及其他温室气体排放量的方法和指南（IPCC 1996，2006）。不同的监测方法以及使用的数据，使估算出的土地利用部门的碳量具有较高的不确定性。

第二节　土地利用部门减缓机会与潜力

2000~2005 年，世界森林土地面积每年净减少大约 939 万公顷（FAO，2006）。然而，同期全球每年毁林大约是 1300 万公顷。毁林是土地利用、土地利用变化和林业部门产生二氧化碳排放量的最主要原因。另外，森林又不同程度地受森林火灾、虫害或干旱和洪涝灾害的干扰破坏，这些干扰破坏每年影响大约 1 亿公顷的森林。据估算，在发展中国家，大约有 7.5 亿公顷森林被皆伐（Houghton 1993；Dale et al. 1993），并且有超过 90% 的采伐后林地经营管理不善，或被用于农业边缘开发（Lugo and Brown，1993）。在 1980~2000 年，发展中国家森林面积，尤其是热带森林地区，减少了 2 亿公顷。2005 年，全球人工林面积约为 1.4 亿公顷，每年人工造林 280 万公顷（FAO，2006）。因此，最明显的与最基本的减缓机会是：减少或阻止毁坏森林和森林退化，在采伐迹地上或其他退化土地上造林或再造林，吸收大气中的碳，以及推进生物质能源项目替代化石燃料。

除了森林减缓机会，草原改良以及混农林业和农业活动也是增加减缓机会的最重要措施之一。

IPCC 第三次评估报告（Kauppi et al. 2001）提出到 2050 年森林每年平均贮存二氧化碳 53.8 亿吨；然而，在早期的 IPCC 报告中（Watson et al. 2000），甚至给出了每年贮存 116.7 亿吨二氧化碳的较高技术减缓潜力。根据 IPCC 报告（2007c），从经济学角度讲，减少每吨二氧化碳的投入成本低于 100.00 美元，森林到 2030 年每年经济减缓潜力约为 27 亿~138 亿吨二氧化碳。

据估算，农业部门每年增加碳汇潜力为 29 亿~88 亿吨二氧化碳(Cole et al. 1996)。依据 IPCC 报告(2007c)，农业部门碳汇或者说减缓潜力是每年 38.7 亿吨二氧化碳，减少每吨二氧化碳成本低于 100 美元。进一步地说，农业部门通过提高农田和牧场的经营管理水平、增加碳储量是其最大限度地提高减缓机会的有效措施之一。

因此，在 2030 年以前，若减少每吨二氧化碳的投入成本低于 100.00 美元(IPCC 2007c)，农业与林业部门(不包括生物质能源)碳减缓潜力是每年 65.7 亿~176 亿吨二氧化碳。然而，可以看出，这样估算出的农业与林业部门的减缓潜力值域区间大，具有较高的不确定性。

第三节　气候变化的影响

像森林这样的生态系统不仅本身是动态的，而且随时都受气候变化的影响。IPCC 的结论是：物种组成和优势度在发生变化。由于气候变化，种群结构与顶极群落发生演变，导致生态系统发生改变，因此很多物种受到危胁(IPCC 2001b，2007b)。森林、草原与其他自然生态系统都已经不同程度地受到了社会经济的压力、动物栖息地的破碎、土地变化的增多和土地被过度占用，结果导致生态系功能下降、生物多样性丧失，碳贮存能力降低。虽然，预测气候变化对森林和其他生态系统影响程度具有不确定性，但是可以证明气候变化与社会经济和土地利用压力结合起来对林业碳汇、生物量生产力和碳吸收速率都产生了不可挽回的影响，并且这种影响还在继续(Ravindranath and Sathaye 2002；IPCC 2007b)。气候变化直接影响到森林、农田、草原和混农林地的碳储量以及减缓潜力。因此，在估算土地利用减缓项目碳储量时，一定要考虑气候变化这一因素。

第四节　为什么要进行碳计量

碳计量是指在一定的经营系统内，特定的时限内和给定地域内，对不同土地利用系统碳储量与流通量进行的估计。进一步地说，碳计量通常是指对碳储量和流通量进行的估算过程。土地区域内的碳是由生物量和土壤碳库组成。生物量碳库包括地上生物量、地下生物量、枯落物和枯死木。广泛应用在碳计量中的两种方法分别是"碳通量方法"（Gain-loss）和"碳储量变化方法"（Stock-Difference）（IPCC 2006）。碳计量单位用每公顷二氧化碳排放量或转移量吨数，或在一年以上时间的项目和国家级层面上二氧化碳排放量或转移量吨数表示。也可以用每公顷碳储量的变化量吨数或在一定时间内项目和国家级层面上碳储量的变化量吨数来体现。净碳排放量是指通过分解和燃烧，生物与土壤中的二氧化碳损失在大气中的量。净碳转移量或碳汇是指生物和土壤净吸收和贮藏二氧化碳的量。

在一定的土地利用系统中，无论项目级还是国家级层面都需要对生物和土壤产生二氧化碳的排放量或转移量以及碳储量的变化量进行估算，这项估算工作就要求有碳计量指南进行指导。土地利用变化、生物量减少、生物量燃烧、土壤干扰产生土壤有机物的氧化，以及造林、再造林、森林保护和其他经营活动，都将不同程度地导致二氧化碳的排放和转移。土地利用类型中与气候变化相关的活动以及其他森林保护和开发项目，例如，木材生产和非直接用于减缓气候变化的森林保护项目都需要碳计量，以下章节将讨论需要碳计量的规划或项目类型。

一、国家温室气体清单的碳计量

《联合国气候变化框架公约（UNFCCC）》（以下简称《公约》）所有签约国都需要定期把本国温室气体的清单报告给《公约》机构。温室气体清单包括二氧化碳、甲烷（CH_4）和一氧化二氮（N_2O）等的排放量和转移量。在《公约》下，要求附件 I 或工业化国家每年都要对温室气体排放量进行监测评估并报告其计量结果；对于那些非附件 I 或发展中国家定期对温室气体排放量进行监测并报告其结果，连续监测间隔时间一般为 3～5 年。作为与联合国气候变化框架公约国家交流的一部分，大多数发展中国家已经估算并报告出了他们国家温室气体监测的结果（www. unfccc. int）。在国家级层面上，IPCC 制定了不同土地利用部门较宽泛的估算二氧化碳排放量和转移量的指南（IPCC 1996，2006）。然而，这个指南却没有提出像抽样方法、测量技术、预测模型和碳储量变化定期监测模型，以及把现场测量和实验监测中测量指标参数转变为每公顷碳储量变化吨数的具体计算程序。

二、气候变化减缓项目或规划的碳计量

众所周知，土地利用部门已被认为是减缓气候变化的关键部门之一。由

于对碳效益的测量、监测、报告和判别存在一些算法问题，所以在《公约》与《京都议定书》下的国际谈判中，对通过改变土地利用活动减缓气候变化一直是争论的焦点问题（Ravindranath & Sathaye 2002）。减缓项目的碳计量需要有（项目周期）项目概念形成、项目建议、项目实施和监督等不同阶段的项目活动，估算碳储量和变化量的方法。基线情景（无项目）、减缓情景也需要这种方法。土地利用部门通过减少二氧化碳排放量或增加生物量、土壤和木质产品的碳汇，而提高应对气候变化的能力。减少森林毁坏，开展可持续森林经营、造林、再造林、混农林业、城市林业、草原管理和利用生物质能源替代化石燃料等活动，都是土地利用部门减缓气候变化的实例。

土地利用部门应对气候变化项目与规划的碳计量包括由于项目活动或规划以及政策的实施，对多余的或增加的可避免碳排放量或碳汇的监测与估算。碳计量可以理解为对通过阻止森林毁坏和替代化石燃料、避免二氧化碳排放吨数的估算，同样，也可以说是对由于通过造林、再造林与草原改良等活动使生物量与土壤固碳能力提高、碳汇吨数的估算。本书的重点是以土地利用为基础的项目与规划中，对生物量与土壤碳储量变化进行测量与监督。这本书的方法与指导条款也可用于估算与监督避免毁坏森林活动产生的碳储量的变化量。

三、清洁发展机制项目碳计量

清洁发展机制（CDM）是《京都议定书》以项目为基础的机制之一。这个机制的目的是在发展中国家减少温室气体排放量或增加碳贮存能力，以帮助附件Ⅰ国家实现降低温室气体排放量的承诺，同时，推动发展中国家的可持续发展。造林、再造林是清洁发展机制许可的两种项目活动，它们的目的是提高在基线情景（无项目）下可能产生的额外碳储量的变化量。在清洁发展机制下，要求这两种项目对项目执行的不同阶段进行碳储量的估算和预测，并且应用清洁发展机制执行理事会批准的方法学。也就是说，项目建议书要阐述监测碳储量变化以及实际定期监测和核查碳储量所采用的方法。

四、全球环境基金（GEF）项目碳计量

全球环境基金是推动环境可持续发展的技术、政策、措施和机构能力建设以实现《公约》的目标，以及《生物多样性公约》和其他全球关注环境问题

的国际组织。《联合国气候变化框架公约》已经采用了全球环境基金作为应对气候变化项目的财务机构。全球环境基金制定了增加业务领域的活动经费以提高全球环境效益，并且有 15 个这样业务领域。其中第 12 和第 15 业务领域要求对土地利用项目进行碳计量。

业务领域 12——综合生态系统管理。这是一个多重点领域的规划。业务领域 12 下的项目实施的目的是实现陆地、海洋生态系统碳储量增加和生物多样性保护等多种效益。

业务领域 15——可持续土地管理。这是一个多目标规划。目的是防治土地退化，减少二氧化碳排放，通过增加碳汇和保护生物多样性等措施，提高全球环境效益。

业务领域 12 与业务领域 15 的全球环境主要目标之一是降低二氧化碳排放、提高碳汇。要求估算全球环境基金项目活动在项目执行区内对碳汇的影响。这就要求对基线情景和项目情景内的生物量和土壤碳汇进行估算，最终测算出项目执行活动后，给项目区增加的碳汇。这本书提供的方法和指南条款可供全球环境基金的业务领域项目采用。

五、森林、草原与混农林业开发项目碳计量

许多国家正在实施森林和草原保护，木材生产和混农林业开发规划与项目。例如：

（1）森林与生物多样性保护；

（2）社区林业与工业原料林种植；

（3）混农林业、城市林业和防护林建设；

（4）草原改良。

碳计量包括对林木生物量和土壤碳的变化量或贮存量的估算。任何造林、再造林、森林保护和土地开垦规划与项目都需要进行标准的碳计量。在国家级和区域级层面上的这些项目，规划和实施的目标与气候变化没有关系。它们的目标是保护森林和生物多样性，为居民和工业增加生物供给量，提高农业生产率，加强水土保持，改进草原管理和保护土壤湿度，提高改良土壤能力，以及防治荒漠化。那么，对这些项目还是要进行碳计量，对生物量、林木（薪炭材或商品材）或牧草生产以及土壤有机物的增加进行估算。进一步说，碳计量通过评估生物量和森林、草原以及农田供应量对就业、收入和生活水平提高的影响程度，能够用于评价土地开发项目。估算和监测生

物贮存量、生产量以及土壤有机质的状态需要碳计量方法，对从项目形成初期到项目竣工的项目周期内的活动进行碳估算和监测。

第五节 碳计量方法与指南条款

目前可以找到一些现存的碳计量方法的手册和指南。例如：IPCC 估算国家温室气体或土地利用变化与林业部门的碳计量指南（IPCC 1996）和估算农业、林业和其他土地利用部门的碳计量指南（IPCC 2006），以及 IPCC 土地利用、土地利用变化与林业部门的最佳实践指南。以项目层面为例，碳计量指南有温络克（www. winrock. org），联合国粮食与农业组织（FAO）、国际林业研究中心（CIFOR）（www. cifor. org）提供的生物量评估手册（Rossillo-Calle et al. 2006）、林业手册（Wenger 1984）和森林调查（Kangas and Maltamo 2006）。

采用的计量方法和指南应该是准确地、可靠地和低成本高效率地估算出在给定土地利用系统和一定时间内碳储量和变化量。森林与草原生态系统具有地域广、能系统经营和时限变化大的特点，甚至在一个给定的土地利用系统中，例如，桉树的种植也有所不同。也就是说，由于方法不同、数据有限和获得成本高，使得碳计量具有较高的不确定性。本书的碳计量方法和指南条款包括以下内容：

（1）估算和监测碳储量、排放量或转移量的方法；

（2）选择方法的标准；

（3）抽样方法和程序；

（4）现场、实验室和遥感工具和技术；

（5）现场、实验室测量和记录方法或规则；

（6）建模与预测；

（7）计算与估算程序；

（8）不确定性估算。

在以下的章节中，重点讨论气候变化减缓项目（温室气体项目）、国家温室气体清单和林业、农业、草原开发项目的碳计量方法和指南条款。

第六节 本书的目的、组织和读者对象

碳减缓项目开发者、监测专家或温室气体清单编写者要熟知各种方法和

有关手册提供的实用方法和实际指南条款，描述可靠的和成本效率高的方法、抽样程序、现场和实验测量技术、计算程序、建模与预测报告协定等内容。然而，到目前为止，没有一个手册或图书囊括了碳计量所需的全部准则或信息。

已知的手册和图书既没有阐述项目开发、实施和监督阶段进行碳监测所需的不同方法，也没有全面提出预测碳汇所需的模型要素。进一步说，现存可用的图书和手册不是专门针对某一项目的，也没有充分阐述如何应用遥感和地理信息系统技术的内容。通常对碳计量的数据采集和来源强调的很少，并且还不包括计算程序。为了获得碳计量完整信息，使用者不得不参考许多图书、手册和报告。除了土地利用部门活动或项目碳计量重要性外，还没有一本完整手册或一套指标帮助那些从事碳减缓项目开发、实施和监督人员、国家温室气体清单机构或林业、草原、农业开发项目管理人员进行碳计量。

这本书的目的是给不同项目和活动提供友好的碳计量使用界面、方法和实用指南。

（1）林业、农业和草原部门碳减缓项目的开发、实施和监测。例如清洁发展机制下的项目、全球环境基金项目或世界银行生物碳项目；

（2）在土地利用、土地利用变化与林业部门或者林业、农业、草原和其他土地利用类型的国家温室气体计量；

（3）目标是保护生物多样性，提高土壤肥力或水土保持；

（4）以木材生产为主的商品林，包括其他人工林；

（5）要求有生物量、薪炭材生长率或生产量信息的社区林业规划；

（6）碳汇的预测模型。

科研和其他部门的管理者、顾问、专家和个人都需要碳计量知识。这本书适合于以下读者：

（1）具有林业、土地利用和气候变化专业的大学和科研机构；

（2）从事开发或监测林业、农业和草原相关项目的顾问团体；

（3）从事林业、农业与草原减缓项目开发与监测的非政府组织；

（4）世界银行和其他多边援助碳减缓项目的捐助机构；

（5）发展中国家和发达国家的应对气候变化项目的开发者；

（6）国家温室气体清单管理机构，清单编写者和评价者；

（7）从事木材生产、土地改良项目的开发者和经营者；

（8）联合国有关机构（例如，清洁发展机制执行理事会，清洁发展机制运行实体、审定核证机构和全球环境基金）；

（9）林业服务团体、部门和社区林业组织。

本书提供的部分实用指南条款是对已推荐的实践方法、现场和实验测量与监测技术、模型和计算程序的科学基础知识的进一步补充说明。

第二章　全球碳循环、二氧化碳排放与减缓

碳循环是生物地理化学循环方式之一，主要表现在生物圈内、大气中、海洋和地质表面，碳以多种形式移动的过程。全球碳循环涉及到地球的大气、海洋、植被、陆地生态系统中的土壤和化石燃料，以无机和有机成分形成的碳，明显的是二氧化碳一直是在一个系统的不同组成中进行循环。例如，在光合作用中，绿色植物从空气中吸收二氧化碳，也被称为初级生产，然后在呼吸中放出二氧化碳回到大气中。另外二氧化碳还有一个交换渠道，那就是在海洋与大气之间：溶解进入海洋中的二氧化碳被海洋生物群用于光合作用。

人类向空气中排放二氧化碳的两种重要过程是燃烧化石燃料和土地利用变化模式。在工业、电力、汽车等部门中燃烧化石燃料(也就是煤、石油和天然气)。土地利用是一个广义概念，在此主要是指人类对自然生态系统(例如，森林和草原)进行干预使其转变为人工经营系统(例如，农田、牧场与居住地)的活动。土地转换以及像采掘、生物量燃料和放牧等人类其他活动都可导致土地退化、土壤和生物中的碳排放到大气中。从生物圈中排放到大气中的二氧化碳主要是由有机物燃料燃烧和分解产生的。

第一节　碳储量与流动量

最近一段时期(2000～2005 年)由于化石燃料燃烧、水泥生产和土地利用变化等人为活动，导致大气中二氧化碳的含量日趋增多。全球碳循环详见图 2-1。陆地碳库(pool)每年吸收空气中二氧化碳约 1200 亿吨，可以描写为初级总生产力(GPP)，植物呼吸归还空气中的二氧化碳超过 600 亿吨，沉降在陆地的 570 亿吨碳作为净初级生产力(NPP)。化石燃烧与水泥生产等每年产生 72 亿吨碳，土地利用变化每年产生 15 亿吨碳等(SCOPE 2006)。

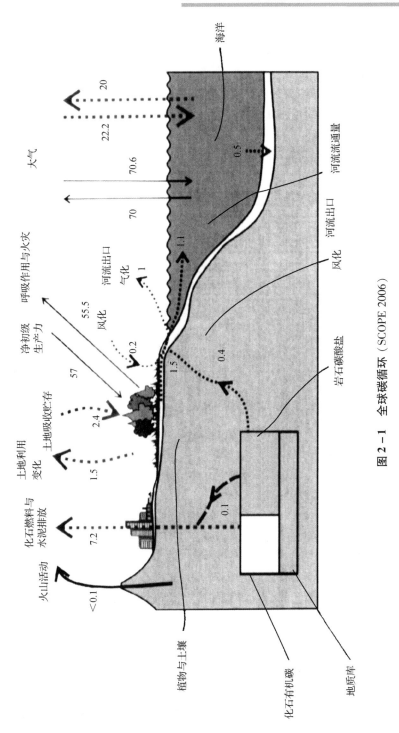

图 2 - 1　全球碳循环（SCOPE 2006）

第二节　人类活动产生的二氧化碳排放量

在最近几十年(图 1-1)，二氧化碳排放量持续增加。全球化石燃料燃烧平均每年排放二氧化碳由 20 世纪 80 年代的 51 亿~57 亿吨碳增加到 2000~2005 年的 69 亿~75 亿吨碳(表 2-1)；土地利用变化平均每年排放二氧化碳从 20 世纪 80 年代的 14 亿吨碳到 20 世纪 90 年代的 16 亿吨碳。还要重点说明是土地利用变化产生二氧化碳排放量估算值的区间大，比如 20 世纪 90 年代，估算值为 5 亿~27 亿吨碳。这说明二氧化碳排放量估算值具有较高的不确定性。

自从 20 世纪 80 年代，陆地生物圈和海洋吸收二氧化碳的自然过程已经转移了化石燃料燃烧和土地利用变化等人类活动造成排放的 50%。陆地生物圈碳吸收和贮存是指造林再造林促使植物生长增加吸收碳与异氧呼吸，采伐、森林毁坏、火灾和其他影响生物与土壤的干扰活动产生的碳排放量之间的净差值(IPCC 2007a)。

表 2-1　每年全球碳估算表(10 亿吨碳)(IPCC 2007a)

排放源	1980s	1990s	2000~2005s
大气中增加量	3.3 ± 0.1	3.2 ± 0.1	4.1 ± 0.1
化石二氧化碳排放量	5.4 ± 0.3	6.4 ± 0.4	7.2 ± 0.3
海洋到大气中净流通量	-1.8 ± 0.8	-2.2 ± 0.4	-2.2 ± 0.5
土地到大气中净流通量	-0.3 ± 0.9	-1.0 ± 0.6	-0.9 ± 0.6
以下为分解			
土地利用变化流通量	$1.4[0.4 \sim 2.3]$	$1.6[0.5 \sim 2.7]$	—
残留地贮存量	$-1.7[-3.4 \sim 0.2]$	$-2.6[-4.3 \sim 0.9]$	—

注：$1GtC = 10$ 亿吨碳 $= 10^9$ 吨碳 $= 3.666 \times 10^9$ 吨二氧化碳

第三节　大气中二氧化碳浓度

自然与人为活动对大气中二氧化碳浓度产生了非常重要的影响。对格陵兰岛(Greenland)和南极取得冰核内的空气泡进行分析和研究发现自从未次盛冰期(last glacial maximam)，空气中二氧化碳的浓度就有变化现象存在。最初是 $200\mu L/L$，工业革命开始前升高到 $275 \sim 285\mu L/L$，1998 年达到了

366μL/L（Keeling and Whorf，1999）。在过去的 42 万年中，二氧化碳浓度以惊人的速度在增长。

依据最新估算，大气中二氧化碳浓度从工业革命前的大约 280μL/L 增加到 2006 年的 380μL/L。而在工业革命前的 8000 多年中，二氧化碳的浓度仅增加了 20μL/L，自从 1750 年以来，增加了约 100μL/L。最近 10 年来，二氧化碳年增长率（1995~2005 年二氧化碳年均增长为 1.9μL/L）比自从有连续直接大气测量以来都高（1960~2005 年年均增长 1.4μL/L）。化石燃料的使用、土地利用和土地利用变化对植物和土壤碳的影响是大气中二氧化碳增加的主要原因，自从 1750 年以来以来，这两项分别占有 65% 和 35%（IPCC 2007a）。据预测，到 2100 年，空气中二氧化碳浓度将增加到 540~970μL/L（图 1-2），比 1750 年高出 90%~250%。虽然现在估算出的土地利用部门排放的二氧化碳数量具有较大的不确定性，但是对于了解不同国家和部门对增加大气中二氧化碳浓度的作用是十分重要的。

第四节 不同生物群落的植物和土壤内碳储量

图 2-2 中描述了不同生物群落内碳的贮存量与碳流动渠道。森林生物群落是碳储量的主体，贮存在森林中的碳量远高于大气中的碳量。二氧化碳排放遵循一系列途径（呼吸、分解和燃烧）。另外，森林、草原和农田都产生碳汇。

从全球来看，陆地生态系统面积总计是 1.51 亿平方千米，森林大约占 27%，热带稀树草原和草原之和约占 23%，农田约占 10%（表 2-2）。在全球水平上，贮藏在陆地生态系统中碳的数量约为 2.477 万亿吨；土壤贮存了大约 81%，植物贮存了约为 19%（表 2-2）。

不同生物群落之间，仅热带森林植物所贮存的碳量几乎于土壤贮存碳量相同，而其他生物群落土壤中碳的贮存量远远高于植被贮存的碳量。温带草原、沙漠、半沙漠、湿地和农田土壤内碳储量远大于其地上植物贮存的碳量。因此，强调估算草原、稀树草原和农田内土壤碳储量库的方法是重要的，而估计森林和混农林业生态系统中碳的方法应包括植被和土壤。

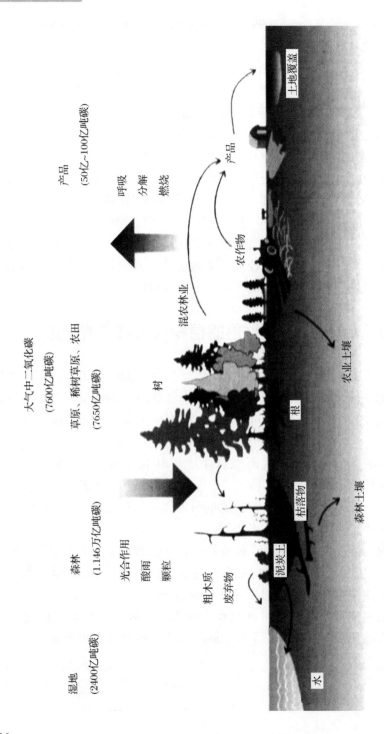

图 2 - 2 碳储量、不同碳库和碳流通渠道（Kauppi et al. 2001）

表 2-2　全球植物与地表 1 米以内土壤的碳储量

（WBGU 1998 和 Watson et al. 2000 的修改）

生物群落	面积 （百万平方千米）	碳储量（10 亿吨碳）		
		植物	土壤	总计
热带森林	17.6	212	216	428
温带森林	10.4	59	100	159
寒带森林	13.7	88	471	559
热带大草原	22.5	66	264	330
温带草原	12.5	9	295	304
沙漠与半沙漠	45.5	8	191	199
冻原	9.5	6	121	127
湿地	3.5	15	225	240
农田	16.0	3	128	131
总计	151.2	466	2011	2477
		（19%）	（81%）	（100%）

第五节　土地利用部门二氧化碳排放量

　　毁坏热带森林、草原转变为农田、森林与草原退化、生物腐化与燃烧等变化都导致土地利用部门排放二氧化碳。据估算，1850~1998 年，全球从土地利用变化排放出二氧化碳净累计量为 810 亿~1910 亿吨；其中，森林土地利用排放量约占 87%（Bolinand Sukumar 2000），大部分是由热带林被毁坏造成的。与 1850~1998 年每年平均排放量 90 亿吨碳相比，20 世纪 90 年代土地利用变化产生的每年平均排放量增加到 16 亿吨碳（5 亿~27 亿吨碳）（表 2-1）。在过去几十年里，二氧化碳排放量一直持续增加，从 1960 年大约 7.4 亿吨碳，到 2005 年高于 16 亿吨碳。这就充分表明了土地利用部门二氧化碳排放量在持续增加（图 2-3）。

　　土地利用部门二氧化碳排放量的主要来源是热带森林被毁坏。20 世纪 90 年代，森林面积平均每年下降 880 万公顷；然而根据联合国粮食与农业组织（FAO）最新估算，2000~2005 年，平均每年下降 790 万公顷，比 20 世纪 90 年代有 10% 以上的减幅（表 2-3）。非洲和南美洲是最多的，在 2000~2005 年 5 年间，这两个洲分别减少了 400 万公顷。依据联合国粮食与农业组

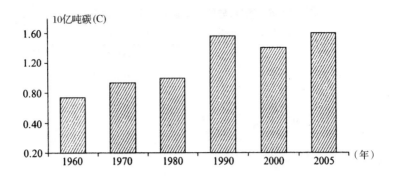

图 2-3　1960～2005 年，热带地区土地利用变化产生的碳排放量

（www. globalcarbonproject. org/budget. htm）

织资料（2006），2000～2005 年森林土地面积年净减少最多的 10 个国家分别是：

（1）南美洲：巴西，301 万公顷；委内瑞拉，28 万公顷。

（2）亚洲：印度尼西亚，187 万公顷；缅甸，46 万公顷。

（3）非洲：苏丹，59 万公顷；赞比亚，44 万公顷；坦桑尼亚，41 万公顷；尼日利亚，41 万公顷；刚果（金），32 万公顷和津巴布韦 31 万公顷。

亚洲和欧洲森林土地面积是逐年增加的，年森林面积净增加最多的国家是中国，最多年净增加量约为 405 万公顷（FAO 2006）。

表 2-3　森林土地面积变化（FAO 2006）

区域	森林面积（1000 公顷）			年森林面积变化量（1000 公顷）	
	1990	2000	2005	1990～2000	2000～2005
非洲	699.36	655.61	635.41	-4.37	-4.04
亚洲	574.49	566.57	571.58	-0.79	1.00
欧洲	989.32	998.09	1001.39	0.87	0.66
北美与中美洲	710.79	707.51	705.85	-0.32	-0.33
大洋洲	212.51	208.04	206.25	-0.44	-0.35
南美洲	890.82	852.79	831.54	-3.80	-4.25
世界	4077.29	3988.61	3952.02	-8.86	-7.31

预测未来森林碳排放量和碳汇的趋势是困难的。有证据显示最近几十年内碳排放量发生了一些变化：①热带森林毁坏是二氧化碳排放量增多的最主要原因（Canadell et al. 2004）；②经济转型国家随着森林成熟、经济增长，加大了森林采伐力度，降低了碳储量；③许多发达国家如果选择更多森林用

于满足对木材和土地的需求，碳储量有可能增加，否则将会减少；④以前毁坏森林多的国家，经过实施连续再造林规划，能够产生新的碳储量（IPCC 2007c）。

第六节　土地利用部门减缓潜力

林业和农业部门不仅能提供像生物多样性保护、流域保护、木材持续供应、提高粮食和草生产力等可持续发展的多重效益，而且还能够为减缓气候变化、稳定空气中二氧化碳浓度起到关键性的作用。

一、林业部门

林业部门广泛的减缓选择方案（IPCC 2007c）：

（1）维持或提高森林面积；

（2）维持或提高林分水平下的碳密度；

（3）维持或提高景观水平下的碳密度；

（4）提高木质产品碳储量并且增加林木产品和燃料的替代品。

依据 IPCC 最新估算，如果用于减少每吨二氧化碳的投入成本低于 20.00 美元，到 2030 年这段时间经济的减缓潜力每年为 16 亿~50 亿吨二氧化碳；然而，若减少每吨二氧化碳的投入成本低于 100.00 美元，那么减缓潜力就可提高到 27 亿~138 亿吨二氧化碳（IPCC 2007c）。从值域区间较大这一点可以看出，估计值具有较高的不确定性。在林业部门减缓情景方案选择中，避免毁林是能够最大化地提高减缓潜力的措施。

二、农业部门

在农业部门，碳减缓潜力的主要选择方案是土壤有机质的恢复、农田与牧场的有效管理和退化土地的恢复等措施。农业部门最主要的减缓潜力是增加农业土壤的碳储量，农业部门估算出的土壤碳汇占全部减缓潜力的 90%，并且包括以下活动：

（1）土壤有机质的恢复（12.6 亿吨二氧化碳）；

（2）改进农田管理（11.1 亿吨二氧化碳）；

（3）改进牧场土地管理（8.1 亿吨二氧化碳）；

（4）退化土地恢复（6.9 亿吨二氧化碳）。

第七节 结论

了解碳循环，尤其是人类活动对全球碳储量和碳汇的影响，是解决气候变化问题最重要的因素。与碳循环相关的人类主要活动是指：①化石燃料燃烧和土地利用变化产生的二氧化碳排放量；②通过减少二氧化碳排放量（例如，避免毁林）实现减缓气候变化；③增加植物和土壤内的碳汇；④用生物质能源替代化石燃料。

估算土地利用部门二氧化碳年排放量的特点是：估算值范围大，具有较高的不确定性，到2030年林业部门减缓潜力估算值是7.3亿~37.6亿吨碳。因此，需要改进方法和更新数据，准确估算出可靠的土地利用部门二氧化碳排放量、以及林业和农业部门碳减缓潜力。在稀树草原、草原、牧场和农田里，土壤的固碳能力远大于植物，了解这一点是很重要的。因此，估算土壤碳的方法对于这些土地利用类型是十分重要的；估算林木地上生物量和土壤碳的方法对天然林、人工林和混农林业也是十分重要的。

第三章 项目、规划的碳计量

第 1 章简单阐述了碳计量的方法和指南的基本原理以及必要的条款，同时列举了要求进行碳计量的规划、项目和活动类型。碳计量涉及到对碳储量（生物量和土壤）变化量的估算，或估算排放量和转移量。对于给定的土地利用系统，以及项目级和国家层面上给定的时间内，以每公顷多少吨碳为单位，以标准形式表示碳储量、排放量和转变量的估算值。碳计量需要估算的内容包括：①某个国家对全球温室气体排放的贡献程度；②给定项目或活动的碳减缓潜力；③人工林项目生产的商品木材量或薪炭材量；④土地改良项目对土壤肥力的影响。

第一节 国家温室气体清单

国家级层面温室气体清单包括对农业、林业、草原和其他土地利用类型温室气体排放量和碳汇进行的估算。土地利用部门关注的主要温室气体是二氧化碳、一氧化二氮和甲烷。当然，二氧化碳是温室气体中最主要的。二氧化碳在大气中和土地间的流动量主要是由植物生长吸收和有机物呼吸、分解和氧化释放控制的。应用给定土地利用类型或分类型的土地面积和不同碳库储存量的变化量能够估算出碳的排放量和碳汇。

年碳汇(tC/hm^2) = 不同碳库每年碳汇总和$(AGB + BGB + DW + LI + SC)$

式中：C——碳；AGB——地上生物量；BGB——地下生物量；

DW——枯死木；LI——枯落物；SC——土壤有机碳。

森林土地、草原或农田等土地利用类型进行国家层面温室气体清单碳计量的方法有两种（IPCC 1996，2006）：

(1)碳储量变化法，要求估算两个不同时间段的碳库碳储量。

(2)碳通量法，要求估算每年碳的获得量与损失量。

国家温室气体碳清单估算步骤：

步骤 1：估算在一定年限内，给定土地利用类型和分类型的土地面积以及每一种土地利用类型土地利用变化的面积。

步骤 2：估算期初与期末每个碳库的碳储量，期末与期初的差值即是净排放量或碳汇（清除量）。

步骤 3：估算由于增长或累加，每一种碳库储量的获得量；以及由于采伐或干扰引起的每种碳库储量的损失。接下来，估算碳获得量与碳损失量的差额，即为碳的净排放量或碳汇。

森林土地、农田、草原和其他土地利用类型的碳计量方法包括对以下变量的估算：

（1）每一种土地利用类型和分类型土地面积和土地变化面积。

（2）地上生物量和地下生物量的碳积累或者一段时间后生物量库储量的变化量。

（3）枯落物和枯死木碳储量的变化量或者这些库的流入量和输出量。

（4）土壤有机碳储量或者累积速率的变化量。

（5）由于砍伐、改良和干扰，导致贮存在生物量和土壤中的碳损失。

附件 I 国家或工业化国家和非附件 I 国家或发展中国家必须制定和报告碳清单，作为估算国家温室气体排放量和碳汇的一部分。IPCC（1996，2006）为不同土地利用类型制定和报告碳计量提供了指南条款（表 3-1），本书不仅诠释了这些指南条款而且还进行了补充说明。第 16 章将介绍如何应用这些指南条款制定国家级层面上的温室气体清单。

表 3-1　国家级层面温室气体碳清单目录［依据 IPCC（1996）和 IPCC（2006）］

IPCC 1996	IPCC 2006
5A：森林和其他木质生物量贮存量的变化量	森林土地 1. 森林土地不变
5B：森林土地和草原的转移量	2. 原有地类变为森林土地 农田
5C：农田、牧场，造林或其他经营土地的撂荒地	1. 农田不变 2. 原有地类变为农田 草原
5D：土壤中二氧化碳的排放量和转移量	1. 草原不变 2. 原有地类变为草原 湿地 1. 湿地不变 2. 原有地类变为湿地 居住区 1. 居住地不变 2. 原有地类变为居住地

第二节　气候变化减缓项目与规划的碳计量

经过对全球、国家和项目级层面几个实例的研究，已经估算出不同土地利用部门（特别是森林和农田）的减缓潜力（IPCC2007c；Ravindranath and Satbaye 2002）。由于方法以及收集到的数据存在着问题（第18章），所以估算出的数值具有较高的不确定性。减缓规划与项目的碳计量包括估算在一定时间内可验证的碳汇的估算值，估算项目或规划减缓潜力需要在无项目情景方案下或基线情景方案给定的面积内，估算碳汇，列出碳计量报告。以土地利用为基础的减缓活动通常涉及到保护现存碳储量或增加退化土地碳储量和提高碳密度，或者用生物质能源替代化石燃料，进而减少净二氧化碳的排放量。通过实施规划或项目活动稳定碳储量和提高固碳能力，及时测量出规划、项目和活动实施前后两点间碳的贮存量，即可估算出规划、项目或活动实施后所能达到的减缓能力。以下是一些要求碳计量的方法和指南条款的项目和活动内容。

（1）具体减缓规划、项目、活动的选择；

（2）减缓活动实施面积的估算和标记界线；

（3）为已选择活动选择相应的碳库；

（4）抽样方法、可行的现场与实验室测量技术的选择；

（5）在项目面积范围内，测量和估算无项目情景下（基线情景）已选定碳库的碳储量；

（6）在减缓方案下，对所选碳库碳汇的测量；

（7）净减缓潜力或净碳汇的估算；

（8）随着减缓活动类型的变化，碳计量方法也随之变化。计量所选定的碳库也要根据减缓活动的类型而定。土地利用部门方案分为两大类别。

1. 森林减缓机会

森林减缓机会按其特点能够被广泛地归为3类（Brown et al. 1996）。

（1）森林碳储量保护和经营措施，涉及到减少毁林，加强可持续森林经营；

（2）碳储量管理，涉及到造林、再造林、混农林业经营和防护林；

（3）化石燃料替代品与经营活动，包括生物质能源替代化石燃料，可持续木材产品替代水泥、铝和钢铁等建筑材料。

2. 森林减缓情景

森林减缓情景按常规可以划分成 4 类（IPCC 2007c）：

（1）维持或增加森林面积：通过避免毁林、造林或再造林。

（2）增加林分水平碳密度（每公顷碳的吨数），通过造林、整地、林木改良、施肥、异龄林林分管理或其他有利于森林可持续经营的营林技术。

（3）增加景观水平碳密度，通过种植较长轮伐期的林木，加强火灾管理和控制，防治病虫害。

（4）增加木材产品碳储量和替代品。通过应用森林生物替代高化石燃料需求的产品，增加生物质能源的应用以替代化石燃料。

不同的土地利用类型都可以规划和实施减缓活动。土地利用类型减缓活动包括森林土地、农田、草原和居住地。本书介绍的方法是依据不同的碳库建立起来的，适用于土地利用类型和具体的减缓活动。表 3-2 显示了土地利用类型、减缓活动和特点。

表 3-2　土地利用类型减缓活动及其特点

土地利用类型	广义减缓活动	减缓活动或项目例子	碳计量项目
森林土地	造林	1. 社区林地 2. 营造商品林 3. 果园	1. 生物量与土壤碳增加量的估算 2. 薪炭材、木材等产品的生产
	再造林	1. 天然更新 2. 在退化林地上造林	1. 生物量中碳储量的估算 2. 原木生产量与土壤碳储量的估算
	减少毁林	1. 保护地 2. 生态建设 3. 人工造林	1. 已避免排放量的估算 2. 保存在生物和土壤内的碳储量
	森林经营	1. 降低采伐影响 2. 林火管理 3. 化肥应用	1. 挽救损失后碳储量的估算 2. 生物质碳储量的增加
农田	混农林业	1. 行间套种 2. 防护林 3. 流域管理 4. 免耕	1. 土壤中碳储量估算 2. 多年生农作物生物量增加量
草原	改良经营	1. 放牧管理 2. 改进草地措施	草产品与土壤有机碳增加
居住地	城市林业	1. 公园 2. 行道树 3. 庭园	1. 树冠增加量 2. 树木生物量碳储量的增加量
森林土地、农田或草原	营造生物质能源林	造短轮伐期林	土壤和生物碳汇的估算

第三节　清洁发展机制项目的碳计量

清洁发展机制是《京都议定书》中一种帮助附件Ⅰ国家履行排放限制和减少排放的承诺、同时帮助非附件Ⅰ国家实现可持续发展的应对气候变化的机制。签订《京都议定书》的附件Ⅰ国家，在 2008 ~2012 年必须限制温室气体排放量并达到议定书规定的水平。土地利用或以森林为基础的清洁发展机制项目的设计，包括了像任何一类土地利用类型或以森林为基础项目的设计中许多要素。这些要素包括项目边界、监测地的建立、环境与社会影响评价以及获得碳汇的估算。清洁发展机制项目具有的以下特点：

（1）只有造林、再造林项目活动有被选资格；

（2）要求建立无项目情景或基线情景，估算相关碳汇；

（3）估算项目情景的碳汇；

（4）由于在项目区内或外实施减缓活动造成二氧化碳的排放，称之为碳泄漏。

（5）由于在无项目情景或基线情景上实施项目活动，获得的碳汇，称之为额外性。

（6）只有被清洁发展机制执行理事会批准的方法学才能被用于造林与再造林项目。

（7）定期监测和检验碳汇：在项目建议书中，提供监测项目的方法学和计划。

清洁发展机制执行理事会批准造林再造林方法学，为基线情景和减缓情景项目方案制定了广泛的碳汇估算指南条款。这些方法规定了抽样、生产量估算方程和不同碳库测量的间隔期——这本书对这些方法学进行了补充，以辅助开展碳计量工作：

（1）确定造林再造林项目活动的边界；

（2）抽样方法；

（3）鉴别所选活动的相关碳库；

（4）测量基线情景（无项目情景）下的碳储量；

（5）测量减缓活动方案下碳储量的变化量；

（6）估算额外的净减缓潜力或净碳汇获得量；

（7）明确碳计量估算值的不确定性。

虽然造林再造林项目受到清洁发展机制的限制，但是未来森林保护、森林经营、草地和混农林业也可能会有资格成为清洁发展机制项目。这种可能主要是依靠这些活动具有可靠的和可接纳的碳汇的测量值、估算值、报告和核查方法。表3-3中列举了2007年中期被批准的方法学和要监测的碳库。

表3-3　清洁发展机制批准的造林再造林项目方法学一览表

(http：//cdm．unfccc．int)

代码	标题	地上生物量	地下生物量	枯死木	枯落物	土壤有机碳
AR-AM001	退化土地再造林	是	是	否	否	否
AR-AM002	通过造林再造林，恢复退化土地	是	是	是	是	是
AR-AM003	通过造林、补植和天然更新，控制动物放牧，在退化土地上造林再造林	是	是	否	否	否
AR-AM004	在农业用途土地上进行的造林再造林	是	是	否	否	是
AR-AM005	实施以工业和(或)商业用途为目的的造林再造林项目活动	是	是	否	否	否
AR-AM006	在退化土地上，用树木配合灌木进行造林再造林	是	是	否	否	是
AR-AM007	在农业或牧业土地上，进行造林再造林	是	是	是	是	否

第四节　全球环境基金(GEF)项目的碳计量

全球环境基金关注气候变化问题，以及防治土地退化，包括增加碳库量，减少二氧化碳排放量等。在一系列业务领域中，与碳监测相关的两项分别是业务领域12——综合生态系统经营，业务领域15——可持续土地经营。

这两个业务领域下的项目，通过减少或防止森林和草原之间的转换，阻止砍伐树木和干扰土壤，提高可持续经营增加生物量，在退化土地上造林、再造林，提高森林、草原和农田中的植物和土壤碳储量等措施，保护或增加碳汇。因此，这些项目需要做出碳计量。

全球环境基金的目的是根据项目活动，以增加土壤碳储量的方式，确定增加全球环境的效益。估算增加的碳效益，需要进行测算以下各项。

(1)项目面积；

(2)基线情景或者无项目情景内碳汇量；

(3)由于实施项目活动，项目方案内的碳汇量；

（4）用实施项目活动的项目情景下的碳储量减去基线情景下碳储量，得到碳储量增加量。

虽然增加碳效益的估算与清洁发展机制下的"额外性"的估算相类似，但是任何被批准的方法学都不能完成涵盖估算增加碳效益的方法。增加碳效益的估算并不需要对基线情景进行严格的定义。网站 www. undp. org（Pearson et al. 2005a）给出了广义的估算碳附加额的指南条款。表3-4列举了全球环境基金业务领域下需要进行碳计量的一些项目。

表3-4　全球环境基金批准的要求进行碳计量的项目

序号	项目种类	国家	碳库
OP12	森林与邻近土地的管理规划	贝宁	地上植物量与土壤
	森林恢复项目	摩洛哥	地上植物量与土壤
OP15	圣·保罗流域森林生态系统恢复	巴西	地上植物量与土壤
	减缓土地退化、增加农业生物多样性和降低贫困的可持续土地管理	加纳	地上植物量与土壤
	Madhya Pradesh 防治土地退化与荒漠化综合土地利用管理	印度	地上植物量与土壤
	森林保护与再造林	哈萨克斯坦	地上植物量
	可持续森林土地管理规划伙伴关系：第1阶段	越南	地上植物量

第五节　森林、草原和农田开发规划与项目的碳计量

2000～2005年（FAO 2006），全球森林土地面积每年净损失730万公顷。依据千年生态系统估算方案（MEA 2005），2000～2050年，工业化发达国家森林土地面积预测增加6000万 ~2.3亿公顷，发展中国家预计则减少2亿 ~4.9亿公顷。尤其是热带森林、草原和湿地生态系统的生物多样性将持续降低。进而，许多热带地区将会出现缺少薪炭林、木炭和建筑木材等现象，尤其是应用这些材料的广大边远农区（Ravindranath and Hall 1995）。农业用地、畜牧草场、热带木材和生物质能源等需求的增加，已经导致了许多热带地区国家森林的减少。土地退化已影响了接近20亿公顷的土地，包括7亿公顷过度放牧和5.5亿公顷粗放经营的农田，导致土壤侵蚀。（UNEP 2002）。因此，为了防止土地退化、热带森林生物多样性丧失以及薪炭林、建筑木材短缺等现象的进一步发生，全世界已经开始建立并实施了大量的有关森林保护与土地管理的规划和项目。

2000 ~2005 年，全球每年造林再造林规划下进行的造林面积是 280 万公顷，2005 年造林总面积为 1.4 亿公顷(FAO 2006)。除了森林退化的损失外，农田和草原的退化与沙漠扩大化是另外一个与环境相关的问题。全球为了阻止荒漠化的进一步发展，已经实施了大量的有关草原与农田保护、改良和建设的规划。

虽然，在森林，草原和农田类型下这些以土地为基础的保护项目，其主要目标和开发规划与应对气候变化关系密切，但是，这些规划与项目的目的是保护生物多样性，保护流域，降低森林压力，增加薪炭材或工业用材的供应量，改进土壤肥力，提高草和农作物生产力。然而这些规划与项目间接地保护或扩大了生物量和土壤内的碳库储存量。生物量和土壤碳的提高是所有土地利用类型规划与项目的最重要影响指标，以下是各项需要碳计量的方法和指南条款。

1. 土地利用类型

在规划实施前，估算所选项目活动土地利用类型状况。

(1)地上生物量贮存量，树木生长率，草或一年生、多年生农作物生产量。

(2)土壤肥力，尤其是土壤有机物和氮。

2. 估算内容

造林、森林保护、水土保持、提高草原管理水平、防护林与混农林业规划等的开发活动引起的估算方法的变化，要对几个方面的内容进行测量。

(1)树木生物量，草与农作物生产力，尤其是地面生物量碳汇和生长率的增加。

(2)土壤有机物的增加和碳氮比的提高。

通过援助，国家的、双边的与多边援助机构正在实施一系列森林、草原、混农林业、农业项目和规划。表 3-5 给出了以土地为基础的要求进行碳计量的规划和项目。这些规划要求进行以下活动：

(1)在项目建议准备阶段，估算出生物量、生长率数值，提供土壤有机物、肥力改良等的基础信息。

(2)定期监测和估算项目活动对生物量产量、生物生长率和土壤有机物含量等项的影响程度。

表 3-5　碳计量的森林、草原和农业开发项目或规划

机构	项目名或种类	国家/地区	清单的碳库
亚洲开发银行	提高贫困地区居民生活能力的可持续混农林业	老挝	地上生物量与土壤
英国国际开发部	混农林业系统内土壤多度的控制	东部与中部非洲	土壤碳
世界银行	1. Pico Bonito 可持续森林项目	洪都拉斯	地上生物量与土壤
	2. 森林部门开发项目	越南	
	3. 森林部门开发项目;补充贷款	越南	
	4. 可持续森林试验项目	俄罗斯联邦	
	5. Maharashtra 林业项目	印度	

第六节　结论

术语"碳计量"在《联合国气候变化框架公约》下已相当普及，土地利用部门把估算的碳汇量、二氧化碳排放量和碳汇估算值作为国家温室气体排放量清单的一部分。在《联合国气候变化框架公约》下，以土地为基础的规划或项目获得的减缓潜力和土地利用部门国家和全球的碳减缓潜力都需要进行碳估算。在所有的土地利用类型下的规划和项目都需要进行碳计量，也就是森林土地、草原、农田和居住地（表 3-1 ~3-3）应对气候变化以及与非应对气候变化相关的项目都需要进行碳计量。具体项目包括：

（1）国家级层面温室气体清单；

（2）碳减缓规划与项目；

（3）木材生产规划与项目；

（4）混农林业，免耕、防护林和流域等土地开发规划。

在所有规划与项目的所有土地利用类型中，碳计量内容主要包括估算生物量与土壤内碳储量、碳汇量、二氧化碳排放量。这本书为实现这一设想提供了详细的方法和指南条款。

第四章　碳库与监测频率

除了海洋以外，全球碳循环主要包括大气与生物圈之间二氧化碳的相互交换。植物通过光合作用生产有机物贮存在地上植物和地下植物中，固定大气中的二氧化碳。大多数地上与地下部分植物生物量最终被转化成死的有机物库、被氧化或被烧掉。

死的有机物质包括枯死木(枯立木或倒木)和枯落物，通过分解、氧化或以碎屑形式长期存放在地上或地下。植物固定的二氧化碳经过一段时间以有机物形式存在于土壤中，或者通过分解过程最终成为腐殖质。因此，大气中转移的二氧化碳是以死的和活的生物量或土壤碳的形式存在于生物圈中。

对于碳减缓、森林保护、土地开发规划、温室气体清单的规划和项目，碳计量要求估算一定时间内生物量和土壤内碳库的储量。生物圈内有 5 个碳库，并期望对这 5 个碳库中的碳储量的变化量进行测量、监测和预测。然而，监测所有碳库的费用一般来说是很高的。而且，在监测或预测选定的期限内有些碳库的碳储量可能不变、也可能比较小。因此，成本效率高的碳监测方法是鉴别和监测可能受项目活动或人为干预活动(土地利用变化、保护措施、植树造林和种草、改进管理措施，文化教育等)影响的主要碳库。

IPCC(2003，2006)为温室气体清单定义了 5 个碳库。《联合国气候变化框架公约》的《马拉喀什协议》已经包括了这 5 个碳库，以估算土地利用变化和林业活动的影响程度。

1. 活的生物量
(1)地上生物量
(2)地下生物(根)量

2. 非活生物量
(1)枯死木
(2)枯落物

3. 土壤有机碳

也可以考虑把采伐的木材产品作为一个碳库，并且一些国家在温室气体清单中也估算和报告了收获木材产品固碳量。当采用碳储量变化方法时，采伐的木材产品碳库被包含在生物量碳库中。因此，这本书集中了 5 种碳库，并分析了它们的特点，同时提出了对不同土地利用系统的规划和项目采取不同监测次数的重要性。

第一节　碳库特征

一、不同碳库的分布

两个主要碳库是生物量和土壤。生物量被定义为活性的、惰性的或死的有机物的总量，在地上和地下，一般以每单位面积（公顷）干物质的吨数来表示。土壤碳是以有机物，发霉物质和木炭等稳定结构形式固定土壤中的碳。生物量乘以干物质中含碳率，即可转换为碳量。对于不同生物物种和植物不同组织成分，通常含碳率约为 0.5（IPCC 2006）。

碳总量 = 生物量碳 + 土壤碳

生物量碳 = 地上生物量碳 + 地下生物量碳 + 死的有机物碳

表4-1 给出了不同地区森林中不同碳库的分布。例如，在非洲，活的生物量碳是绝对主要的、占总数的 60%，土壤碳次之（大约为 34%）；而在欧洲，土壤碳占绝对地位，约为 64%，而活生物量碳仅占 25%。因此，可以说，生物量碳与土壤碳之和占总碳量的 90% 以上，而各占的比例是随着地域的不同而变化的。在任何地区，枯死木和枯落物之和占总碳量的比例低于 11%，枯落物碳库所占比例低于 5%（表 4-1）。在草原和农田生态系统中，土壤碳是最重要的碳库。

在印度南方，对不同森林类型碳库的碳储量进行了研究（表4-2）。地上生物量碳约占总碳量的 25% ~ 46%。在所有森林类型中，地下生物量碳占总碳量的比例低于 12%。灌木林中，土壤碳占 68%；南方荆棘中，土壤碳占 56%；常绿森林中土壤碳占 54%。

在这项研究中，没有对死的有机物碳库的报道。当把死的有机物碳库中的贮存量排除在外时，地上生物量碳与土壤碳之和约占总碳库量的 88% ~ 95%。生物量和土壤总的碳储量分别是灌木林 91 吨碳/公顷，常绿林 337 吨碳/公顷（表4-2）。在印度北部 Varanasi，落叶林中碳库储存量数据显示，死的有机生物碳是非常少的，而地上生物量和土壤碳占总碳储量的 92%。

表4-1　不同地区的各碳库碳储量分布　　　　单位：吨碳/公顷

地区/分区	碳储量				
	活的生物量	枯死木	枯落物	土壤	总计
非洲东南部	63.5	7.5	2.1	–	73.1
非洲北部	26.0	3.3	2.1	33.5	64.9
非洲西部与中部	155.0	9.8	2.1	56.0	222.9
非洲	95.8 (59.5)	7.6 (4.6)	2.1 (1.6)	55.3 (34.3)	160.8 (100.0)
亚洲东部	37.0	5.0	–	–	41.9
亚洲南部与东南部	77.0	9.0	2.7	68.4	157.1
亚洲西部与中部	39.0	3.6	11.4	41.0	95.8
亚洲	57.0	6.9	2.9	66.1	132.9
欧洲	43.9 (24.8)	14.0 (7.9)	6.1 (3.4)	112.9 (63.9)	176.9 (100.0)
加勒比海	99.7	8.8	2.2	70.5	181.2
美洲中部	119.4	14.4	2.1	43.3	179.2
美洲北部	57.8	8.8	15.4	35.8	117.8
美洲北部与中部	60.1	9.0	14.8	36.6	120.6
大洋洲	55.0	7.4	9.5	101.2	173.1
美洲南部	110.0	9.2	4.2	71.1	194.6
全世界平均值	71.5 (44.4)	9.7 (6.1)	6.3 (3.9)	73.5 (45.6)	161.0 (100.0)

注：括号内数据表示百分数。FAO，2006。

表4-2　印度 Tamilnadu 的 Namakkal 和 Varanasi（Misra 1972）
地区不同森林类型不同碳库的碳储量　　　　单位：吨碳/公顷

碳库	Varanasi	Tamilnadu				
	落叶林	常绿林	落叶林	次生落叶林	南方荆棘	大戟灌木
地上生物量	102.7 (40.5)	122 (36.2)	100 (41.6)	96 (46.8)	52 (38.5)	22 (24.9)
地下生物量	17.1 (6.7)	31 (9.3)	25 (10.7)	24 (12.1)	6 (5.0)	5 (6.4)
枯死木	3.8 (1.5)	—	—	—	—	—
土壤有机碳 (0~90cm)	129.5 (51.3)	184 (54.5)	114 (47.7)	84 (41.1)	76 (56.5)	63 (68.7)
总计	253.2 (100.0)	337 (100.0)	240 (100.0)	205 (100.0)	136 (100.0)	91 (100.0)

注：括号内数据表示百分数。

二、碳库定义

依据 IPCC(2006)，表4-3 给出了碳库的定义。

表4-3　碳库的定义

碳库		描　述
活生物	地上生物量	所有活的植被，包括木本与草本，地面以上的茎、干、枝、皮、果实和叶子
	地下生物量	所有活的根生物量，直径低于2毫米(建议最小值)的细根一般要排除在外，因为这些根依据经验不能与土壤有机物分开
死的有机物	枯死木	不包含在枯落物内的所有非活的木质生物，或者站立，或者倒在地面上或在土壤中。枯死木包括横卧在地面上的倒木、死根和直径大于或等于10厘米的伐根
	枯落物	面积大于土壤有机物限制(建议至少2毫米)的所有非活的生物，枯立木直径低于最小值(10厘米)的非活生物和在矿物有机土壤内或以上不同分解状态内的在所选最小直径下的枯死木。包括土壤类型学中通常定义的枯落物。在矿物质和有机土壤上的活细根(小于建议的地下生物的最小量)被包括在内，但无论任何时候都不能凭经验把它们与枯落物分开
土壤	土壤有机质	经过一段时间后，连续地应用和选择一定深度的矿物质土壤内的有机碳。在土壤内，活的与死的细根(小于建议的地下生物的最小量)包括在内。无论在任何时候都无法凭经验把它们与碳有机物区分开。

IPCC，2006。

1. 地上生物量

地上生物量(AGB)是用每公顷生物量吨数或每公顷碳量吨数表示；地上生物是最重要的和可见的碳库。它是天然林和人工林中最主要的碳库，而在草原和农田上不占有主要位置。无论是在碳计量工作中还是在大多数减缓项目中，对地上生物量都要高度重视。地上生物量也是《京都议定书》清洁发展机制造林、再造林项目和与森林土地、混农林地和农田防护林等有关的任何碳计量或减缓项目的最重要的碳库。地上生物量经常是原木生产项目中测量和估算的惟一碳库。与其他碳库相比，测量与预测地上生物量的方法和模型是开发最多的。

在农田和草原等非森林土地利用系统中，生物量主要包括非木质多年生和一年生植物。在生态系统中，这些植物所占的碳总量比在森林土地中所贮存的碳量低得多。非木质生物量是每年碳循环的一部分，并且每年或每几年都有变化。虽然由于土地退化导致碳储量在一定时间后有所减少，但是净生物碳储量或多或少地保持着稳定的状态。

2. 地下生物量

地下生物量（BGB）是用地下或活的根每公顷生物量的吨数或碳的吨数来表示。当根把大量碳转移到地下且贮存时间相对较长时，它在碳循环系统中起到的作用是很大的。虽然根能扎到地下很深，但是根的总量大部分局限在离地面 30 厘米以内的部分。土壤纵剖面上层，碳的损失和积累是十分活跃的。在抽样调查时要十分关注的这一点（Ponce-Hernandes et al. 2004）。然而在草原、农田等其他许多土地利用系统中，根碳库一般都是不重要的。进一步说，一年生草本植物和农作物，在草原和农田中，地下生物量是每年碳循环系统中的一部分，一般不需要进行测量。由于测量和模拟地下生物量和生长率难度较大，因此，对地下生物量的研究和测量也较少。估算地下生物量需要把树或草连根拔出，会干扰地表土，破坏植物的正常生存环境。大多数情况下，地下生物量作为地上生物量的一部分进行估算。

3. 枯死木

枯死木（DW）在任何土地利用系统中都不是重要的碳库。在森林和其他含有木质植物的土地中（表4-1），通常仅占碳总贮存量的6%（表4-1）。枯死木包括自然死亡的枯立木和倒木，以及受虫害、风折和人为干扰等灾害而致死的树木，但不包括自然倒下的木质和非木质枯枝落物或生物量。正常情况下，根据大小区分枯死木和枯落物，以最小直径的大小为区分枯死木和枯落物的分界点。枯死木一般发生在天然林中，而在人工林、混农林地、大平原、草原和农田中很难见到。

4. 枯落物

枯落物（LI）是指有机废物、树上掉下来或移动的死的植物和未附在植物体上的一些植物组成的层。枯落物的形成是乔木和灌木的木质和非木质部分干燥过程和掉落到地面的自然化过程（天然林或人工林地面）；这一过程也是森林生物量转换全过程的一部分。因为枯枝层通常仅为植物生物量的6%~8%（Whittaker and Likens 1973；Bazilevich 1974），有时会更少一些（表4-1），所以它并不是一个主要的碳库。

5. 土壤碳

土壤有机质（SC）被定义为在一定深度内矿物质土壤中的有机碳。对于土壤中所有有机物而言，一般术语称为颗粒，而不是活的根或动物。当死的有机物被分离或分解后，它就被转变为土壤有机物。土壤有机物包括在土壤中存留时间不同的大量物质；微生物有机物很容易分解土壤中大多数有机物，把碳转换到大气中，但是土壤中有机碳的一部分又被转换成难以分解的混合物（例如，有机矿物质混合物），然后逐渐分解保留在土壤中持续几十年或者几百年，甚至更长时间。火灾过后，经常产生一些被称之为黑碳的产品，其中，有一种惰性碳转换周期就能横跨几千年（IPCC 2006）。在农田和草原等给定的土地利用系统中，经营活动对土壤碳储量具有很重要的影响。经营活动和其他形式的干扰活动能够改变流入土壤内的碳和土壤内碳损失的净平衡。土壤能从高等植物生产中吸收碳，提高碳储量。当自然草原或森林土地变成农田时，土壤中损失 20% ～40% 原土壤碳储量（Mann1985；Davis-don and Ackerman 1993；Ogle et al. 2005）。虽然土壤中存在有机碳和无机碳，但是土地利用和管理对有机碳储量影响较大。这本书主要探讨土壤有机碳储量。

三、碳库的流通量

光合作用期间，植物把固定的二氧化碳转移到枯落物、枯死木和土壤等碳库中。土地利用系统碳循环包括生长、腐烂连续过程和火灾、森林采伐、土地利用变化和虫害等分散灾害造成碳储量的变化量。图 4-1 给出了碳库流通量概念流程图（IPCC 2006）。同时，估算一个时间段起始两点的所有碳库碳储量就能测算出所有碳库的碳流通量。

对于给定的土地利用系统或土地利用变化或经营活动，估算出每年所有碳库碳变化量的总和，即为每年碳汇用吨碳/公顷·年表示（tc/hm² · a）（详见第 9 章方程式）。

定义了碳库、碳库比例和碳汇，下一个要强调的问题是：对于减缓项目、木材生产项目或国家级温室气体清单，应该选择 5 个碳库中哪些碳库？4.2 部分讨论了选择标准，4.3 部分估测了不同碳库在不同项目类型中的作用及其重要性。

第二节 选择碳库的标准

在碳计量中，为什么要选择碳库？原则上讲，碳计量涉及到估算所有碳库储存量的变化量或者所有碳库排放量和转移量。然而，不是所有碳库都与土地利用类型或项目种类有关系，通常碳计量是选择一个主要碳库或一系列主要碳库，然后估算其碳储量的变化量。

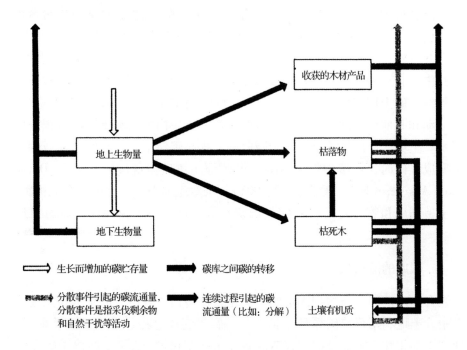

图 4-1　碳库与碳流通量路径(IPCC 2006)

　　尽管估算所有碳库储存量变化量的费用是十分大的，但是还是要追求实现碳计量的成本效益最大化的目标。充分利用现有的物力和人力资源，使计量估计值尽可能的准确。一般来说，人力资源通常是一个限制因素。IPCC(2003，2006)提出了被称之为"主要类别分析"方法，用于为温室气体清单选择重要的、主要的碳库(见第16章)。选择监测或估算作为不同以土地为基础的规划与项目的碳库取决于土地利用系统、项目目标、实施活动和给定监测时间段等因素。普通选择计量的碳库的方法要考虑到以下因素。

　　1. 土地利用系统

　　在单位面积土地内不同碳库储存量的比例是随着土地利用系统的变化而变化的：地上生物量是天然林、人工林和混农林业等土地利用系统中最具有影响力的碳库；土壤是农田、草原、大草原项目和活动中最具有影响力的碳库；但是，枯落物或枯死木碳库在农田或草原系统中基本上不存在，可能在天然林中却是重要的。

　　2. 项目目标与活动

　　不同碳库的重要性是随着项目管理者追求的项目目标的变化而变化的。

碳减缓项目的直接目的是提高碳储量或降低单位面积二氧化碳的排放量，同时还要考虑项目活动对所有潜力较大碳库的影响程度。在土地开垦项目中，项目的目标是增加土壤有机物或碳密度以改进土壤肥力，使之成为最重要的碳库。在一个社区种植燃料林或商品林项目中，主要目的是提高木材产量，使地上生物量成为最主要的碳库。造林、人工促进天然更新、森林保护、停止采伐树木、土壤保护、改变收获和放牧方式等是项目活动的实例。这些活动决定了它们对碳库的影响程度。当然，项目目标决定了项目活动。例如：停止采伐树木、森林保护和人工促进天然更新是影响地上生物量碳库的最主要因素，而改进放牧方式或保护土壤是影响土壤碳库的最主要因素。

3. 定期监测

在一个给定的地域，即使是一种项目类型，碳积累增加速率随着碳库的不同而变化。在一个造林和再造林项目中，以每年为单位，地上生物量碳库增长比任何碳库都快，而土壤有机碳增加较慢。因此，在一个项目内选择估算碳储量获得量的监测的时间段，对确定要选择监测的碳库是十分重要的。对于短期项目，也就是 2～3 年或 5 年的项目(例如，某个造林、再造林或者混农林业项目)，土壤碳、枯落物和枯死木碳库不可能成为主要的碳库。通常情况下，土壤碳库需要在较长时期内进行监测。

4. 监测成本

无论在理论上还是在实践中，每年都可以用标准方法测量所有碳库。尤其是任何以土地为基础的项目。定期的以及每年对所有碳库进行的监测，对整个项目而言，都需要有一定的投入。监测成本不仅在碳库选择方面是最重要的标准，而且在确定监测方法和频率时也是最重要的。监测不同碳库的成本是不同的：例如，监测地下生物量比监测地上生物量成本高很多。

项目经理必须根据项目的主要目标、主要活动及其对不同碳库的影响、所要求的准确度等多种因素来平衡成本。进一步地说，对于碳减缓项目而言，决定主要碳库和监测碳库的数量和那些以土地为基础保护和开发项目是不同的。

第三节　不同项目的主要碳库

项目的主要目的和目标决定了要监测的主要碳库。下面逐一讨论碳减缓、土地保护和开发、木材生产等项目的具有潜力的主要碳库。

一、碳减缓项目

碳减缓项目最主要目的是在土地利用系统中最大限度地获得碳汇和最小程度地排放二氧化碳。例如，在避免毁林项目中，主要目的是减少森林土地转换过程中或采伐时的二氧化碳排放量；然而，在造林再造林项目中，追求生物量和土壤碳储量最大是主要目标。选择碳库主要依据以减缓为目的的土地利用系统的项目。表 4-4 给出了不同类型项目的主要碳库。

表 4-4　碳减缓与其他以土地为基础项目的主要碳库

项目种类	项目类型	碳库				
		地上生物量	地下生物量	枯落物	枯死木	土壤
碳减缓	避免毁林	＊＊＊	＊＊＊	＊＊＊	＊＊＊	
	造林再造林	＊＊＊	＊＊	＊	＊	＊＊＊
	生物质能源林	＊＊＊	＊＊＊	＊	—	＊＊＊
	木材生产经营	＊＊＊	＊＊	＊	＊	＊
	草原管理	＊	＊	—	—	＊＊＊
木材生产	营造商品林	＊＊＊	＊	—	—	＊＊＊
	社区林业项目	＊＊＊	—	—	—	＊＊
其他以土地为基础的项目	混农林业	＊＊＊	＊	—	—	＊
	防护林	＊＊＊	＊	—	—	＊
	流域管理	＊＊	—	—	—	＊＊＊
	土地开垦	＊	＊	—	—	＊＊＊

注：＊＊＊为高度影响，＊＊为中度影响，＊为低度影响，—没有影响或影响较小。

1. 避免毁林项目

在土地利用部门，避免毁林项目是最主要的碳减缓机会（IPCC 2007c），所有 5 个碳库都是最重要的。有必要对 5 个碳库进行监测。进一步地说，下列各项都可能会影响到碳库的选择。

（1）由于所有生物量都被转移或燃烧，所以避免毁林就是阻止土地利用的变化。如果把森林土地转变为农地，将影响到项目区内所有的碳库。由于整地破坏了表面土壤，尤其是森林土地转变为农地，土壤碳将会流失。

（2）毁林即使不改变土地用途或土地性质，也会导致土地退化。如果进行商品性采伐（皆伐），就要把所有树木运走。这种情况仅需要对地上生物量进行监测。如果枯落物和枯死木被移走或都被烧掉，这时就要监测枯落物碳库和枯死木碳库。如果森林土地利用性质不变、或表面土壤保持不被破坏，那么土壤碳库就不可能受到影响。

2. 造林再造林，包括生物质能源林

造林再造林影响的主要碳库是地上生物量、地下生物量和土壤碳库。在短期时间内，枯落物和枯死木碳库的累积增加量不是很重要。如果森林土地成为造林地，那么造林整地的任何一个环节，都会对土壤碳库产生重要影响。如果进行的再造林项目有可能是通过保护和促进天然更新实现的（不干扰地表土），那么在短期时间内对土壤碳库的影响程度较低，一般来说，时间在5年之内。

3. 森林管理

森林管理的主要活动包括可持续采伐、化肥应用和间伐。森林管理不涉及任何土地利用变化或对土壤表面的干扰。因此，在短时间内受影响较大的惟一碳库是地上生物量库；在长期时间内，对土壤碳库也会产生影响。

4. 草原管理与土地开垦

改良草原放牧或一年生农作物、或者加强退化土地管理的项目活动，对地上生物量，枯落物和枯死木几乎没有任何影响。即使在基线情景条件下，都没有太多的树木等木质生物生长在农田、草原或大平原上。项目的主要目的是改进土壤肥力和提高草或农作物产量。草原上地上生物量和根生物量是重要的碳库，但是它们也是每年碳循环的一部分，土壤是惟一的主要的碳库。

影响减缓项目的碳库类型，有时候取决于项目实施地理位置、优势物种以及管理措施。因此，项目管理者应该根据位置特异性因子以及本书提供的指导方法对监测碳库进行专业判断。

二、木材生产、土地保护和开发项目

木材生产、土地保护和开发项目目的既不是为了减少二氧化碳排放量，也不是为了增加碳储量，而是为了增加木材生产量、保护森林生物多样性、提高土壤肥力等。然而，所有项目对碳库的影响，实际上是这些项目的监测或评估需要对一些碳库（尽管不是全部碳库）贮存量的变化量进行估算。此类项目的重点是提高地上生物量生产力和改善土壤肥力。

木材生产的规划或项目主要目的是生产木材、薪炭材、工业用原木或锯材。依据轮伐期，定期对地上树木生物量进行采伐。如果种植的树木是桉树和柚木等林木，那么对土壤几乎没有影响。然而，地上生物量是项目管理者追求的最主要碳库，土壤碳也可能是项目管理者感兴趣的。但是，一般来说，土壤碳是被用于作为土壤肥力的一个指标。如果采伐是定期或周期可持续进行的，那么在植物任何生长期，生物量都是重要的，都需要定期监测立木蓄积量。因此，在许多项目中，地上生物量、土壤是木材生产规划项目中最主要的碳库。

土地开垦项目主要目的是提高土壤肥力，提高农作物和草的生产量以及畜牧产品产量。尽管碳减缓发生在所有土地保护和开发项目中，但是碳减缓不是项目的重点。项目管理者一般都把重点放在改善土壤质量上。然而，监测土壤肥力需要监测土壤有机碳库。

表4-4 给出了不同项目类型需要监测的主要碳库。具有以下明显的特点：

（1）由于土地保护或土壤肥力改进是所有土地开发项目的重要组成部分，所以土壤碳库是所有项目中最主要的碳库。

（2）生物量碳库，尤其是地上生物量，可能受混农林业和防护林规划的影响。

三、国家层面温室气体清单

一个国家层面温室气体包括对已选定清单年份内不同土地利用类型二氧化碳排放量和转移量进行测算的估算值。IPCC（2003，2006）指南条款包括了依据不同土地利用类型，对所有5种碳库的估算。进一步地说，指南条款也包括"主要类型分析"。虽然主要类型选择随着国家、地区和土地类型的变化而变化，但是"主要类型分析"、一般用在为进行的清单识别主要碳库。（详见第16章）主要类型分析有助于把有限的重点资源和工作方向集中在主要碳库上。

第四节　碳库监测频率

不同碳库累积速率随项目类型和活动的不同而变化的。表4-5 给出了建议监测不同碳库的频率。表4-5 中列举的只是说明性的条款，项目经理还是要依据项目目标、植被类型、优势树种、营林措施和现场条件对监测频率进行专业判断。这一部分主要论述如何对不同碳库采取不同的监测频率。

一、地上生物量

地上生物量对于所有林木覆盖的土地利用系统而言都是最重要的碳库，经常发生变化，甚至每年都会发生变化。就只有林木的项目，地上生物量碳库变化速度比任何其他碳库都快。这样的变化速度需要按照变化的频率有规律的对碳库进行监测。在表4-5中，能够看到每年或者每2~3年需要对地上生物量进行监测(所有与造林有关的森林项目)。由于人工林树木生长快、轮伐期短，所以，集约经营生物质能源林或商品林也都需要每年对地上生物量碳库进行监测。进一步说，监测频率要依据项目前期实施阶段地上生物量库储量的多少而定。如果碳储量为零或几乎不重要，对于大多数造林再造林或生物质能源林项目而言，生物量的年累计增加量是很重要的，应该每年监测一次。然而，在许多森林管理项目中，在项目最初阶段(基线情景)，地上生物量是巨大的，每年增加的比较少，所以，没有必要每年监测一次。因此，确定需要监测地上生物量的频率要根据项目开始时的生物量贮存量、生物量生长率(根据树种和营林措施)以及项目的目标而定。一般来说，监测频率是1年1次或者2~3年1次。

表4-5　碳减缓和其他以土地为基础的项目中碳库监测频率

项目类别	项目种类	碳库监测频率(年)				
		地上生物量	地下生物量[*]	枯落物	枯死木	土壤
碳减缓	避免毁林	1次/年	—	3~5	3~5	最初1次/年
	造林再造林	1次/年	—	3~5	3~5	3~5
	生物质能源林	1次/年	5	3~5	—	3~5
	森林管理	2~3	—	3~5	3~5	5
	草原管理	2~3	—	—	—	3
木材生产	商品材	1次/年	—	3~5	—	5
	社区林业	1次/年	—	3~5	—	5
其他以土地基础的项目	混农林业	1次/年	—	—	—	5
	防护林	1次/年	—	—	—	5
	流域管理	1次/年	—	—	—	2~3
	土地开垦	2~3	—	—	—	2~3
	草原管理	2~3	—	—	—	2~3

注：*只有把样地树木或草的根拔出来是可行的时，才能测量地下生物量。这个库的碳储量一般都是以地上树木生物量为基础的项目的估算值来确定的。

二、地下生物量

由于测量方法复杂和成本较大(详见第 11 章),所以大部分森林和造林项目都不测量地下生物量。通过估算出地下生物量占地上生物量的一个比值或列出一个方程,来测算地下生物量。当地下生物量能够被测量时,假设,对于造林项目而言,监测次数应该是每隔 5 年进行 1 次。由于森林管理活动不影响生物根并且也不种植新的林木,所以森林管理活动影响到地下生物量的可能性较低。对于草原和土地开垦项目,根生物量是每年碳循环的一部分。因此,在涉及到任何造林项目中,地下生物量可以作为地上生物量的一部分进行估算(应用地下生物量与地上生物量比或生物量方程数据)。另外,依据地上生物监测频率可以计算出监测地下生物量的频率。

三、枯落物和枯死木生物量

枯落物和枯死木生物量仅占总生物量的一小部分,通常是低于天然林和人工林总的碳库储存量的 10%。确定估算这两个碳库频率的依据是这两个碳库是否被干扰(天然林和人工林),或者作为营林活动一部分,或者作为薪炭材被定期运走。如果木质枯落物或枯死木被移动,无论何时被移动都应该称重;如果未受干扰,应该每隔 3 ~ 5 年估算一下贮存量。碳减缓项目需要按时对这两个碳库一段时间内的两点间碳储量进行估算,然后计算碳的变化量。如果是这样,由于增加了许多工作量,所以监测枯枝层和枯死木的频率应该与估算地上生物量的频率相同。草原开发或土地开垦等不以树木为基础的项目,这两个碳库根本不需要进行测量;有时,甚至对混农林业和防护林项目,由于这两种碳库储存量变化值不大,所以对它们不值得测量。

四、土壤碳

正像前面 4.1.1 部分描述的那样,在天然林、人工林增加的总碳储量的贡献中,土壤碳是仅次于地上生物量的;而在草原和农田项目中,土壤碳是最重要的碳库。在天然林和人工林项目中,土壤碳也是逐渐增多的,基线情景碳库每年增加的碳储量实际上相当少,测量起来比较困难。例如,退化土地上进行造林再造林。造林开始时,土壤碳储量一般是 30 ~ 60 吨碳/公顷。由于造林,每年增加量相对较低,一般为 0.25 ~ 1 吨碳/公顷。对于基线情景碳库而言,如此低量的增加额,而且实际测量时难度又较大,因此,实际监测中，把这些少量增加值都记在测量误差上和估算值不确定性上。很少量估算值是误差范围内允许的。同样理由，也可以将其应用在草原或土地开垦项目中。在避免毁林和森林管理项目中，由于这些项目不涉及到土地利用变化，并且也不干扰地表土壤，即使在 2～5 年内进行 1 次监测也不会发生变化。

然而，对于涉及到森林土地转变、草原转变为农田、避免毁林等项目而言，土壤碳库受影响程度较大，要求监测频率高，至少在土地利用变化的最初几年，每年监测 1 次。总之，对于大多数项目，一般土壤碳库可以每 5 年监测 1 次。

第五节　结论

所有以土地为基础的项目都需要进行碳计量。碳减缓项目、清洁发展机制项目和国家温室气体清单都确定了 5 个碳库。理想的方法是每年去测量和监测这 5 个碳库。然而，实际上，并不是所有碳库都受到影响，于是这种理想的方法在实践中变得没有必要。考虑到成本效益。需要采取适当的标准和条件去确定应该监测的碳库和监测的频率。

所涉及的项目：

（1）退化森林土地、天然林、草原和农田等土地利用系统。

（2）碳减缓、清洁发展机制下造林再造林、商品林的木材生产和社区林业规划等类型的项目。

（3）薪炭林、草原改良和牲畜生存环境改善等类型项目。

（4）受影响的碳库（所有碳库或仅地上生物量、土壤碳或碳库组合）以及影响程度。

（5）碳库变化速率，或者慢（土壤碳）或者快（地上生物量）。

总之，项目开发者和管理者应用这本书不仅能对碳库和监测频率做出专业性选择，而且还要考虑结合当地条件。本书的另一个目的就是希望规划和项目能最大限度地影响不同土地类型的碳汇，提高碳储量，降低碳排放量，使其成本效益最大化。

第五章　项目周期内不同阶段的碳计量

要求碳计量的项目包括碳减缓、传统的林业和木材生产以及其他以林地为基础开发的项目。本章重点介绍项目周期内不同阶段碳计量工作的过程。一个比较典型的项目周期包括：项目概念、咨询、建议书准备、评估、批准、执行、监测和评价。撰写项目建议书的目的是为了争取投资的支持、获得技术转让、能力建设或指导研究。大多数以土地为基础的项目涉及到对项目周期内不同的环境、经济、社会、机构和法律等方面的评估、监测和评价。本书的重点集中在环境领域，尤其是集中在需要碳计量的项目活动对碳排放量、转移量和碳汇影响的评估工作上。即使是与碳减缓没有直接关系的项目，也需要对木材或草产量、土壤有机质增长率和碳汇进行评估。世界银行、亚洲开发银行、联合国机构、清洁发展机制执行理事会、双边援助机构和各国政府部门和相关机构都分别有编制项目建议书，进行项目评估、监测和评价的指南条款。碳减缓、木材生产或土地开垦项目周期的基本成分包括项目的每个阶段(图5-1)。

项目周期的每个阶段，都需要有木材产量、碳汇变化率和贮存量变化量的估算、预测和模型。因此，项目周期的所有阶段，都需要有碳计量指南条款。广义地讲，碳计量需要考虑以下两个阶段，也就是：

1. 项目立项或项目实施前的阶段

(1)概念化；

(2)项目建议书；

(3)审阅与批准。

2. 项目监测或项目执行后阶段

(1)实施；

(2)监测；

(3)项目评价(中期与期末)。

这一章描述了项目执行前和执行后的各个阶段进行碳计量的广义指南条款。同时，指出了在项目周期内，每一个环节描述碳计量的意义。

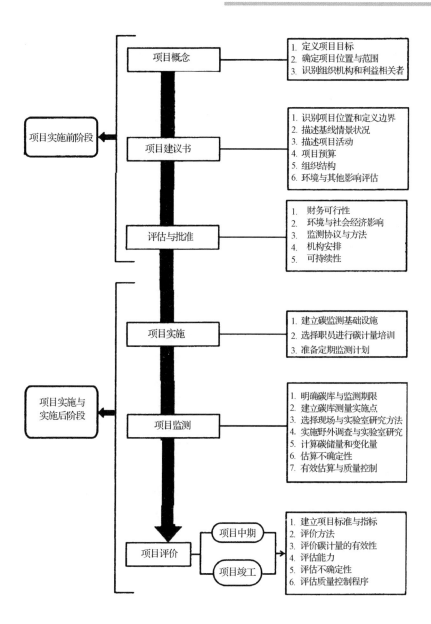

图 5-1　与碳计量相关的项目周期和活动

第一节 项目概念阶段

项目概念阶段包括收集资料并整理确定项目思路、制定目标、选择实施位置、决定项目范围、确定相关组织机构与利益相关者，以及对环境、社会和经济影响程度的思考。

1. 项目目标

项目一般具有多个相关联的目标或一个单一目标，以下给出了项目目标的例子：

(1)环境目标：应对气候变化，森林与生物多样保护，土地改良与可持续土地管理(森林或生态效益)。

(2)经济目标：木材产量、薪炭材产量、生物质能源林数量。

(3)社会目标：改进依靠森林和畜牧为主的社区生活，加强森林、草原等自然资源的参与式管理。

项目涉及到的所有相关人员一起制定项目的目标。木材生产的商业性项目，追求的目标是实现森林可采资源数量的最大化，而社区林业项目追求的目标是实现生物多样性保护、薪炭林产量、土地改良，就业或改善生计最大化等多种目标。项目目标决定了碳计量和不同碳库的重要性。碳减缓项目要求对所有碳库进行估算，这也就意味着木材生产项目的重点目标是提高地上生物量碳的贮存量。

2. 项目位置与范围

对于所有以土地为基础的项目，在项目周期内，尽早确定项目的潜在位置是十分重要的。项目又可以是单一的地块，或分布在不同的位置上，例如村庄、山区或林场。一个或多个位置对抽样调查具有重要意义。项目分布在多个不同位置，要求抽样调查要分阶段分层次进行。即使项目总面积是相同的，多个与单个项目相比，多处分散项目区需要采用分层抽样和大样本调查。土地异质性在抽样调查中起到十分重要的作用，并且对碳储量和计量方法具有积极的意义。仅包括一个村庄或几百公顷土地的项目，或者是覆盖1万公顷以上的项目，不同尺度规模的项目对碳计量结果影响程度是不同的，因此，采用的监测方法也有所不同。对于小尺度项目就可应用样地方法监测植物生物量；而对于大尺度项目就要应用遥感技术、调查样地方法以及其他新技术等组合方法估算植物生物量。

3. 机构与利益相关者

确定项目位置和范围经常依靠所涉及到的利益相关者。在一个社区林业项目中，主要利益相关者是当地社区；木材生产项目可能涉及到控制所有资源的每个部门，或者项目利益相关者是农民联合体或一个工业部门。机构和利益相关者类型对选择不同的碳计量方法具有重要意义。社区林业项目可以采用单一的、成本效率高的参与式技术方法估算生物量（例如：薪炭材）或碳储量；而大型木材生产项目就要采用成本高的遥感技术估算木材产量或碳储量。

第二节　项目建议书编写阶段

项目建议书包括清楚定义具体目标，描述项目活动、确定项目地点、面积，估算选择、监测环境和其他影响因素以及预测项目成本的方法，确定项目组织结构，选择监测碳库和频率。

1. 明确项目地点和确定项目规模

项目准确位置包括项目行政位置和所有权或使用权的边界、分块数量、每块覆盖面积和整个项目占地总面积等多项内容。这些内容都要包括在项目建议书中。同时，项目建议书还要提供描述不同土地用途、项目位置以及具有地理位置、坐标的地图（第8章详细定义了项目边界）。

2. 描述基线情景（无项目）

项目建议书有必要清楚地描述出项目实施地域的植物状态、碳储量、放牧现状、采伐措施等土地利用特点。在不实施项目活动情况下土地利用的历史和未来的动态变化、以及对碳汇的影响程度；还要阐述在基线情景下采用估算和预测碳汇的不同方法（第7章会进一步详细地描述建立基线情景）。

3. 描述项目活动

充分阐述项目活动是项目建议书的最重要组成部分。这部分涉及到展示项目实施的所有活动、实现的目标、以及监测和评价项目影响（包括碳汇）。进一步说，项目建议书应该描述项目活动的不同阶段。比如每年用于种植的土地数量，营林措施和建议的采伐方案等。表5-1列举了以土地利用为基础的项目活动与碳计量方法。

表 5-1　以土地利用为基础的项目活动与碳计量方法

广义项目类型	活动与实践	碳计量方法
避免毁林	提高农作物生产力 减少森林土地转变为农田	需要监测森林、农田面积以及碳汇
	采取可持续采伐措施	需要监测地上生物量的采伐水平和碳储量的变化量
造林再造林	保护、天然更新	针对天然更新森林而言，树木测量和生物量估算方法要随着树种的不同而变化
	单一树种造林	建立生物量方程，对短轮伐期树种采取可行的采伐方法 对短轮伐期树种，需要监测碳库的频率更多
	化肥应用	需要监测生物量生长率和土壤碳
生物质能源林	集约经营措施：整地、高密度种植和化肥应用	需要监测碳库的频率更多 测量采伐生物量是可行的
混农林业	按行种树 在低初植密度林地中种植果树	土壤碳变化可能小，因此，监测时间间隔期可长一些，采伐树木是不可行的。
防护林	按排种树，防止水土流失	枯落物与枯死木的碳库是不重要的
草原改良	改进放牧 水土保护	监测土壤碳库是非常重要的 地上生物量碳库是不主要的

（1）具体活动

包括设立围栏、划定界线、固定灌溉资源、安排分配水资源、建立估算土壤碳或干物质的实验设备。围栏对防止牲畜啃吃苗木非常有意义。项目建议书要对这些活动进行描述。

（2）营林实践与管理活动

包括种植材料的选择、种植、施肥、间伐、采伐和运输。营林实践与管理活动对碳储量和碳计量具有重要意义。例如，使用化肥能够提高生物量增长速率；而整地则导致土壤有机碳流失。

（3）能力与机构建设

项目实施、行政管理和监督的工作人员的选择等项内容；还需要描述执行项目不同任务采用的不同技术，例如，监测碳汇的不同技术方法。

（4）监测程序与活动

包括评估项目活动的环境、经济和社会影响以及采用的方法；另外，还要描述定期监测贮存量变化量所采用的方法。

4. 项目预算

以每年为基础，清楚地列举项目所有的投资，运行、维持和监测成本的预算。项目预算内还应该包括监测项目效益和影响程度的投入。针对碳监测而言，其成本应该包括：

（1）人员及培训费用；

（2）现场设备与测量设施；

（3）实验室设备与化学药剂；

（4）差旅费；

（5）采购遥感数据及其解读费用。

5. 组织机构

在项目建议书中，要对实施、管理、监测和评价项目活动的组织机构安排进行评估。同时还要包括不同的组织机构、活动安排、作用与责任以及碳计量培训和能力建设等内容。

6. 环境与其他影响因素的评价

在项目建议书中，要评价实现项目目的和目标的行动以及建议行为与影响程度，还要包括评估的方法、组织机构安排和基础设施建设等项内容。评估影响因素包括：

（1）碳汇，土壤质量、有机物现状、生物多样性、植被更新与生长状况等环境影响因素；

（2）木材与薪炭材生产，就业与收入、成本与效益等社会经济影响因素；

（3）组织机构安排、环境与社会经济效益可持续性。

第三节　项目评审、评估和批准阶段

不同组织机构对项目的审阅和评估程序也有所不同。一般而言，项目评估阶段是决定项目能否批准并得到资金援助的关键。对于以土地为基础的项目，由于环境、社会经济关系和利益之间的矛盾，项目评估程序相对较复杂。项目评估包括项目对碳储量、生物多样性，土壤质量和水供应量的长期影响的评定。评估程序主要关注以下几个方面：

1. 项目的财务活力

成本效益分析和投资回报率是项目能否被批准的关键。碳储量高的碳减缓与木材生产项目有利于得到资金的投入。

2. 环境影响因素

环境影响因素为项目实现目标奠定了良好基础。获得的碳大多数是以土地为基础项目的一部分，具体为以下各项：

(1)木材与草生物量的生产；

(2)生物多样性；

(3)土壤质量(例如，增加有机物或控制水土流失)；

(4)不同碳库碳汇。

3. 监测标准与方法

监测标准与方法评估是可靠性、准确性、有效性和成本效益可行性的关键。土地利用项目中碳汇的估算值具有较高的不确定性。针对清洁发展机制和全球环境基金项目而言，用于降低碳计量估算值不准确性的费用是相当高的，这对项目而言是一个限制因子。选择监测标准和方法涉及到准确性与成本之间的矛盾，需要很好地来平衡这两者的关系。

4. 组织机构安排

在介绍项目实施、管理和监测中，要对组织机构的准确性、有效性和成本效益的可行性提出评估。

5. 环境、经济和社会效益

环境、经济和社会效益的可持续性是决定项目能否被批准的关键。可持续的碳效益有利于减缓气候变化项目的审批。

第四节 项目实施阶段

批准后的项目建议书内所有项目活动和待实现的目标都要在此阶段实施。项目活动包括整地、植树或种草、改进放牧方式、保护、化肥应用、间伐和主伐、测量碳库、能力建设和基础设施建设。与碳计量相关的一些活动是：

(1)建设实验室、设备和固定样地等用于碳计量的基础设施；

(2)选择与培训从事碳计量的工作人员；

(3)采购与解释遥感数据；

(4)安排定期监测碳库情景；

(5)估算不同土地利用类型基线情景(无项目)的碳储量。

第五节　项目监测阶段

定期对项目活动和影响进行监测，对按期实现项目目标是十分重要的。监测包括对项目成本效益、环境、经济和社会指标的定期评估。与碳减缓、可持续生物(木材和薪材)量生产和土地管理相关的监测因素有：

(1)确定碳库与监测基线情景和项目情景的时间区间；

(2)基线情景和项目情景，规划监测碳库样地的位置；

(3)测量确认碳库的有关参数，以及在样地和实验室内监测基线情景和项目情景的指标；

(4)基线情景和项目情景下，计算不同土地利用类型已选碳库的碳储量和变化量；

(5)测算碳储量估算值的不确定性或误差；

(6)有效性和质量控制。

第六节　项目评价阶段

所有项目都要求对实现项目的目标进行评价。包括对项目竣工影响的评价以及对项目实施的不同阶段的评价。项目评价通常是由第三方机构执行，第三方不涉及项目申请和执行。项目评价活动包括：

1. 评价标准与指标类型

依据机构(全球环境基金、UNFCCC、多边银行、双边机构和国家政府机构)以及项目类型(清洁发展机制、木材生产、社区林业、森林与生物多样性保护和土地改良)，建立评价标准和指标。评估内容主要包括：

(1)获得的碳汇和木材生产量；

(2)社会—经济影响程度；

(3)包括获得碳汇效益的可持续性。

2. 评价碳库选择

评价基线情景与项目情景的碳库、测量时间、方法、抽样方法与计算程序。

3. 有效性

在基线情景与项目情景下，确认估算碳汇的有效性。

4. 组织机构能力

评估监测碳效益组织机构和技术的能力。

5. 不确定性

估算不确定性和评估所采用的质量控制程序。

第七节 碳减缓与不以碳汇为主要目的的土地开发项目

碳计量指南和方法是随着项目类型不同和项目周期内不同阶段的变化而变化的。碳减缓项目的重点是与不以碳汇为主要目的的森林、土地保护和开发项目有所区别的。因此，碳计量的重点是随着项目周期的不同阶段而变化的。然而，了解所有以土地为基础的项目都需要进行碳计量是十分重要的。表5-2 列举了碳减缓项目与其他以土地为基础的项目之间的一些区别。

表5-2　碳减缓项目与不以碳汇为目的的土地利用项目碳计量的区别

项目阶段	碳减缓项目	森林、草原、农田保护 与开发项目(不以碳汇为主要目的)
概念阶段	第一重点：碳减缓与碳信贷——全球环境效益 第二重点：土壤与生物多样性保护	重点关注森林、生物多样性保护、防止水土流失、木材生产 共同效益：建议书中通常不包括碳减缓
建议书	1. 过去植被与土壤碳状况的历史记录 2. 需要清晰界定项目活动影响的区域 3. 估算基线情景碳储量是十分重要的 4. 需要进行精心规划监测碳汇	1. 历史的植被状况对项目审批标准没有影响 2. 估算项目区的环境与社会经济效益的边界 3. 基线经济效益、土壤肥力和生物多样性的重要性 4. 需要确定监测木材生产、当地环境、社会经济影响的详细规划
项目评估与审批	基线情景和项目情景下，碳监测方法和安排是十分重要的	当地环境和社会经济效益的监测规划是重要的
实施	活动的目的是实现碳效益最大化，其次是共同效益	活动的目的是实现生产生物量、保护生物多样性和改善生计效益的最大化
监督与评价	批准的方法学 获得碳储量的外部性 对所有的5个碳库都要考虑进行监督与评价 进行碳计量与监测可能会发生较大的交易成本	具体项目方法：没有全球标准 当地环境和社会经济效益的外部性是重要的 对于木材生产项目，地上生物量碳库是主要的，对于土地开发项目，土壤碳是主要的 监测过程中，发生中等交易成本

碳计量方法学为审批碳减缓项目提供了参考标准。进一步说，监督和评价碳减缓项目的重点是关注碳汇估算值的可靠、准确和真实程度。

第八节　结论

大多数以土地为基础的项目，一般都要进行碳计量，无论是碳减缓项目还是森林、草原、混农林地、木材生产项目。碳计量的焦点和强调的重点是依据项目设计的机制和规划以及项目的主要目标而变化的。从项目概念到项目竣工评价的周期内，每一个阶段，都需要考虑碳计量。如果碳汇的估算值的不确定性过高，那么提高估算值的准确性和可靠性的交易成本就会很大。基础设施、人员和能力建设等碳计量的工作过程也需要有计划性。充分的碳计量监测、规划和工作方法又进一步促进了项目的批准和监测并验证项目的碳汇效益等工作的开展。

第六章 土地项目方法学

所有以土地为基础的项目都需要进行碳计量。由于方法学问题和估算获得碳储量数据的不确定性的原因，针对气候变化减缓的土地利用、土地利用变化与林业（LULUCF）项目的碳计量是有争议的。土地利用、土地利用变化与林业项目包括森林、农田和草原3种类型碳减缓活动。由于估算与预测碳汇方法的复杂性，产生了几种不同的方法学，而且要考虑到一个项目周期内不同阶段的碳计量是十分重要的。方法学的问题不是单一的，还有碳泄漏和碳汇获得的额外性问题。这些问题也是与不以应对气候变化为主要目的，而是以土地为基础的保护和开发项目相关的。本章主要探讨方法学问题：

（1）基线；

（2）额外性；

（3）永久性；

（4）泄漏；

（5）项目界线；

（6）项目范围。

第一节 基线

所有以土地为基础的碳减缓项目需要估算项目活动实施后产生的净碳汇。认识到在无项目情况下，由于自然因素或人们干扰碳储量也会发生变化这一现象是十分重要的。需要估算无项目情景的碳汇量。现状或情景方案指的是"基线"。所有项目都需要建立基线情景，有利于对比项目实施后产生的效益以及估算额外性效益。依据《联合国气候变化框架公约》，项目活动基线是指合理表现在无执行建议项目活动时的人类"源"排放和碳汇清除的情景（UNFCCC 2002）。（基线情景的碳储量变化量＝基线碳汇，项目情景的碳储量变化量＝项目碳汇）基线情景作为常用的参考方案或日常情景。由于必须估算不执行建议项目所有未来潜在的方案，所以估算和预测基线情景碳储量是一项十分困难的工作。然而，建立基线情景，需要了解地域的历史知识、当地社会经济状况，以及可能影响未来土地利用和碳储量的现状和未来更宽广的经济领域与发展趋势（国家、地区、全球）（图6-1）。

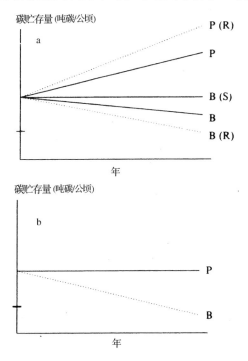

图6-1 （a）造林再造林项目基线情景与项目情景碳储量的概念图，项目实施目的是增加碳汇

　　　 （b）避免毁林项目基线情景与项目情景碳储量的概念图，项目实施能确保现存碳储量不变

　　　 P——项目情景碳储量；

　　　 B——基线情景碳储量；

　　　 B（R）——基线情景重新评估碳储量；

　　　 B（S）——稳定的基线情景碳储量；

　　　 P（R）——项目情景重新评估碳储量。

　　项目开始时，碳储量通常是指基准年的，如果它能表明未来（10～30年）正常活动不可能影响碳汇，那么它就可以作为基线。通过回顾过去情况、估计现在状况和预测未来情景，就可以建立基线。因此，一个基线情景必须以一系列假设条件为基础。

一、建立基线情景的基本步骤

基线情景具有预测项目建议实施地常规情景有关土地利用变化和碳储量的特点。途径是设计一个土地利用未来可能的变化与"无项目"情景碳储量的相关变化情景。通常，考虑到过去情况和现在状态进行预测。对一个项目，获得过去趋势的两种方法是：①查询历史数据；②以当地社会知识为基础，采用参与乡村评估(第8章)。预测基线情景的主要因子包括土地拥有者和利益相关者的土地利用规划方案，当地国家政权和历史土地利用变化的土地规划。预测也要考虑任何可能改变的现行措施或政策，比如，土地相关立法的变化、市场偏好或价格变化、环境认知性变化等。明确地说，无论怎样执行项目，都是有很多风险的。建立基线情景有以下4个基本步骤：

(1)确定项目面积和边界，并把面积按层分成单一区域(详见10.3层级化定义)。

(2)回顾土地利用系统过去情况。

(3)估算基线情景年内所有土地利用层级的碳储量(详见第10～13章方法)和基线情景年前至少两个时间点的碳储量。

(4)预测未来土地利用方案和碳储量。

二、项目特定的与一般的基线情景

可以利用几种途径和方法制定基线情景。通常应用的两种类型基线情景分别是：项目特定和一般的或区域的方案。

1. 项目特定的基线情景

建立项目特定基线情景的程序，也被定义为自底向上的方法(Moura-Costa et al. 2000)，把不同土地利用或管理实践与已经确定为最有效代表基线情景的土地利用与管理方案进行对比。并把与基线情景有关的碳储量作为碳储量水平的参考值，以计算项目实施后获得的碳储量。这项工作完成后，用于确定项目所在地所有可行的土地利用和管理实践，以及评估与碳有关的碳储量。由于土地利用、管理实践和变化通常随着空间与时间的变化而变化，一个详细的项目特定基线研究预测的排放量比广泛区域或部门估算的排放量要更准确些。项目特定基线情景的建立，涉及到在没有项目方案下对未来土地利用的评估和土地利用系统内碳汇的估算。第7章详细介绍了建立项目特定基线情景的途径与方法。实现项目特定基线情景的途径很容易被监测和证实。然而，受到高成本和由于在一定区域内采用贯穿整个项目的不连续的方法的限制。《京都议定书》下清洁发展机制执行理事会已经为造林再造林项目批准了许多建立项目特定基线情景的方法学。

已经证明项目特定基线情景存在 4 方面问题。①预测未来是很困难的；②在清洁发展机制下，为了提高执行项目后获得更多的碳储量，以提高项目相关的收益，项目经理就有过高估计基线情景下碳储量下降趋势的强烈动机。③基线情景需要对区域和国家的土地项目和规划进行假设（Chomitz 1998）。④项目特定基线情景具有较高的交易成本（Watson et al. 2000）。

2. 一般的或区域的基线情景

区域基线情景为一些受到限制的项目特定基线情景提供了一个可供选择的方案。对于较大可供参考的地方，可以作为标准的基线情景，并且可以避免过高或过低的项目特定基线情景。对于较大面积的同类区域，比如农业生态区域、森林类型或以降水量、土壤、高度、地形和植物覆盖为基础的其他类型，能够建立起区域基线情景。第 7 章阐述了建立区域基线情景的方法。在一个地区中，所有项目开发者都可以使用这一基线情景。像这样的基线情景提高了方法的透明度、促进了方法的修改、降低由于方法和客观判断产生的不确定性。一般的或区域的基线情景的优点是成本较低，并且可以运用于不同区域项目（从小面积到较大范围），但是它的缺点是比具体样地准确性低，这一特点限制了它在以土地为基础的减缓项目中的应用。

项目特定基线情景方法的采用，需要为每一个项目估算基线情景的碳储量和预测其碳汇。而另一方面，一般的或区域的基线情景，要求估算以每公顷为单位的每一土地利用系统基线情景的碳储量和变化量。这些数值可以应用到任何单一农业生态区域（包括几个地区、州和省）的项目内。

三、固定的和可调整的基线情景

在项目开始时建立起来的基线情景是在整个项目执行中保持不变，还是可定期调整。通常一个基线情景能够由假设一个固定的、稳定的状态或应用一个可调整的、转移的方法进行确定。图 6-1a 描述了重新估算基线情景。

1. 固定状态基线情景

固定状态基线情景能够用在多年来碳储量[B(S)线]不发生变化的项目中（图 6-1a）。在利用和经营高度退化的土地或农业用地的措施不变的情况下，土地的碳储量是不会发生变化的。进一步地说，土壤有机碳的任何微弱变化都很难测量出来。因此，仅在项目开始时，进行一次测量就足够了。许多清洁发展机制方法学推荐了固定基线方法学方法（http：// cdm. unfccc. int）。

2. 定期调整基线情景

在基线情景下，如果碳储量有变化，定期调整基线情景和估算不同阶段碳储量是最适宜的（图 6-1a）。在项目执行界线外，应用具有代表性的控制样地。此样地最好是与项目执行区域内环境相同，用以监测碳储量的变化。修改基线情景的主要争议在于在项目周期内，修改的情景是否一定要确保与实际估算碳储量变化值相符合。反对修改基线情景的中心争议是连续修改涉及到附加成本和预测未来碳储量的一个复杂的变化过程。

四、碳减缓与以土地为基础开发项目的基线情景

基线的重要程度、估算方法、待监测的碳库、监测频率是随着碳减缓和其他以土地为基础开发项目（表 6-1）的不同而变化的。所有项目都需要估算基线情景，然而，若采用严格的方法，对于碳减缓项目而言，正确确定监测碳库的频率是十分重要的。即使是木材生产项目也需要估算基线情景，但是，也要求估算项目执行前的生物量或土壤有机物质的贮存量。由于监测碳库的次数多，频率高，所以估算和监测碳减缓项目基线情景的交易成本是很高的。

表 6-1　碳减缓和其他以土地为基础项目的基线情景

要素	碳减缓项目	以土地为基础的开发项目
重要性	估算项目活动产生的额外的或增加的碳效益是非常重要的	1. 与植树相关的木材生产项目不重要 2. 项目开始时的土壤碳储量，对估算土壤肥力的改进很有必要
方法	1. 基线碳储量可能是固定的或可调整的 2. 依靠机制或机构，需要采取标准方法 3. 清洁发展机制：批准的方法学（cdm. unfccc. int） 4. 全球环境基金：Pearson et al.（2005a）	1. 没有标准与规定的方法 2. 测量生物量生长量或土壤碳储量的标准教科书方法 3. 包括测量两个时间段的碳储量
库	所有碳库都受到项目活动的影响	1. 原木生产：仅地上生物量 2. 土地开垦：仅土壤有机碳
频率	项目周期内定期进行监测	仅仅在项目实施前期监测

第二节　额外性

由于项目活动与估算基线情景有联系，所以，额外性或附加性是与估算碳储量的变化量相关的概念。项目的目的是希望减少二氧化碳的排放量或增加碳储量。额外性是二氧化碳排放量额外地减少或碳储量额外地增多。定量地讲，额外性是与基线水平相关的。额外性在没有项目时不发生。虽然项目活动通常假设与基线情景有所不同，但是有时项目活动或一项管理措施持续进行。在这种情况下，项目活动和基线情景具有有效的一致性，就不产生额外性。以土地为基础的清洁发展机制项目额外性的定义是：项目情景吸收的温室气体净值多于无项目情景碳库的碳储量的变化净值。清洁发展机制下，造林再造林项目要具有额外性。图 6-1 给出了获得碳的额外值等于造林（图 6-1a）或避免毁林项目（P − B）（图 6-1b）P(R) 与 B(R) 之间的差值。

全球环境基金资助项目的主要原则是如果没有全球环境基金的资助，该项目就不可能执行。全球环境基金应用的一个术语——明显增量。全球环境基金已经为估算项目执行碳储量的增加值提供了指南条款。

估算碳减缓项目碳储量的额外（或增加）的碳汇需要根据基线情景和项目执行方案，分别计算出碳储量以及估算出碳储量的差别与变化量。森林保护、木材生产和土地改良项目都需要估算项目的额外值。对于那些非气候变化减缓项目没有严格要求（表 6-2）。在项目开始时估算碳储量并把它们与未来的贮存量对比即可。

表 6-2　碳减缓与其他项目额外的（或增加的）碳储量

要素	碳减缓项目	其他以土地为基础的项目
重要性	要求估算出超出基线情景的额外值	估算出给定时间内地上生物贮存量或土壤碳密度就足够了
方法	采用批准的和规定方法 比如：清洁发展机制 全球环境基金（GEF）：Pearson et al.（2005a） 要求为基线情景和项目减缓情景估算碳储量	1. 没有标准的或规定的方法 2. 采用标准教科书方法估算给定时间内木材产量或土壤有机物量 例如，轮伐期未给定的时间段内，把碳储量与项目执行前碳储量进行对比
库	项目活动可能影响全部碳库	1. 大多数情况下一个碳库就可以 2. 木材生产项目：地上生物量 3. 土地改良项目：土壤有机碳

（续）

要素	碳减缓项目	其他以土地为基础的项目
频率	机制或规划决定 1. 清洁发展机制：5 年内 1 次 2. 全球环境基金：定期地	1. 在采伐木材时 2. 在项目结束时

以土地为基础不是以碳汇为主要目的的项目也要求估算木材生产总量或估算增加的土壤有机物含量，在这方面没有严格的计算方法。

第三节　持久性

持久性概念一般是与风险有联系的。具体地说，它是与碳贮存或碳排放有关（Pearson et al. 2005b）。持久性指的是在一定时间内或固定时期内碳储量或碳汇持续增多或稳定的情形。由于很难预测火灾等自然灾害或人为行为，所以经常有导致丧失持久性的风险。例如，人的行为，项目活动的实施，以及没有任何可供选择的资源代替已减少的土地、粮食、燃料和木材等可能导致项目区内的碳损失。持久性碳损失包括毁坏天然林或采伐人工林，包括薪炭林，都导致二氧化碳的排放。对于气候最终效益而言，它是依靠实际增加的碳汇或项目活动在一定时间内避免二氧化碳的排放。因此，当估算碳获得量时，非持久性是一个重要的参数。非持久性需要仔细计算碳储量的损失量或排出量。总之，选择估算一段时间内两时间点的碳储量的变化量的方法时，要认真考虑碳储量的任何损失量。

如果采用碳储量变化方法，非持久性对碳计量没有直接影响（详见第 9 章碳贮存变化方法信息）。碳获得量的非持久性对于碳减缓项目而言是一个问题，而对于木材生产或混农林业（表 6-3）等其他以土地为基础的项目则不是。一般而言，在估算木材生产和土壤碳储量时，都要计算碳的任何排出量和损失量。

表 6-3　碳减缓和其他以土地为基础项目的持久性分析

要素	碳减缓项目	以土地为基础的项目
重要性	由于碳汇或贮存的碳都能够被排放到大气中，所以对减缓项目是十分重要的	木材生产项目：不重要，虽然希望进行可持续采伐 土地改良项目：土壤有机碳的损失对土壤肥力的影响

（续）

要素	碳减缓项目	以土地为基础的项目
方法	1. 碳贮存变化方法强调非持久性 2. 对于计算方法有意义而对于测量方法无意义	方法没有意义
碳库	所有碳库都有可能受损失，或碳重新被排放到大气中	土地改良项目的土壤有机碳
频率	与估算额外性相同	没有关系，虽然固定土壤有机物或提高肥力是必要的

第四节 泄漏

泄漏被定义为，"由于项目活动，碳排放或转移到项目边界外的不可预见的碳减少或增加的量"（详细内容见第8章项目边界）。也可以把泄漏定义为非现场效应（Aukland et al. 2003；Sathaye 与 Andrasko 2006）。例如，应用放牧土地进行再造林，就会使农场主不得不把牲畜带到项目区外进行放养。泄漏形式也是随着项目不同而发生变化的，但是大多数以土地为基础的项目都不同程度地存在着泄漏。发生泄漏需要对项目边界外进行评估（Ravindrarath 与 Sathaye 2002）。

市场效应和活动转变都能产生不同类型的泄漏（表6-4），并且会产生正负两方面效果。从碳计量角度讲，针对碳减缓或应对气候变化而言，更要关注负面效果。

一个项目的碳效益全部或部分地以同样方式转变到其他地区时，基础泄漏就发生了。这就意味着由于项目实施的直接效果对其他地方产生负面影响。基础泄漏包括薪炭材采伐、木材采伐和其他草场上放牧等经营活动。在项目界限外，土地使用性质的转变或生物量的获取也会发生碳泄漏，产生二氧化碳排放量。

表6-4 泄漏的不同类型与特点

泄漏类型	描述
正方向溢出	项目实施能够产生重复性活动，比如项目界线外的森林保护、可持续采伐、再造林、土地改良，受社会经济效益驱使的活动，最后，增加项目界限外部碳储量
转移土地变化	项目活动实施可能阻止项目区内土地变化，但是项目界限外的土地变化仍可能发生。这就导致了项目界限外的碳排放，被称之为负泄漏，这个负泄漏要在全部碳效益中减除

（续）

泄漏类型	描述
转移获取生物量资源或放牧场地	项目实施可能导致获取生物量（薪炭材或木材）和放牧到项目界限外，木质生物量的获取或放牧场地的转移都可能导致项目界限外的碳排放

当项目输出结果刺激其他地方碳排放量增加时，次要泄漏也就发生了。不像基础泄漏，次要泄漏活动不直接与项目从事的活动有关系。例如，在某个区域，实施项目后木材产量增加，导致木材价格下降，由于木材价格低，木材消耗量进一步增加，进而产生碳排放量增加，被称之为次要泄漏。

估算泄漏是碳减缓项目以及在某种程度上，也可说是森林保护（不是以应对气候变为主要目的）项目的整体组成部分。生物多样性保护或流域保护也是森林保护或保护地管理项目的重点，保护项目实施地一般是在项目界限外不会破坏森林或改变土地的。估算泄漏与木材生产、混农林业和土地开发项目没有直接关系。表 6-5 列举了碳减缓以及其他以土地为基础项目中泄漏的意义。在碳减缓以及其他以土地为基础的项目中，项目界限对评估泄漏是十分重要的。

表 6-5 碳减缓和其他以土地为基础的项目的碳泄漏

要素	碳减缓项目	以土地为基础的项目
项目界限	1. 定义的项目界限涉及到项目活动可能影响到地区，即使在项目干涉地区外面，也要估算泄漏 2. 对碳计量而言，需要重新定义边界限	1. 项目界限通常被定义在项目执行的区域内 2. 对于大多数项目而言，项目活动直接发生的区域就是项目界限区域，森林保护除外
重要性	估算净额外碳效益与所有减缓项目都是重要的；而对避免毁林项目而言，它是最重要的	1. 木材生产与土地开发项目：泄漏不是问题 2. 森林保护：生物多样性特点、森林产品流动、树冠损失都是主要的问题
方法	批准采取的方法，比如： 1. 清洁发展机制：http：//cdm. unfccc. int 2. 全球环境基金：pearson et al.（2005a） 3. 需要在项目界限外的土地上监测碳储量的方法	1. 没有具体方法 2. 仅与森林保护项目相关 3. 监测对非项目地的影响是必要的
碳库	所有碳库，具体地讲，涉及到土地利用变化项目的土壤有机碳和地上生物量	森林保护：涉及到土地利用变化，地上生物量和土壤碳
频率	定期性：频率与监测碳库频率相同	项目竣工时监测

第五节　项目界限

项目界限是对项目活动而言的地理位置标记线。项目面积有上千公顷和上万公顷的。对于一个项目管理来说，有的项目区域是连片在一起，有的是按斑块分布在多个不同的地方。土地的空间界限需要定义清楚，并且要有合适的文字说明以方便测量和监测。对于实施项目，定义项目界限对于估算碳效益泄漏是必要的。项目地域的主要界限和次要界限：

1. 主要界限

它是指保护、管理和种植等项目或活动直接发生在限定的面积位置和土地利用系统内的地理界限。

2. 次要界限

由于土地变化的转移、提取生物量或放牧产生碳泄漏，标记项目界限外受到泄漏影响或发生泄漏位置的土地面积外圈，作为次要边界。这个地方也可能受到实际项目活动的直接影响。

碳减缓项目要确定和描述主要的和次要界限。项目界限直接影响到计算项目产生的获得碳储量的数值。项目界限对碳减缓项目十分重要，还需要包括项目界限外受到项目活动影响的地域、评估对碳储量的影响程度。除了森林保护项目之外，这个问题与其他以土地为基础的项目没有直接关系（表6-5）。

第六节　项目尺度

项目大小决定了应用碳计量的方法：应用现场测量能够了解项目的碳汇；而对于大尺度项目而言，则需要采用遥感和模型技术。小尺度项目比大尺度项目在土壤、地形、种群和造林实践中更具有同质性，而大尺度项目异质性较突出，需要多层级进行测量。项目的同质性和异质性决定了确定项目界限、层级、抽样调查和碳库选择的方法。

小尺度项目同质性较高，可以采用基线情景与项目情景下估算碳储量简单的方法学，并且可以降低成本。小尺度的造林再造林项目具有这方面的优点，建议应用缺省值评估现存碳储量，同时要考虑到土壤、项目寿命和气候条件等因素（Sanz et al. 2005）。

捆绑概念是指把一些小尺度和同种类型项目结合在一起，采用一种简单监测系统以减少监测的运行成本的一种想法。清洁发展机制项目允许采用捆绑方法，也就是说，只要所有项目加起来低于一个清洁发展机制项目（Lee 2004）的限制就可以捆绑到一起。

碳减缓与其他以土地为基础的项目范围含义：项目尺度不影响被选择的碳库、碳减缓或其他以土地为基础项目的监测频率。

第七节　结论

几种对计量有意义的方法学直接影响以土地为基础的、其他保护和开发项目的碳计量：

(1)对碳储量变化有意义的土壤、地形和植被类型的大尺度异质性；

(2)需要基线情景方案以确定额外的碳储量；

(3)非持久性获得的碳储量；

(4)在主要项目界限内，考虑碳泄漏；

(5)估算超出基线获得或损失贮存量的净附加（或增加）的碳储量；

(6)对土地利用系统异质性有意义的项目尺度；

(7)项目活动直接影响的项目面积和项目活动间接影响的面积。

这些因素对采用碳计量方法（现场测量、遥感或模型技术）、分层和抽样（单一或多级抽样），碳库选择（单一级或多级）和监测频率是有重要意义的。本章强调的以土地为基础的碳减缓项目争议的问题是建立基线情景，碳效益额外性，碳储量的非永久性，碳效益泄漏，项目界限，项目尺度。这些问题已经表明了对碳减缓项目碳计量方法的重要意义。然而，基线与永久性问题与森林、草原和混农林业开发项目没有太多的联系。其他以土地为基础项目的目的是生产木材、改良土壤或保护生物多样性。表6-6列举了碳减缓以及其他以土地为基础保护和开发项目的不同方法学的问题与意义。

表6-6　碳减缓和其他以土地为基础的项目方法学

要素	碳减缓项目	其他以土地为基础的项目
基线	1. 估算净碳汇效益十分重要 2. 应用批准的方法学 3. 如果碳储量是动态的，那么就要定期监测相关碳库	1. 评估木材产量或土壤肥力不是十分重要的 2. 项目开始时估算碳储量即可

（续）

要素	碳减缓项目	其他以土地为基础的项目
额外性	1. 估算超出基线情景碳汇的增加值和获得的碳储量是必要的 2. 应用批准的方法学 3. 定期监测项目情景和基线情景的碳库 4. 多种碳库是相关联的	1. 在给定的期限内估算碳储量，例如，轮伐期结束时或项目竣工时 2. 标准教科书上的方法即可，仅需要监测 1 种或两种碳库
泄漏	1. 估算项目活动直接影响到项目界限外部碳效益的泄漏对计算净碳效益是必要的 2. 应用批准的方法学	如果在一个地方的保护导致另一个地方森林的转换，那么泄漏与森林保护项目有关
永久性	1. 需要估算碳效益转移量或损失量 2. 由于碳转换，应用碳储量变化方法估算任何损失量	对于大多数以土地为基础的项目，不是问题
项目界限	包括项目活动直接实施的地方和尽管没有项目活动直接实施、但是碳储量也受影响的地方	除了森林保护项目之外，对于大多数以土地为基础的项目，不是问题
范围	对于碳计量方法和监测成本有意义	对于碳计量方法有意义

第七章　基线情景与项目情景碳计量

对于碳减缓项目，碳计量的主要目的是估算由于执行项目活动而增加的或额外的生物量和土壤碳储量。估算增加的或附加的碳汇效益或获得的碳汇，要求监测给定区域内和给定时间内"无项目"或"基线情景"的碳储量，以及项目情景下执行项目活动的、指定的相同时间内项目实施地区碳储量的变化量。在项目建议、项目实施后和监测阶段、项目周期内不同阶段需要进行碳计量。这一章分两个层面介绍估算碳汇的途径、方法和步骤。

(1)基线情景与项目情景；

(2)项目周期内的开发和监测阶段。

这些途径与方法也适用于木材生产等以土地为基础的不是以碳汇为主要目的的项目。本章将详细阐述测量、计算、预测和监测不同碳库的方法学。

第一节　估算碳储量的广义途径

基线情景与项目情景下，估算碳储量和变化量的 3 个广义途径是采用以下面方法为基础：

(1)缺省值；

(2)断面积野外调查；

(3)模型。

一、以缺省值为基础的途径

估算碳储量所用的缺省值是同样环境下、相类似的土地利用系统的先前研究和已出版的文献、以及数据库中获得的数值。碳储量和生长率的缺省数值在一般文献中可以得到的(IPCC 2003，2006)。以缺省值为基础的途径不需要进行任何现场研究、生物量和土壤碳库的测量，但是要涉及到以下步骤：

(1)定义项目位置的物理和生物的条件，即降水量、土壤类型和地形。

(2)定义土地利用种类，即森林土地、退化森林土地、退化草原、农田、不同树种的灌木土地和造林地。

（3）明确植被类型，即天然林类型，人工林类型，优势树种、草或灌木树种，林分年限和生长的农作物。

（4）鉴别放牧、间伐、化肥应用和灌溉等管理措施。

（5）定义需要缺省值的土地类型，例如，土地利用类型，降水量、土壤类型、坡度、森林类型或造林树种、林分年龄，种植密度和放牧措施。

（6）收集已出版文献和数据库以及本地的或区域的研究，以及以前得到的测量数据。

（7）选择相关的碳库。

（8）以专家判断为基础，为定义项目位置的土地类型的碳库选择一个合适的缺省值。

1. 基线情景

退化森林、农田和草原地区、生物量和土壤碳库需要用缺省值。由于发生过不同程度地放牧、生物量采集和减少等情况，对于基线情景而言，具有一系列相同条件的土地利用系统缺省值比较少。避免毁林项目需要森林立地的生物量和土壤碳的缺省值；而这些缺省值在实际中是容易得到的。所以，需要生物量和土壤碳库的缺省值。

2. 项目情景

对森林、造林、草原和混农林业系统而言，地上生物量，地下生物量的贮存量和生长率、土壤碳、枯落物和枯死木的缺省值也是容易得到的。不同碳库的贮存量和生长率不仅是随土地利用部门（森林、草原和农田）、植被类型（草原、桉树人工林和大平原）的变化而变化，而且也在降水量、土壤和温度等不同条件下给定的植被类型（常绿森林、稀树草原、桉树人工林）内变化。碳储量和生物生长率甚至在某一造林树种（桉树、松树）或者混农林业经营中的变化取决于采用的灌溉、施肥等经营管理措施。然而，考虑到物理的（土壤和降水量）和植被状况（优势树种和不同品种）以及经营管理措施（化肥或者灌溉的应用）后，一般来说，这些缺省值应该能够被估算出来。对于给定的混交林或土壤条件，由于经营管理措施经常发生变化，缺省值是难以确定的，假设选定了缺省值，也可能不适合于村庄树林、牧场等给定的地理位置。需要专家从全球或地区的数据库中判断选择可应用的缺省值。如果缺省值不适合于当地具体条件，那么估算值的不确定性就太高了。尤其是在项目开发阶段，计算基线情景和项目情景下的碳储量，需要应用缺省值。

二、以横断面现场研究为基础的方法

基线情景与项目情景需要的不同土地利用类型和分类型的不同碳库的碳储量的缺省值，一般来说较难得到的。而相关文献表明，土地退化不同阶段的碳储量的缺省值也是不可能得到的；退化、贫瘠，浅滩土地上碳储量(地上生物量和土壤碳)变化比率的缺省值甚至是根本就得不到。因此，大多数项目开发者不得不在自身项目活动实施的土地利用类型和土地上，尤其是基线情景下，实验测量估算出适合这一个项目的碳储量缺省值。

1. 基线情景

以横断面现场研究为基础，估算碳储量的途径是利用现场和实验室测量方法交叉进行。采用这一方法需要了解农田，草地和退化土地等土地利用类型。这些类型土地利用的变化与基线情景下土地利用的变化基本相同，并且降水量、土壤、地貌、植物覆盖和管理措施等其他物理条件之间有可比性。

2. 项目情景

在项目活动地理位置内，横断面现场研究是指为项目活动确定植被、土壤、地形、管理系统和年龄级等因素。对于大多数项目活动的地理位置，不同年龄的森林或造林和已选定的管理措施都是可以得到的。例如，在一个地区正在执行的或过去已实施的造林和再造林项目中，能够建立不同年龄桉树造林或天然更新的实验样地。在土壤、降水量和其他条件相同的项目界限外部，设置与项目活动相关的具有同样植被特点的样地，如果这些样地是可行的，那么以第 10 ~ 13 章描述的现场和实验室方法为基础，就能够估算出碳汇。因此，得到的碳储量或生长率的数值就能够被应用到项目开发阶段。在项目开发阶段，就可以应用这些数值估算或预测未来的碳储量、木材生产量以及土壤质量改善程度。

三、以模型技术为基础的方法

模型能够预测项目周期内不同阶段的未来碳储量的变化量。尤其是项目开发阶段，在项目设计和撰写建议书阶段，模型对估算和预测项目活动产生的未来碳储量的变化量是十分有用的。以项目为基础的综合减缓评估程序(PROCOMAP, Sathaye and Meyers 1995)，CENTURY(CENTURY 1992)和 CO_2 FIX(Schelhass et al. 2004)等模型能够以基线情景基年为基础，用来预测和估算给定碳库未来碳储量和给定土地利用或植被类型(详见第 15 章论述的模型)的变化速率。CENTURY 与 CO_2FIX 等模型是以程序为基础的模型，需要使用不同的生态的、生物的附加数据和土壤以及水文参数。输入数据的质量以及模型模拟碳动态的能力决定了预测结果的可靠性。

1. 基线情景

PROCOMAP 模型以每一个碳库定义的基准年的碳储量和变化率为基础，计算不同碳库未来碳储量的变化量，尤其是地上生物量与土壤碳的变化量。

2. 项目情景

PROCOMAP、CO_2FIX 与 CENTURY 模型能够用来预测为了增加碳储量或者避免二氧化碳排放的项目情景下的碳储量的变化量。

为了预测不同碳库碳汇，需要利用模型估算不同碳库的碳储量和变化率。这些数值能够从缺省值数据资源或者从现场研究测得的数值中获得。

第二节　基线情景碳计量

一、固定的或可调整的基线情景的选择

基线情景碳计量涉及到在项目区内的项目开发与监测，估算和预测不同碳库碳储量的变化量。设想与基线情景碳汇有关的两种状态对进行碳计量具有十分重要的意义：一是碳储量可能发生变化，另外就是在基线情景下，或者在一定时期内保持稳定的碳储量。第 6 章已详细介绍了基线概念与基线情景。

1. 基线情景固定的碳储量

基线情景下，碳储量在一定年限内可能是稳定的，并且在项目周期内也不可能发生很大的变化。例如，退化森林、草原和农田的土地利用或管理措施，多年来可能不会发生变化，因此，碳储量是稳定的；如果在未来一段时间内碳储量保持稳定。仅仅需要测量项目基准年的碳储量。采用这种方法，就大大降低了多年来测量碳汇的成本。《京都议定书》清洁发展机制批准的方法学中已经采用这种方法。在基线情景下，一般5～10年，大多数土地利用系统土壤碳发生变化的可能性很小，或者说即使是测量了，土壤碳也没有变化。进一步说，枯落物和枯死木等生物贮存量可能没有或者只有微量，那么也就不需要估算它们的变化量。在退化土地上，地上生物量库可能是惟一可能变化的库。然而，退化森林、草原和农田等土地利用类型，甚至地上生

物量也不可能有任何太多的变化。基线情景在下列条件下，碳储量变化很小，甚至没有变化。

（1）森林土地在采伐和管理中没有发生大的变化，仍为森林土地。

（2）退化土地在少量、或者几乎没有树木或灌木更新以及土壤表面没有受干扰的情况下，仍然为退化土地。

（3）草原在牲畜放牧密度和表层土壤干扰没有较大变化情况下，仍为草原。

（4）农田在农作物系统中没有发生大变化的情况下，仍为农田。例如：一年生农作物的农田仍为农田，或多年生农作物的农田仍为农田。

（5）土壤表面没有受到干扰，否则，测量后的贫瘠、退化、森林土地、草原和农田边缘的碳储量不可能发生任何变化。

2. 基线情景下动态的或可调整的碳储量

由于土地利用和管理、甚至利用强度和管理措施发生变化，都可能导致多年来的碳储量发生变化。而且干扰土壤表面的土地耕种或持续放牧等活动，会导致碳储量的变化量过高。在基线情景下，导致碳储量发生变化的条件是：

（1）森林土地转变为退化的森林土地；

（2）森林土地或退化森林土地转变为农田；

（3）草原转变为农田；

（4）多年生农作物的农田转变为一年生农作物的农田；

（5）农田转变为混农林地；

（6）休耕土地的耕种和农作物的收获。

碳库储存量变化程度主要决定于土地利用类型和土地利用与管理措施的改变。例如，由于森林土地转变为其他用途的土地，地上生物量可能会发生较大的变化。当森林、退化森林或草原由于实施集约整地和不当的管理措施转变为农田或草原时，土壤有机碳和地下生物量也可能发生较大的变化。当森林土地被转变为草原或农田时，枯落物和枯死木将受到严重的影响。

然而，依据已经批准的清洁发展机制方法学，在基线情景碳储量变化很小、测量值很低的情况下，甚至在允许的误差范围内还是要测量和报告基线情景的碳储量。

1. 固定的或可调整的基线情景选择

在基线情景下，选择固定的或可调整的基线是估算碳储量和预测碳汇的第一步。第 7.2.2 部分和第 7.2.3 部分描述了选择碳计量估算方法的基线类型。在基线情景下，依据专家对未来碳储量可能发生的变化量来确定选择的方案。如果期望的土地利用或管理措施发生了变化，影响了碳储量，那么就要采取可调整的基线情景。若选择可调整基线情景，那么就需要定期测量或估算碳储量。如果土地利用系统或管理措施一直是稳定的，并且由于土地退化严重，在未来碳储量几乎没有任何变化的情况下，还是要采用固定基线情景。这样只需要在项目开始时测量一次碳储量。

二、估算项目周期内不同阶段的基线情景碳储量

没有项目活动情况下，即在基线情景下，估算碳储量和变化量对评估项目活动实施后获得的碳量是必要的。因为基线情景是在项目区内没有项目活动时预测出碳储量，所以在给定的土地利用系统和管理措施内如果没有实施项目，不同碳库的碳储量可能是增加的、减少的或稳定不变的。

清洁发展机制执行理事会规定的途径和方法，决定了造林与再造林碳减缓项目基线情景碳汇的估算方法。以土地为基础的保护和开发项目，尽管主要目的不是增加碳汇和碳减排，但是也需要估算没有执行项目活动时的碳储量和变化量。以下章节阐述了估算以土地为基础的碳减缓或其他类型项目的碳储量和变化量的途径和方法。估算和监测基线情景下碳汇的途径和方法是随着以下因素的变化而变化的：

（1）项目开发阶段；

（2）项目实施后或监测阶段。

在项目开发阶段，估算基线碳储量的途径主要是以文献或在某些情况下利用横断面现场研究的缺省值为基础的。然而，在项目监测阶段，大多数估算方法还是以现场和实验室研究为基础的。

三、估算和预测项目开发期间基线情景碳储量

项目开发或执行项目前期需要估算和预测"非项目"情景下，被选择项目区和一定时限内的碳储量和变化量。这也可以作为事前估算项目碳储量和变化量。在项目开发阶段需要报告这些预测的碳储量和变化量，并估算和预测项目活动对已获得的碳储量带来的影响程度。

（一）途径 1：以缺省值为基础

应用以缺省值为基础的方法，对基线情景碳汇进行事前估算，可采用的步骤是：

步骤1：确定项目活动覆盖项目区所有斑块的界限（详见第8章）。

步骤2：在项目实施前，在基线情景下，以土地所有权、土壤、地形和植被状况为基础，把项目区分成多层同质性土地级别（详见第8章）。

步骤3：随着项目活动的实施，步骤2已经分层同质性的土地级别又有重叠，但是还要在项目区内把这些重叠再按照同质性的原则进行分层（例如：种植不同树种、不同放牧方式和不同森林经营措施）。

步骤4：定义和划分层级（详见10.3部分层级定义），以步骤3基准年(t_0)为基础的不同项目活动（步骤3）结合当前土地利用状况（步骤2），估算出以下层级的面积。

（1）层级1包括退化草原，建议营造短轮伐期树木，可作为薪炭林采伐。

（2）层级2包括退化草原，建议营造短轮伐期树木，只是为了调整放牧结构。

（3）层级3包括农田，建议营造长轮伐期树木。

步骤5：选择与步骤4定义每个层级相关的碳库。

步骤6：应用本区域其他研究、报告和规划或已出版的数据库得到缺省值，估算基准年(t_0)基线情景下所有已选择层级的碳储量。

步骤7：选择以下两种途径的一种，预测和估算基线情景下碳储量的变化量。①固定碳储量；②可调整碳储量。

步骤8a：如果采用固定碳储量途径，假设碳储量在整个项目周期内不发生变化，仅在基准年t_0时估算一次不同碳库的碳储量。

步骤8b：如果采用固定碳储量途径，应用碳储量变化量的缺省值，也可以估算不同碳库、不同选择阶段内的碳储量。

步骤9：以现在和历史的土地利用数据和项目区内正在进行或建议书制订的规划为基础，预测每一级别、每一阶段（5、10、15、20年）未来土地利用系统的变化情况。

步骤10：应用已选择年份(t_5，t_{10}，t_{15}，t_n)未来土地利用模式和碳储量的缺省值。

步骤11：应用土壤碳和地上生物量碳库的缺省值，估算在步骤4定义的所有土地层级未来不同阶段（5~10或20年分别为t_5，t_{10}，t_{20}）的碳储量。

步骤12：应用下面公式，计算包括所有项目土地利用类型和面积在项目期间t_n与项目基准年t_0（项目开始日期）的碳储量的差值。

基线或无项目的碳储量的变化量：

$$\Delta C = C_{t_n} - C_{t_0}$$

式中：ΔC——碳储量变化量(吨碳/公顷)；

C_{t_n}——在第t_n年的碳储量(吨碳/公顷)；

C_{t_0}——基准年t_0时的碳储量(吨碳/公顷)；ΔC的值可能是正的，也可能是负的。但是大多数都是负值，表明碳储量减少。

(二)途径2，横断面现场研究，现场测量碳储量

途径2涉及到的步骤与途径1描述的基本相同，通过横断面现场研究，测量当前的和预测未来的土地利用系统碳储量，也应该能够估算基准年t_0和预测未来时间t_n年的碳储量。

1. 估算t_0年碳储量

在项目开发阶段，按照以下步骤，能够估算基准年t_0的碳储量。

步骤1~5，与前面介绍的确定和划分不同土地层级的缺省值的方法和程序基本相同。

步骤6，应用第10~13章(不同碳库)给定的方法和程序，估算每一土地层级基准年总的碳储量。采用在第10章描述的样地方法测量出项目区内的不同土地层级。

2. 估算t_n年碳储量

在项目开发阶段，应用下列步骤能够估算未来时间t_n年的碳储量。如果在基线情景方案下，土地利用或项目管理的变化涉及到退化森林或草原转变为农田的情况，那么这种途径就是十分必要的。

步骤1：在基线情景下，以历史数据、参与式乡村评估(PRA，第8章)和选定时期(t_5，t_{10}，t_{15}，t_{20})的任何正在进行或建议的规划为基础，建立起未来的土地利用系统，并测量出每个层级土地利用系统的面积。

步骤2：为未来土地利用系统选择相关的碳库。这些碳库可能与当前土地利用系统层级的碳库相同，也可能不同。

步骤3：通过确定一定条件下的土地面积以及未来时间t_n，形成的新的土地利用系统，预测得到土地利用系统未来的碳储量。

(1)确定已经发生的土地利用变化的面积(例如：森林土地转变为草原或农田)，或在项目界限范围内(放牧)管理措施的变化，或所选时间段项目界限外部相近的地域。

(2)应用第10~13章的方法和程序，估算过去土地利用或管理措施发生

变化地区的碳储量。

(3)考虑到预测的土地利用系统和面积，估算和计算总的碳储量。

步骤4：应用下列程序估算基线情景下碳储量的变化量：

(1)估算基准年（t_0）总的碳储量。

(2)应用上述描述的步骤，估算项目未来年限（比如 t_5，t_{10}，或 t_{20}）的总的碳储量。

(3)应用7.2.3.1部分提供的方程，估算项目未来年限与基准年限的碳储量的变化量。

四、碳储量的监测

(一)要求定期监测的情况

如果碳储量在基线情景下或在"没有项目"情况下有可能发生变化，那么就需要对不同碳库的贮存量进行监测。在基线情景下，有必要确定在土地利用或管理措施中导致碳储量发生变化的因素。在确定项目方案期间，模拟出同样被监测的因素也是必要的。导致基线情景发生变化的潜在因素是：

(1)对于粮食生产或放养牲畜，需要附加的土地；

(2)增加畜牧产量和放牧强度；

(3)提高薪炭材需要量；

(4)农作物产量的变化。

单一因素或多种因素的组合使碳储量发生了变化。通常，描述出影响土地利用变化、管理措施或土地利用模式的因素，或将这些因素与对碳储量的影响程度联系起来，是比较困难的。

基准年植被与土壤的状况决定了碳储量的变化率。如果土地利用系统有较高的碳密度，在采伐等级、整地或放牧密度等管理措施发生微弱改变时，碳储量可能会发生较大的变化。

1. 潜在状况

对碳储量有不同程度影响的潜在状况是：

(1)具有较高生物量与土壤碳密度的森林土地，是指随着生物量提取或土壤表面干扰速率等管理和土地利用措施发生变化而使碳库发生巨大变化的土地；

(2)具有较低碳密度（土壤和生物量）的退化森林土地可能会发生边际变化，尤其是表土没有受到干扰的情况下。

（3）没有树木覆盖的退化草地可能不发生变化或只发生边际变化，尤其当表土未受干扰时。然而，表土受到干扰会导致土壤碳的严重流失。

（4）尤其是在不改变农业经营措施的情况下，没有树木覆盖的农田碳储量可能会发生边际变化。

（5）在混农林地和一些树木遮盖的农田上，如果树木或土壤被干扰，碳储量会发生变化，但如果农业措施没有发生变化的情况下，碳储量不会发生变化。

2. 决策考虑的因素

在决定对项目实施后进行监测时，还要充分考虑以下因素：

（1）是否有土地发生了利用模式的变化？

（2）是否有土地发生了管理措施的变化？

（3）土地碳储量——地上树木生物量和土壤碳，是高还是低？

如果在利用或管理土地的实践中，土地没有发生变化并且碳储量也十分低，那么就没有必要定期监测碳储量的变化量。

（二）在基线情景下，采用控制样地方法监测碳储量

在基线情景下项目实施后的阶段，监测碳储量变化需要模拟"无项目"环境，而且必须模拟监测不同碳库碳储量的基线条件。由于项目开发者对在项目活动中能够产生最大碳储量潜力的面积感兴趣，所以在项目界限内模拟等相类似活动的放牧"无项目"条件是十分困难的。然而，采用控制样地方法监测碳储量变化，涉及到划出样地面积大小和允许放牧、薪炭林转移以及留下不采伐等"无项目"情景的发生。设计控制样地通常采用以下两种方法：

1. 项目区内控制样地

如果长期监测碳汇，就要在项目区界限内建立起相应的控制样地。参照第10章建立长期监测控制样地的大小和数量的方法。通常，建立4个能够反复进行实验的0.25公顷样地就可以了。实际工作中，超过1公顷面积的控制样地显然是不可行的。

分别在项目区内不同位置设置0.25公顷的样地是一种很好的选择。4个0.25公顷样地，面积和为1公顷。也就是说，1000公顷的项目区面积，实际控制样地仅占0.1%。一般来说，大多数项目都有许多不同位置的土地斑块。控制样地一般分布在项目总面积内不同斑块的土地上。样地要可以进行放牧或薪炭材采集等活动，使其与基线情景（无项目）或项目实施前情况一样。

2. 项目界限外的控制样地

如果在项目界限内设置控制样地不可行时，控制样地就可以设置到项目界限外。例如，项目面积十分小，不可能建立一个单一连续的样地。控制样地设置在紧邻项目界限外，甚至设置在相同于"无项目"情景的附近的村庄、牧场或流域。在多数情况下，由于一般项目界限外的土地利用类型与建议的项目土地利用类型相类似。所以在项目界限外设置控制样地也不是很难的事。进一步说，在大尺度地形地貌中，放牧、采伐薪炭材和土地利用变化等因素，促使碳储量发生变化的现象比较普遍。第 10 章详细介绍了在项目界限外应如何设置控制样地的方法。

监测碳汇的步骤涉及到估算不同土地利用系统的面积、确定项目界限、设置控制样地和测量控制样地内不同碳库的碳储量。

步骤 1：采取 7.2.3.1 提出的步骤 1~4，确认和划出所选择的层级以及每一层级的面积估算值。

步骤 2：以土地利用变化的历史记录、参与式乡村评估方法和当前土地利用模式为基础，预测基线情景方案下项目区面积的未来土地利用模式。

步骤 3：确立项目界限(参考第 8 章)

步骤 4：识别土地利用和管理措施的改变是影响碳储量变化的主要驱动力。

步骤 5a：在项目区内，为每一种土地利用系统建立监测碳储量变化的永久性控制样地。虽然项目活动没有在项目区内进行，但是条件与驱动因素与"无项目"情景基本相同。

步骤 5b：在项目界限外，建立永久性控制样地。

步骤 6：识别可能影响碳库、导致土地利用变化或管理措施变化的驱动力。

步骤 7：应用第 10~13 章给定的方法和"永久性样地"的技术，测量和估算已确定控制样地内碳库的碳汇。

步骤 8：把抽样样地碳储量转变为每公顷碳储量。

步骤 9：应用每公顷碳汇和项目区面积、估算选定时间内基线情景方案碳储量的变化量。

五、应用模型估算基线情景碳储量

7.1.3 部分介绍了应用模型估算和预测碳储量。采用 PROCOMAP 或

CO₂FIX 等模型也需要使用碳储量和变化率的数据。模型能够从缺省值数据源或现场测量中得到所需要的数据。模型在预测给定时间内的碳储量方面是很有用的。包括以下步骤：

步骤1：选择土地层级。

步骤2：选择有利于项目活动的可应用模型。

步骤3：确定预测需要的输入参数，例如基线情景下的基线生物量、土壤碳储量、变化率和不同层级的面积。

步骤4：采用缺省值途径以及断面积调查方法，计算出输入参数。参考本章前面阐述的缺省值和交叉现场研究的方法，采用这些途径和步骤计算出输入参数。

步骤5：把参数输入到模型中，计算出在项目活动区域内增加或减少的未来碳储量。

第三节　项目情景下的碳计量

项目情景涉及到规划、实施和监测等一系列项目活动，这些活动的目的在于实现项目目标，得到碳储量，提高木材产量或改进土壤质量。所有这些项目都要求碳计量，有的是直接的(对于碳减缓项目)或是间接的(其他以土地为基础的保护和开发项目)。这部分列出了碳减缓和其他以土地为基础的项目情景下的碳计量的途径：

(1)项目开发阶段；

(2)项目监测阶段(实施后阶段)。

一、项目开发阶段

大多数以土地为基础的项目涉及到保护土地利用系统现存的碳储量和实施项目活动增加的碳储量。应用下面的一个或两个以上的方法，估算和预测项目开发阶段碳的贮存量和变化量。

(1)缺省值；

(2)横断面现场研究；

(3)模型。

项目活动实施后，估算项目情景下的碳储量的方法。

1. 以缺省值为基础的方法

以缺省值为基础的方法是与项目开发阶段紧密相关的。在项目方案内，规定和选择了要达到碳减缓、森林保护和木材生产等项目目标的活动。这些活动包括造林、采伐、放牧或土壤保护等措施。这些措施将保护已贮存的碳或增加碳储量。对于选定的项目活动，可以应用在文献中查找到的碳储量或变化量比率的缺省值。项目情景下，采用事前计算碳汇的步骤与基线情景的步骤基本相同。

（1）选定要实施的项目活动，比如：种植桉树、松树或其他树种，开垦草原或保护森林。

（2）确定当地土壤、降水量和地形的条件。

（3）选择碳库、参考文献、数据库或其他本地项目报告，选定的土地利用类型以及有关碳库提出相对应的缺省值。

应用第 7 章第 2 节第 3 部分第 1 点的步骤，预测项目建议书中要用到的未来的碳储量。

2. 以横断面现场研究为基础的方法

在项目开发阶段，应用以横断面现场研究为基础的方法估算给定项目未来每年获得的碳储量。这种方法可能比以缺省值为基础估算的碳储量更为可靠。第 7 章第 2 节第 3 部分第 2 点详细介绍了以横断面现场研究为基础的方法，采取的主要步骤如下：

步骤 1：选择项目实施中所有项目活动以及树种和经营措施（例如，通过调整放牧天然更新，按密度 2000 株/公顷种植桉树，不施化肥或不进行灌溉）。

步骤 2：进行地区普查或参与式乡村评价调查（详见第 8 章方法），参考该地区已实施的与以土地利用为基础项目相关的规划。收集地理位置、活动实施面积、初始年和采用的营林措施等所有的相关信息。

步骤 3：选择种植树种、密度、化肥应用或灌溉等特征与项目活动相似的地点，把它们标在地图上，标明项目实施的年份。

步骤 4：采用第 10～13 章描述的层级、抽样、测量和计算程序，估算所选碳库的碳储量和生长率。

步骤 5：估算和预测已建议的项目活动所能得到的碳储量。应用每一项目活动和横断面现场研究方法获得的碳库储存量的变化率。

3. 以模型为基础的方法

在项目开发阶段，模型尤其是与预测项目活动有直接的关系。采用 PROCOMAP、CO_2FIX 和 CENTURY 等模型，需要应用缺省值或横断面现场研究方法所获得的数据作为其输入数据，然后进行预测。选择模型和采用7.2.5部分的步骤一起共同预测碳储量的变化量。

二、监测碳储量的变化量

在所有项目执行后期，无论碳减缓，还是其他以土地为基础的保护和开发项目，都要监测碳储量的变化量。项目活动开始后，碳储量增加到能被测量及估算时，就开始监测碳储量。不像项目开发阶段，监测阶段主要是以现场和实验室研究为基础。在这一阶段，测量的项目影响程度与项目目标有直接关系。最初设计主要步骤之一是确定监测项目活动影响的碳库。监测不同碳库的开始时间是根据项目实施的不同阶段而确定的。不仅取决于碳库本身的特性，而且还受项目活动特点的影响，一般持续时间长，有的甚至长达十几年。参考第4章选择碳库和监测频率。监测阶段采取的方法是：

（1）现场与实验室研究；

（2）遥感；

（3）模型。

表7-1列出了不同的项目类型估算碳储量和贮存量变化量的可适用性方法。所有项目类型需要涉及到测量的现场和实验室方法。测量方法得到的数据作为预测和验证遥感获得结果的模型输入量。在监测土地变化或多年土地覆盖物变化方面，尤其是遥感方法十分有用。而模型能够以输入碳储量和生长率的输入数据为基础，预测碳储量。第15章将进一步阐述这一点。

1. 现场测量与实验室

以土地为基础的森林、农田和草原等土地利用类型项目具有植被、土壤、降水量、地形、海拔和管理措施等多样性。这些不同点对碳储量和生长率有较大的影响。进一步地说，这些物理和生物的要素对不同碳库储存量和变化率有不同的意义。例如，草原土壤贮存有机碳比生物量贮存碳量多。山谷地区土壤碳比山坡地区多。因此，碳计量主要碳库和方法是随着除了植被类型和管理措施之外的土壤、降水量、温度和地形等要素的变化而变化的。如果已知多样性和变化量，监测碳库碳储量的最好方法是在项目实施地理位置进行现场研究测量生物量和土壤碳库，这样可以生成实地位置的具体数据。在所有土地利用类型中，除了土壤有机碳监测之外，正常地监测森林、草和农作物项目的碳储量都采用现场测量和实验室分析方法。第10～13章详细介绍了监测不同碳库的现场测量和实验室，并且涉及到以下一些步骤：

表7-1　现场测量、遥感和模型方法的适用性

项目类型	现场测量	遥感	模型
避免毁林	1. 生物量与土壤碳储量和变化量 2. 变化量发生的面积	1. 不同的土地利用变化 2. 树冠层变化	1. 估算土地面积不可用 2. 需要的碳储量数据
造林再造林与生物质能源人工林	1. 每年造林面积 2. 监测生物量和土壤碳储量的永久性和控制性样地	监测不同土地利用或土地覆盖物变化	1. 估算或监测土地面积不可用 2. 预测生物量可用的方程式
森林管理	1. 项目土地面积 2. 测量碳储量	1. 估算土地面积不可用 2. 估算碳储量变化不可行	土地面积、生物量和土壤碳估算不可用
混农林业	1. 项目执行区面积 2. 监测生物量和土壤碳储量的永久性样地	1. 估算土地面积和树冠变化的可行性 2. 估算生物量和土壤碳不可行	预测土地面积生物量和土壤碳不可行
草原改良	1. 项目占地面积 2. 永久性样地的生物量和土壤碳	1. 监测土地面积不可行 2. 估算生物量和土壤碳不可行	1. 估算土地面积不可行 2. 限制估算生物量和土壤碳
防护林	1. 项目占地面积 2. 永久性样地的生物量和土壤碳	1. 估算土地面积可行 2. 估算生物量与土壤碳不可行	1. 估算土地面积不可行 2. 限制估算生物量与土壤碳

步骤1：确定活动实施的所有土地项目界限，并把界限划在地图上。

步骤2：在项目区内，每年都要监测和记录土地利用的变化和项目实施情况。

步骤3：以下面各项为基础，分层项目。

(1)提高受保护的森林面积，增加人工造林面积、改进草原管理措施，加大混农林业和防护林建设力度等项目活动。

(2)土壤、地形或管理的主要区别。

步骤4：识别不同项目活动与层级的主要碳库。

步骤5：采用"固定样地"方法定期测量项目区内已选择层级的碳库。

步骤6：为每一种碳库选择适宜方法(第10～13章)。

步骤7：根据已选每种碳库监测的频率，估算不同碳库碳储量的变化，累计项目区内准备阶段的所有碳库。

步骤8：通过控制样地(第6章)，监测项目界限外碳储量的泄漏。

步骤9：监测基线情景下碳储量的变化量(参考7.2部分)。

步骤10：计算由于项目活动产生的碳储量净增值或净减值以及所选时

间段内所有项目区碳贮存的获得量和损失量。

所选时间段内碳效益净额外或增加量＝（项目情景下碳汇－基线情景下碳汇－泄漏）。

2. 获得碳储量的模型技术

通常项目管理者，以能够长期得到碳储量的想法为基础，要预测未来碳效益。应用模型技术能够预测最初 5 年，10 年或 30 年的碳获得量。PROCO-MAP 模型应用每种碳库平均碳储量和变化比率、以及有限的数据就可以预测未来的碳获得量：

步骤 1：选择项目活动与层级。

步骤 2：选择适宜项目活动的模型，例如，适用于短轮伐期和长轮伐期的 PROCOMAP 模型，或在森林更新项目中，预测碳汇的 CO_2 FIX 模型。

步骤 3：确定供预测用的输入参数。

步骤 4：在最初年限，以现场测量和实验室研究为基础，确定出输入参数。若彼此间有相关，就应用缺省值。

步骤 5：以项目最初时期监测的结果为基础，把参数输入到模型中，利用模型预测出给定的项目活动和区域内未来的碳储量或增加的碳获得量。

3. 遥感技术

遥感技术用来监测项目界限内郁闭森林、郁闭度较低的退化森林或草原等不同植物类型，不同区域的变化。应用遥感技术监测大尺度项目土地面积的变化是十分有用的，并且在评估土地利用项目活动对其界限外的影响程度也是非常有用的。遥感技术也被用来监测评估森林树冠郁闭度、树叶面积指数和其他参数以估算地上生物量。第 14 章详细讨论了应用遥感技术监测土地面积与碳储量的步骤、方法以及效益。

第四节　方法总结

项目周期内不同阶段，需要估算碳储量的获得量与损失量，尤其是在项目开发（项目实施前期）与监测阶段（项目实施后期）。本章详细阐述监测、估算和预测碳减排以及其他以土地为基础的保护和开发项目的碳汇的方法和步骤。任何典型项目都需要采用现场测量和模型等多种方法估算和监测碳汇。项目周期内各个阶段有必要尤其是项目开发阶段要应用缺省值。本书中还将详细列举测量、监测、计算和预测碳汇的方法。

第八章　项目面积和边界的
估算与监测

　　估算土地利用类型温室气体清单的面积和建议项目的占地面积以及划定项目占地面积的边界，是准备进行碳计量的第一基础步骤。这一章主要介绍土地调查现场的物理测量方法和应用遥感技术估算土地面积和标定项目区域边界的方法。分层土地面积有利于提高估算和监测项目面积和边界的准确性（第10章描述分层级的方法）。应用这些方法对不同土地利用类型的碳减缓或木材生产项目进行碳计量。估算项目面积和划定边界对碳计量工作是十分重要的，主要决定于：

　　(1)项目活动直接影响到的面积；

　　(2)碳储量泄漏发生的面积和能够被估算的面积；

　　(3)碳计量抽样样地面积；

　　(4)项目边界是固定的或变化的（由于增加项目活动随着时间变化项目面积增大，界限发生变化或由于泄漏而产生了新的面积）；

　　(5)项目活动组成一个单一连续的单元或多个分散的单元。

　　这些特点对抽样和估算碳计量成本都有意义。项目区内任何变化都需要增加样本单元，并且在项目地区内多个分散斑块又需要更多的抽样样地。描述和列举的土地利用与覆盖物的特点能够作为估算土地面积的基础。把土地利用系统按照不同水平分成多个层级，形成同质的分系统，这种做法很有效。例如，土地利用类型能够被描述为森林土地、农田、牧场，贫瘠土地或草原。这些类型可以进一步分层级，例如：森林土地可以分成原始森林，退化森林、桉树人工林或更新林地。这些不同土地利用系统或项目分系统都可以作为村庄或景观等分散的一个单元或多个单元。在地图上，应在空间上表示出这些土地利用系统或分系统的效果。

　　视觉化有两种状态：一种是可以应用信息和地图描述土地利用类型或土地利用和覆盖物特点、植物状态、经度和纬度以及项目区占地面积。另一种是没有可以利用的信息，甚至没有地图。对于许多地理位置，卫星图是可以应用的。因此，确定土地面积和边界的工作力度取决于可利用和能够得到最原始信息的程度。

1. 广义方法

以下两种方法可以测量土地面积和标定项目边界。

（1）地面方法：①物理测量方法；②GPS方法；③参与式乡村评估。

（2）遥感方法：①航空摄影；②被动的和主动的卫星影像图。

2. 选择方法的实践问题

选择方法主要决定于项目面积、资源可用性和技术能力等几项因素。在制定选择方法时，应该评估这些因素。

（1）项目类型。不同类型土地利用项目将依靠不同类型方法而得到所需要的信息。

（2）项目面积大小。扩展到数万公顷的大型项目需要用遥感技术监测土地面积的变化，而小的、村庄社区项目则利用现场测量就可以得到土地面积，所以项目面积大小对选择监测方法十分重要。

（3）准确度等级。粗分辨率卫星数据能够在像素水平上生成每个单元的信息，而高分辨率卫星数据能够提供更为准确的解释信息。

（4）技术能力。地面测量需要培训过的人员，而为了更好地使用卫星影像，需要熟悉计算机硬件和软件的专家。

（5）成本。可用资源决定了是把航空照片或物理测量应用到多个项目上，无论是小型或大型项目。

（6）物理可接近性。因为密集森林深处或高山的山顶很难到达，进行现场测量是很困难的，所以应用遥感方法是惟一的选择。

第一节　选择方法

在项目开发以及实施中，估算项目面积和划定项目边界是第一步。估算项目面积以及它的组成（项目是由一个单元还是多个单元组成）是估算碳获得总量所需要的。

选择方法涉及到以下步骤：

步骤1：识别土地利用种类或土地利用系统，选择项目位置，确定项目面积。

步骤2：得到地形图、土壤地图、土地利用地图和遥感数据地图等所有可获得的项目位置的地图。

步骤3：收集现在和历史的土地利用模式、土地所有权、居住地、牧场位置，薪材与木材产量，造林、土壤保护和草原开发等不同项目规划的面积和相关信息。

步骤4：收集造林、土壤保护、森林保护规划确定的项目活动和这些项目活动的不同阶段，尤其是项目活动每年的实施面积和不同项目实施的土地位置等更加详细的信息。

步骤5：评估所有可用的最新地图、信息以及项目建议的详细内容，还有监测可利用资源，决定采用测量和监测项目面积和活动的方法。

表8-1描述了不同土地利用类型和项目活动相关方法的例子。标准地说，地表方法应用于小型范围项目和分散在多种土地利用系统斑块组成的景观内的不同位置的项目。

表8-1　估算与监测不同土地利用类型和项目活动的面积和边界的方法

土地利用种类	情景	土地与植物状况	项目规模	
			小型	大型
森林土地	基线	天然林转变为退化森林或其他土地利用	参与式乡村评价	遥感
	项目	保护天然林	物理测量	遥感
草原	基线	草原仍为草原和草原变为退化草原	参与式乡村评价	物理测量
	项目	草原开垦造林	物理测量全球定位系统	物理测量航空照片
农田	基线	农田不变	参与式乡村评价	物理测量
	项目	混农林业造林	物理测量　全球定位系统物理测量　全球定位系统	遥感航空照片

航空照片和遥感技术用于资金与技术资源充分的大型项目。遥感技术一直是在不断发展中，尤其是应用在小型项目中，参与式社区评价技术被有效地应用于补充其他方法，尤其是在人类居住区或周边的小型项目中。

第二节　地表方法

地表方法是指部署现场工作人员对土地面积进行调查的方法。地表方法或现场调查的优点是能够得到准确和详细的数据。另一方面，这种方法经常是费时多、成本高、需求人员技能高，尤其是测量边远地区和地形较差的山区。因此，这种方法仅适用于面积小、需要精心准备、详细测量的面积和其他特性（Rosillo-Calle et al. 2006）。以下列举 3 种方法，它们可以分别使用，也可以为了提高估算土地面积的精确性而组合使用。

一、物理测量

这种地表方法是指应用测量皮尺对地面土地的单元或斑块进行物理测量。需要的工具和准备工作：

1. 需要的工具

罗盘仪、测量尺或绳子（30~100 米）、锤子、测量用的测标、涂料、测角与倾斜仪（显示坡度和角度变化率的目视仪器）、铲子和笔记本。

2. 现场准备工作

现场工作小组成员中要有一人不仅对项目区的数据和信息有较深的理解，而且还有较多的本地知识，向土地所有者和使用者讲解实施项目的目的，并且能得到他们的许可和一些可用的地图。

如果土地是平坦的，使用皮尺或绳子和罗盘仪就能测量土地面积。如果现场坡度较大（大于 10°），使用倾斜仪就能测量现场的坡度。使用倾斜仪测量时，读取上一点位置到下一点位置数据时，要确保下一点位置与操作者眼睛位置同样高。如果坡度大于 10°，还有一个校正因素被用于估算两点的距离，应用表 8-2 给定的校正表格就可以做到。两个人一起工作较容易（Greenhouse 2002）。

根据测量现场位置不同、事先进行评估、选择适宜的测量设备。密集的或有荆棘的环境容易破坏常规测量皮尺，厚厚植被会把皮尺缠上，这时就要用绳子。在开放的大草原，用纤维做成的测量皮尺会更好，但是，由于纤维具有弹性、皮尺可以有点伸缩，一般最好还是不用。一般金属尺子仅用于测量短距离。

（一）物理测量步骤

步骤 1：沿着土地表面和边界，在一个固定点上固定测量设备。无论何时定期测量方向变化，都要在边界线上标记测量的最初点和其他所有点。把金属楔子固定在树上或其他永久性物上，这样可以用楔子作为标记。

步骤 2：沿着测量员要走的方向在边界线上定一个标。

步骤 3：朝所定支点方向走去，力争使用的测量设备不发生折返现象。

步骤 4：在每一个方向改变点上，都要记录使用设备测量的距离。

表 8-2　距离坡度校正表

坡度百分比	每 30 米坡度距离
5	30
10	30.1
15	30.3
20	30.8
25	31.1
30	31.6
35	31.9
40	32.5
45	33.1
50	33.8
55	34.4

步骤 5：用反向的方向标检查前一个方向标，并进行记录。

步骤 6：在下一个点上制定一个新的方向标。

步骤 7：如果坡度大于 10°，在每一个方向改变点，都用倾斜仪测量坡度的变化。

由于地理信息系统容易贮存、修改和连接项目中的数据，所以如果有可能，应用地理信息系统进行数字化处理。无论是手工地图，还是数字地图，都标记着土地不同斑块的空间分布、斑块位置、沿着边界的项目活动和土地每个斑块面积的大小。

(二)物理测量的优点和缺点

1. 优点

(1)给项目管理者提供项目面积的地表知识信息。

(2)容易雇佣或培训当地人员使用这种方法工作。

(3)适用于地理面积较小的项目。

(4)适用于项目开发阶段。

2. 缺点

(1)成本高，尤其是面积大的项目。

(2)如果项目由多个土地单元组成并且单元之间距离远，使用这种方法比较困难。

（3）不适宜大型项目。

二、全球定位系统（GPS）方法

全球定位系统能够被用来估算土地面积，可以沿着边界走路测量小型项目，也可以驾车测量比上一节描述的地表物理测量的面积大的项目。全球定位系统广泛地应用在以土地为基础的项目中，例如生态建设和环保以及农业等领域中。

全球定位系统被定义为在准确轨道上围绕地球运转卫星的星群内，将数字信息传到地球。全球定位系统接收器收到这一信息，再应用三角算法计算出使用者准确的位置。最重要的是全球定位系统接收器对比卫星传递信号与接收信号的时间。根据时间差，可以计算出全球定位系统接收器与卫星之间的距离（www. navcen. uscg. gov）。任何位置的读数都附有计算所用的卫星和读数准确度等信息。

单点定位 GPS 由几个卫星进行定位，一种更精确的 GPS 采用便携的地面基站，被称为差分 GPS。这里介绍的 GPS，主要是基于单位定位、手持的 GPS，误差在 -10 ~ 10 米。对于估算大多数土地面积数值而言，这一误差阀值是可以接受的。

土地面积界线上的 GPS 数据能够贮存在一个地理信息系统中，并且可以进行校验（Greenhowse 2002）。手工操作可以十分容易地把这个位置的地理信息放到地图上，并能显示出经度和纬度。

1. 需要的材料

GPS、电池、一个打标签的工具、笔记本和一个当地已校验过的具有经度和纬度的地图。

2. 现场准备

把项目的目标通知给土地所有者和使用者，并且包括能够提供现在和过去土地利用情况信息的提供者。

（一）使用 GPS 的步骤

步骤 1：根据 GPS 手册，安装 GPS。确定大地测量数据，需要把坐标系统和计量单位输入到 GPS 中。应用相同的参数作为最终产品，通常基础地图被用于产品中。如果缺少这些参数，基本设置是采用世界大地坐标系（WGS84）为大地基准，以横轴墨卡托投影或平面为坐标系统，以米/英尺为计量单位。大多数 GPS 事先都列有这些参数，并且选择起来十分容易。

应用一个当地的地图，列出某一地理位置的经度和纬度。

步骤 2：在 GPS 读数的开始点上，让 GPS 在 5 分钟内后获得一个平均读数，它将是一个最准确的读数。通常至少有 4 颗卫星，才能确定一个合理的、准确的地理位置。

步骤 3：在地图上，检查你的位置。如果有差别，检查设置的数据，重新再试。如果没有达到准确性要求，移动一个新的位置，再读一次数。若把 GPS 应用在密集树冠覆盖的山上，所得数据的准确性较低。

步骤 4：对于定期测量，在最初点上做上标记，无论边界在哪个地方方向发生变化，在界限上都要用标签标上方向变化的所有的地点。把金属楔子固定在树上或其他永久物上作为方向标记。

步骤 5：记录 GPS 每次给出的估算误差（通常在给定的相关地区，或以米制为单位）。

如果 GPS 数据能够以数字形式贮存信息，那么应用 GPS 软件通常能够将其下载并能被应用。若没有这种可能，那只能采取手工记录。在估算和监测过程中，应用计算出来的土地面积。一般 GPS 给出的地理位置准确度是 $-10 \sim 10$ 米，大多数规划项目在估算土地面积时，允许出现这样的误差。手持 GPS 设备价格不等，低的 100 美元，高级的几千美元。

（二）GPS 技术的优点和缺点

1. 优点

（1）可随时移动，提供的数据不受一些位置是否固定的限制；

（2）准确度 $-10 \sim 10$ 米；

（3）与 GIS 兼容；

（4）适用于占地面积小的项目；

（5）尤其适用于项目建议开发阶段。

2. 缺点

（1）在密集森林或山地，从卫星接收的信息会受阻，导致数据准确性下降。

（2）如果有多个土地利用单元，并且有分割，应用 GPS 是有困难的。

三、参与式乡村评价（PRA）

作为一种方法，参与式乡村评价主要是非政府组织（NGOs）和机构在开发工作中创造出来的，为了与社区进行有效交流而创造出来的方法和技术（Mikkelson，1995）。参与式乡村评价方法灵活、易于与当地群众进行面对面交流，以有效地了解项目现场的信息。参与式乡村评价与以土地为基础的项目工具包括与个人或小组进行半结构化的访谈和可带走的、不同时间线路、趋势和周期性图表的参与式地图。参与式乡村评价的效益之一是通常产生与了解土地利用模式和变化有关的额外信息。

促进社区人员应用现有信息能够创建出表现思想活动的空间地图（Asia Forest Network 2002）。参与人员创建的地图能够反映村庄地理位置、森林、农业土地、水资源以及管理问题和权限。

在进行参与式乡村评价之前，确保充分参与和准备信息生成是十分重要的。以下是一些可借鉴的方法。

（1）与项目利益相关者建立起协调关系。

（2）依靠土地资源的项目受益者和社区职员，需要他们了解现在和过去的土地利用类型和产生其变化的因素，以及对土地的依赖程度。

（3）至少列出两个投入到参与式实践活动中的人员。

1）进行参与式乡村评价的步骤

步骤1：在参与者时间方便的情况下，在项目现场组织一个小组会议。

步骤2：解释参与式乡村评价活动的目的和项目的意义。

步骤3：举办小组讨论会讨论一些问题，如果意见不统一，也容易把这些问题分开解决。

步骤4：让主持者展现问题、或提出问题，并让他的助手记录参与者的反映情况。

步骤5：指导参与者描绘项目面积地图，并把不同土地利用系统画在地面上、纸上或者附在现存地图上的透明纸上。主持者有一个土地利用类型的明细单，并指导参与者把这些明细单标在地图上。

步骤6：参与者共同勘测，争取全面测量项目区，把用金属楔子做的标签固定在树上或其他永久性物品上，利用GPS读数能够记录出所有线路。

步骤7：将纸上的图形信息、把地图信息转移到图纸上、或现存地图上以及把地图数字化后供地理信息系统分析使用。

步骤8：计算不同土地利用系统的面积、历史的变化量以及可能预测的面积变化量。

2）参与式乡村评价的优点与缺点

1. 优点

（1）不需要设备和昂贵的工具和仪器。

（2）有价值的附加信息，尤其是土地利用模式的历史变化、依靠的土地面积、土地利用模式未来可能发生的变化。

（3）涉及到当地社区。

（4）适用于占地面积少的项目。

（5）可以应用到项目周期内的所有阶段。

2. 缺点

（1）数据可能是主观的。

（2）如果项目是由许多分开的斑块组成，那么应用此方法是较困难的。

（3）如果参与者对项目执行区内的知识和文化了解的甚少或对项目区的依赖程度有限，那么应用这种方法是没有意义的。

第三节　遥感方法

一般来说，遥感可以定义为远距离观察的科学。通过固定在飞机上的传感器、卫星上的光学和雷达传感器或固定在飞行器上装有光的或紫外线胶片的照相机，获得遥感数据。通常分类这些数据，对土地覆盖物和与它相关地区的面积等数据进行估算（IPCC 2003）。图像影像分析、数字和以计算机为基础的方法能够对这些数据进行分类。每一种方法都有其优缺点。有关遥感在碳计量工作中应用的详细信息详见第 14 章。

为了综合某一地区的相关信息，应用计算机地理信息系统软件和硬件把土壤、地形和土地利用模式等一系列不同信息叠加到地图上（Barret and Curtis 1995）。地理信息系统也被应用在图像处理和解读工作中。也可以采用地理信息系统对遥感数字信息进行分类，允许采用不同方式处理这些数据，例如把不同光谱数据合并成有关指数。数字化也可以马上计算出不同土地利用类型相关的土地面积。

如果一个地理信息系统数字化解释了遥感数据，就需要对其进行校正。大气校正要处理烟雾、水蒸气和云雾的影响。地理几何校正计算传感器的角度，并指出图像在坐标系中的位置。今天，在许多数据库中（详见第 14 章），一些可行的软件产品都是生产者事先校正的。最近 10 多年，随着计算机技术的发展，许多国家遥感技术发展较快，并且可以以较低的价格购买到一些计算机硬件、软件，以及卫星数据。

例如，已经成功开发出的并且可以应用的 ArcView、IDRISI、PCI、ERDAS、ERMAPPER 和 ENVI 软件。ArcView 是以矢量为基础的一个商业性软件。它的图像包括线、多边形和点。IDRISI 软件是 Clark 大学的产品，它是以光栅为基础的，图像是由像素组成的，与数字遥感发射数据相似。两个软件包在计算机上都能应用，由于数字图像较大，储存起来一般都有问题，应用外部硬盘设备就能较好地解决这些问题。

1. 有监管和无监管分类

在估算土地面积时，可以应用几种分类技术。无监管分类是指应用一个算法和地表真实数据对图像进行分类。地表真实数据表明了具有特定土地用途类型的几个像素的位置和土地利用范围的图像。然后，计算机程序应用这些信息对所有图像进行分类，用相应范围的数值将所有像素分配到相同类型中。同类土地信息是以地表真实信息为基础的。通常，具体土地利用值的范围与其他土地类型有所重叠，可能会产生疑问。对于卫星数据上的几个光谱波段是可行的(详见第 14 章)，无监管分类可以与光谱带组合使用。这样就能使几种分类进行对比，在几种分类中，假设同一种类型的土地面积，可能会成为主要的土地类型。然而，由于缺少人为监管，计算程序势必会产生误差。

有监管分类是指在分类程序中涉及到更多人参与的一个两步分类分析。应用了一些无监管的分类后，接下来就是把更多的以地表为基础的数据进行分类。如果需要，还要重新勘察地理位置。虽然这种分类消耗时间多并且成本高，但是地图反应出来的结果更准确。

2. 遥感与地面实况调查

遥感数据需要与"地表真实"参数相结合使用，不考虑分辨率。这就意味着数据必须经过验证。遥感分析需要用其他信息进行验证，以使遥感数据更加准确，可以应用土地利用地图帮助解释说明遥感数据。

3. 选择遥感数据和产品的标准

从遥感中获得的数据需要满足以下条件(IPCC 2006)：

(1)从数据中，有容易得到土地利用类型的分类结果。

(2)在一个适宜的空间分辨率中，容易得到有利于提高土地利用分类能力的数据。

（3）在一个适宜的短暂数据方案中，容易得到有利于估算土地利用部门转变的数据。

（4）应用其他资源信息，解释验证遥感数据，以提高其准确度。

一、航空照片

航空照片是从一定距离外照的图像，例如从飞机上。飞机上照相机是被用来监测土地表面特征的最简单和最古老的航空传感器。相机的光谱分辨率通常是非常粗糙的。精密的空间数据比光谱信息更加重要时，航空照片就显得更加有用了。因此，航空照片对那些具有更精确范围的土地（例如，几百公顷到几千公顷土地面积）是十分有用的（Das and Ravindranath 2006）。

沿着一个飞行带的连续像片包括了有高达60%的重叠率和形成的立体地区。应用这个重叠地区能够形成立体图像，尽而形成三维图像。技术人员经过培训后，就能够从航空照片中读出森林树种、年龄、生长情况、农作物和混农林地等信息。

遥感技术需要的材料包括航空照片、地图和塑料胶片。

（一）处理航空像片的步骤

步骤1：在地图上和航空像片上找到几个相同地物点。

步骤2：如果像片没有比例尺，要用像片和地图信息计算出比例尺；如果要估算土地面积，那么就必须计算出比例尺。计算地图上两点间的距离以及航空像片上相同两点的距离。

$$比例尺 = 地面距离（m）/像片距离（m）$$

步骤3：在一个重叠塑料胶片上，对感兴趣的土地利用系统作出视觉解释说明。

步骤4：计算选定土地利用系统的土地面积。

以数字形式把航空照片扫描到GIS上，然后被使用。

（二）航空像片的优点和缺点

1. 优点

（1）分辨率高；

（2）容易进行视觉解释；

（3）有利于估算不容易接近或面积较大的地区；

（4）在一系列时间内，对有特殊要求的区域也是可以的；

（5）适用于项目开发和监测阶段。

2. 缺点

（1）在一些地区，应用航空像片是有限制的，并且成本也高；

（2）缺乏地学参考数据，进行数字化十分困难；

（3）倾斜与误差；

（4）如果不可行，需要用较长时间才能得到像片；

（5）不适宜在凸凹起伏的地形；

（6）如果多个土地单元分开，需要有更多的像片；

（7）区分植物生长状况和土地退化不同阶段是比较困难的。

二、被动卫星数据

被动卫星数据是以靠太阳能反射至传感器或探测器的传感器为基础。开发出不同类型的参数，以便判读图像和估算不同类型土地的面积。由于卫星连续地和有规律地覆盖项目任何位置的土地利用系统，所以在指定的土地利用系统中有可能获得连续的数据。

空间分辨率决定了识别的最小单元。空间分辨率 30 米，小到 1 公顷的单元能够被识别（IPCC 2006）。第 14 章给出了被动卫星数据、项目面积和边界测量与估算步骤的更详细信息。

需要的仪器和知识：图片（购买的或下载的）、计算机软件，进一步说，还需要数字图像处理技术。

（一）被动卫星数据优点和缺点

1. 优点

（1）能够表现长时间系列；

（2）可以应用到不可接近或面积较大的地区；

（3）适用于项目监测阶段。

2. 缺点

（1）很难区分土地利用系统之间的模糊界限；

（2）很难区分植被生长状况/土地退化的不同阶段；

（3）云雾干扰图像；

（4）如果有多个分开的土地利用单元，需要有更多的图片。

三、主动的卫星数据

与上面描述的以光学原理为基础的卫星数据相对比，雷达数据是从主动传感器上获得的。监测器发射出信号，测量信号返回的时间和状态。监测器表面质量不同将导致返回的信号有所区别，雷达监测器能够区分地表面结构。尽管在热带地区经常发生云雾，但是雷达信号能够穿过云层。

普通类型雷达数据来源于综合孔径雷达［Synthetic Aperture Radar（SAR）］系统。它是以微波频率运行的。应用不同波长和极坐标，综合孔径雷达系统能够区分土地覆盖物或不同植被生物量（IPCC 2006）。

第 14 章详细介绍了主动卫星数据、估算项目面积和划定项目边界。

需要的仪器和知识：图片（购买或下载）、计算机软件，数字处理图像技术知识及其方法应用。

（一）主动卫星数据的优点和缺点

1. 优点

（1）不受云雾影响，即使晚间也能记录；

（2）适用于不易接近或面积较大的地区；

（3）尤其适用于监测阶段。

2. 缺点

（1）很难区分土地利用系统之间的模糊界限；

（2）很难区分植物生长/退化的不同阶段；

（3）技术要求高、成本大；

（4）如果项目是由多个不相连单元组成的，那么就需要多个图片。

第四节　估算与监测土地利用变化

国家温室气体清单以及应对气候变化项目都需要监测土地利用变化。监测和估算土地利用变化要求对比至少一段时间两个时间点的土地利用模式。土地利用系统详细内容必须放在与项目目标相同的位置上。如果一块森林面积受到干扰而退化，那就需要区分天然林、退化森林、更新造林、农业土地和牧场，而一个混农林业项目可能需要仅仅是两者间的分类，也就是林业和农业的土地（IPCC 2006）。当在地图上评估不同时间点的土地利用种类时，采用网格计数方法（图 8-1）。采用这种方法的两个地图要有相同的比例尺。网格坐标应该能充分覆盖每一区域土地利用类型的斑块，最适宜的斑块面积一般为 100 米 × 100 米或 10 米 × 10 米。

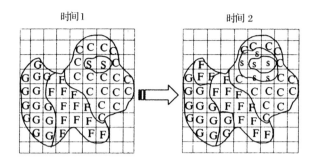

图8-1 估算两个不同时间点土地利用变化的网格计数方法（IPCC 2006，修改）

F——森林土地；G——草原；C——农田；S——居住区

表8-3 一个简化的土地利用转变矩阵（IPCC 2006，修改）

土地利用转变矩阵					
时间段 1 时间段 2	森林土地	草原	农田	居住区	最终总计
森林土地	11	3			14
草原	2	11			13
农田			15		15
居住区			4	5	9
最初总计	13	14	19	5	51

数量代表面积单位（公顷）

占有优势位置的网格坐标土地利用系统将决定网格坐标的土地利用，通过计算一段时间两点间被分类为森林土地的网格数量，应用土地利用转变矩阵来确定其变化数量（表8-3）。图8-1 显示了一种情况。在整个时间段内，被分为森林土地的网格坐标数从 13 块降到 11 块。森林土地的两个网格（假设 1 个网格代表 1 公顷）已被转变为草原。另一方面，同一时期 3 块草原转化为森林土地。

表8-3 土地利用转变矩阵以粗体表示的是没有变化的土地利用类型的数量。表8-3 也展示从一种类型转变为另一种类型的总面积。

第五节　结论

国家温室气体清单以及所有以土地为基础项目都需要估算不同土地利用

类型和项目活动的土地利用面积。进一步说，也就是要监测一段时期两个时间点的土地利用变化。项目开发阶段需要估算土地面积；项目实施后阶段，要进行定期监测。这章介绍了两种广义的方法，分别是地表测量和遥感。在项目层面上，采用最广泛的方法是物理地表测量。这种方法成本低，对面积小的项目实用。对于一些大型项目，正在广泛应用遥感技术，有些小型项目也在应用。在许多地方，遥感技术的应用也日趋普遍化，并且也有成本较低的地理信息系统被用于估算项目的土地面积。

第九章　碳库计量方法

碳计量包括对在一年以上碳库储量或一段时期内两个时间点的变化量的估算量。碳计量要求对所有与以土地为基础的项目或与土地利用部门相关的国家温室气体清单选定的碳库进行测量与监测。第4章介绍了不同碳库的特点，监测不同碳库采用的方法。因为对于一个碳库，可以采用多个方法，所以要选择最适宜的方法。选择依据以下因素：

（1）土地利用部门或土地利用系统包括植被覆盖；

（2）土地利用类型和项目面积的大小；

（3）估算结果的准确性；

（4）可用资源与成本－效益方法；

（5）项目周期、项目开发阶段或项目监测阶段；

（6）用于计量的技术能力和机构基础设施。

在这一章里，介绍碳计量的基本方法，碳通量方法或碳储量变化方法（IPCC 2003，2006）。同时还要对估算不同碳库的方法进行概述。

第一节　估算碳汇的方法

碳汇是在一定时间内，给定区域内所有碳储量变化量的总和，可以计算出平均每年碳储量的变化量。

土地利用部门年碳储量的变化量是所有碳库中变化量的总和：

$$\triangle C_{CUi} = \triangle C_{AB} + \triangle C_{BB} + \triangle C_{AW} + \triangle C_{LI} + \triangle C_{SC}$$

式中：$\triangle C_{CUi}$——土地利用部门的碳汇；

　　　AB——地上生物量；

　　　BB——地下生物量；

　　　DW——枯死木；

　　　LI——枯落物；

　　　SC——土壤碳。

方程要求估算每一个碳库的储量的变化量。以 IPCC 指南条款（IPCC

2003，2006）为基础，应用以下两种方法能够估算出碳库的变化量。

（1）碳通量方法。

（2）碳储量变化方法或碳变量变化方法。

一、碳通量方法

由于从一个库到另一个库碳的增加和转移，所以碳通量方法包括了估算碳库碳储存的获得量。比如，由于采伐或干扰，从生物量碳库到死亡的有机物库发生了碳转移。由于采伐、腐烂、燃烧等，也减少了一些碳储量的损失。从一个碳库转移到另一个碳库用下列方程表示。

在一个给定的碳库中，每一个碳库变化可以用下列获得与损失方程（碳通量方法）计算得出。

$$\triangle C = \triangle C_G - \triangle C_L$$

式中：$\triangle C$——在碳库中每年碳汇；

$\triangle C_G$——每年碳获得量；

$\triangle C_L$——年碳损失量。

碳通量方法要求估算在给定区域内一年或一段时期每种相关碳库储存量的获得量。同样，在给定区域一段时间内，需要分别估算每种库损失的储存量并进行累加。碳获得与损失之间的差额就是估算出的净碳排放量或转移量。

二、碳储量变化方法

碳储量变化方法包括在给定碳库中，列出变化的所有过程。及时估算某一个时期两个时间点的每一个碳库的碳储量，时间 t_1 和 t_2。两点间时间间隔可能是 1 年、5 年、7 年或 10 年。正像第 4 章讨论的那样，测量大多数碳库的频率是几年 1 次或 5 年 1 次，例如土壤碳。然而，t_2 时间估算的碳储量减去 t_1 时间估算的碳储量得到的差值除以时间段（$t_2 - t_1$）的差值。得到商的值即为碳汇值，每一个碳库都要分别估算碳汇的数值。

在给定两个时间，估算出的两时间点的年平均值作为某一碳库的碳汇，可以用下式表示：

$$\triangle C = \frac{(C_{t_2} - C_{t_1})}{(t_2 - t_1)}$$

式中：$\triangle C$——碳库年碳汇；

C_{t_1}——在 t_1 时间，碳库的碳储量；

C_{t_2}——在 t_2 时间，同一碳库的碳储量。

对于一个给定的土地利用部门或项目区，应用这种方法估算碳汇，可以采用以下步骤：

（1）在 t_1 时间，估算碳库储存量，在 t_2 时间，重复测量估算碳库储存量。

（2）用 t_2 时间碳库储存量减去 t_1 时间碳库储存量，差值就是碳库储存量的变化量。

（3）为了得到年平均碳储量的变化量，就用时间差值 $(t_2 - t_1)$ 除碳库储存量的变化量。

（4）如果估算是在抽样样地内进行的，那么就可以推算出每公顷碳汇。

（5）为了得到项目区总面积的碳汇，推算出每公顷碳汇，预测项目区总面积或土地利用部门总面积的碳汇。

测量碳储量的间隔期或频率是随着碳库不同而变化的。然而，在选定时间段内，先估算每种碳库年碳汇，累加这些变化量，得到项目区面积内的碳储量的总变化量。在某一时期两个时间点，确保项目活动的面积边界是相同的，对于估算碳储量总的变化量是十分重要的，如果发生变化，那么就要测量出变化的面积，用其面积乘以每公顷碳储量的变化量，即可得到面积变化产生的碳储量的变化量。

三、碳通量方法与碳储量变化方法对比

在两种方法中，碳储量变化方法更适合于估算碳减缓、土地保护和开发项目碳储量的变化量。

（1）碳通量方法要求估算碳库生长率和损失，而碳储量变化方法能够直接得到。

（2）由于项目区内发生的非法采伐、火灾、腐烂、用作燃料和其他原因，估算损失比较困难。

（3）碳通量方法需要把每年生物量转移按比例分配给枯落物、枯死木和土壤，增加了许多工作量。

（4）在碳储量变化方法中，虽然每一个碳库的测量频率不同，但是为了获得每公顷变化量，也要说明所有相关碳库储存量的变化量。

IPCC（2006）得出碳通量方法是缺省方法的结论，当测量数据有限时，

可以采用。进一步说，碳储量变化方法精确度更高。因此，这本书的重点是介绍碳储量变化方法。

第二节　估算碳库方法学的选择

项目开发商或管理者和温室气体清单编制者在项目周期的不同阶段，针对计量的不同碳库，要决定采取的不同方法。这一部分描述了以土地为基础项目的不同碳库的碳计量和国家层面温室气体计量的基本方法及其应用。表9-1列举了针对不同碳库一些方法及其它们的应用。

第三节　估算地上生物量方法

1. 收获法

收获法主要原理是在给定地点和时间内，测量已选样地树木重量和非树木植物生长量。包括采伐样地内所有树木和测量树干、树枝和树叶不同组成部分的重量。如果非树木生物量(灌木、杂草、藤本和草)的收获法也需要采伐样地内的非木质生物量和木质生物量。那么，可以说收获法是能够最准确地估算出在采伐时间内的木质和非木质生物量。具体步骤：

(1)选择土地利用类型或项目活动层级(详见10.3层级定义)、抽样方法和确定样地位置(以第10章描述的方法为基础)。

(2)如果有必要，要分别估算树木和非树木的生物量。在每一个抽样样地中，都要把树木生物量分成不同成分(树干、树枝和叶)。

(3)测量树木重量和非树木生物量以及其他成分，估算干物质重量。

(4)推算抽样样地树木和非树木生物量到每公顷树木和非树木生物量。

(5)因为砍伐树木毁坏样地的植被，并且每次都要砍伐新样地，所以选择定期重复砍伐方法是不可行的。由于砍伐方法成本高、破坏严重，所以，砍伐方法一般被认为是不可行的。进一步说，一般法规和项目设计是不允许砍伐树木或非树木的。砍伐导致碳排放和损失，生物多样性受到干扰。这种方法的成本－效益是较低的，尤其是在大树需要砍伐和称重时。然而，在下列情况下，最适合于采用砍的方法：

(1)非树木年生物产量的估算：例如，草本植物和灌木；

表9-1　估算碳库方法学的选择（部分章节介绍的更为详细）

	碳库方法	适用于土地利用系统的碳计量
地上生物量	收获法	不适用，也不允许，对森林甚至碳排放有干扰，且昂贵
	碳通量测量	不适用，昂贵，要求技术人员
	卫星/遥感	不适于多个土地利用系统和项目活动 不适用于小尺度项目 实用方法一直在进化
	模型	适用于预测 需要应用其他方法获得基本的输入参数
	无样地方法	适用，但很少用于定期监测和密集植被
	样地方法	最适用，成本效益高，基本应用方法相同
地下生物量	拔根和测量根重量	成本昂贵和不适用 需要把树或草连根拔除，干扰土壤
	根冠比或 转变因子	大多数普遍采用 要求估算地上生物量
	生物量方程	要求估算地上生物量
枯落物和枯死木	枯落物收集器	不适用在村庄或森林条件下，原因是需要人力
	贮存量测量	可行普遍采用
土壤碳	漫反射光谱法	不适用、成本高、需要技术强、有潜力
	模型	适用于预测 要求用其他方法获得基本的输入数据
	现场抽样和实验室估算	更加适用、普遍采用、方法相同

枯死木：应用样地或无样地方法估算枯立木生物量。倒木与枯落物生物量一起估算。

（2）建立起具体的位置及树种－树种间的异速生长方程；

（3）短轮伐期商品林，每隔5年或10年砍伐1次样地；

（4）要求有树木成分（树干、分枝、树叶）生物量贮存量或生长率数据。

2. 碳通量测量方法（涡度相关法，Eddy covariance）

用于测量和估算覆盖在土地表面上，不同空间范围的植被二氧化碳通量的方法很多。方法之一是在一小块地方，最好包括一个生态系统的典型组成成分（土壤、根茎、树叶等）的地方，建一个密室，在密室内二氧化碳浓度的变化或者在流入和流出密室的二氧化碳浓度的差别能够被用来计算二氧化碳通量。对于一个没有完全密封的密室，这种方法能够测量出一个生态系统（低于1平方千米）二氧化碳的通量（Noble et al. 2000）。通常应用的技术是"涡旋相关法/协方差技术"，测量是连续的，可以说是半自动的（通常间隔一个小时）。测量出进入或流出总面积20公顷生态系统的一个典型地区的二氧化碳净通量，就可以估算出这20公顷面积上的净碳流通量。

传统地说，多年来，计算生物量现时的变化（Clark et al. 2001）和土壤碳（Amundson et. al. 2001；La et al. 2001）能够估算出净生态系统碳汇。最初，在短期现场活动中，应用的方法能够在理想状态下，研究农作物之间二氧化碳转移量。涡旋相关法已经成为评估陆地生态系统和空气（1年或1年以上）的二氧化碳流通量的重要方法。这种方法正在作为一个接近于研究二氧化碳与世界范围内水蒸汽变化连续模式的方法（Baldocchi 2003）和用来量化整个生态系统响应环境干扰的二氧化碳转移比率。这种方法也为植被表面和空气之间生物和能源转换提供了估算手段，并且通过光合作用，呼吸、蒸发和敏感热量损失量能够直接、非破坏性地测量二氧化碳的净交换量。

这种方法是评估生态系统碳转移量（Running et al. 1999；Canadell et al. 2000；Geider et al. 2001）的一个可供选择的方法之一：

（1）它是一个适宜于中等尺度项目的方法，并且能够估算整个生态系统二氧化碳的净转移量。

（2）它能够穿过林冠大气界面，对二氧化碳净转移量进行直接测量。

（3）这种方法适用于从长100米到几千米（Schmid 1994）的样地，也称通量足迹；换句话说，样地可扩展到10~100公顷，并且可以进行几乎不间断的测量。

（4）这种方法可以从几个小时到几年时间的尺度上测量二氧化碳通过光谱的变化量。

（5）这种方法得到的数据可以作为校正和验正树冠与区域关系的碳平衡模型的主要输入参数。

同时，这种方法也有以下特点：

（1）这种方法不适合于具有多个不同土地利用斑块的土地利用系统或地区。

（2）使用这种方法成本高。

（3）仅适用于相对平坦的地域。

（4）它需要较稳定的环境条件（风、温度、湿度和二氧化碳浓度）。

由于成本高、需要高技术水平职员，所以，这种方法一般不适用于重要的碳减缓、森林、造林、草原和农业开发项目。

3. 卫星摄影或遥感方法

遥感是指航空照片、光学参数和雷达等项技术。这些技术能有效地跟踪项目区内土地利用的变化。遥感技术为传统的估算、监测和验证不同土地利用面积变化以及生物量和生长率变化的方法提供了一种新的选择（详见第14章遥感技术）。它还可以提供清晰的空间信息，甚至在很远的地方上都能够进行重复监测。应用遥感技术的基本方法是为了了解森林林相参数（胸径、树高、冠幅、断面积、生物量）与它们的光谱表现之间的关系。光谱表现是受土地面积和传感器应用的数据影响。然而，解释说明遥感影像需要地面实况调查和现场测量。

估算生物量的遥感技术一直是发展的，并且应用在以土地为基础的项目中费用高；目前还不是只能用的惟一一种监测和估算以土地为基础项目或国家温室气体清单的方法，还只是一种辅助方法，理由是受到以下一些限制：

（1）成本高，尤其是对小尺度项目；

（2）在项目层面上，需要有较高水平的技术和组织能力；

（3）不适合用于由许多斑块组成的流域、村庄或混农林业等不同土地利用系统的项目中。

如果遥感技术发展成为测量精度高的一门技术，那么可以应用遥感技术估算森林生物量、国家温室气体清单，尤其是需要重复监测的对象，并且它的成本效率高。

4. 碳汇模型

模型能够预测生物量碳储量和不同商品林以及其他森林类型地表生物量生长率。这些模型可以作为样地和非样地方法的辅助现场方法。样地与非样地的碳储量指标需要测量和估算。模型也能够用来预测森林和造林地生物量的碳汇。这些生长模型能够像胸径（米）与高度（米）等树木参数建立起方程一样估算生物量（千克/每棵树或吨/公顷）。生物量可以用体积（立方米）或重量（千克/每棵树）来表达。应用树木种类或木质生物量密度，能够把体积转变为重量。第17章阐述了建立生物量估算方程的方法。

生物量估算方程一般仅适用于特定的某些树种（详见第17章），而不适用于所有当地的或非商品林树种，以及混交林、天然林、灌木、草和混农林地。生物量估算方程有的仅适用于全树和某些商品林木材材积。最流行的方程能够估算商品林木材产量。由于存在以下不足，所以模型的应用有许多限制。

（1）生物量贮存量或生长率模型不适用于多个土地利用系统和以土地为基础的项目活动；

（2）建立起来的成熟林方程不适用于其他林龄组，反之亦然；

（3）即使可以应用，模型也不能应用到当地所有环境；也就是说，在一个地方建立的方程一般不适用于另一个地方。主要原因是树种、植被、密度等不同。

（4）建立这样的方程需要砍伐和称重许多不同材积的树木，需要把重量与胸径、高度等参数联系起来。

除了这些限制因素外，无论何时应用生物量方程，它都是最适合估算生物量，在有时也是惟一可应用的方法。应用现场方法，比较容易测量出生物量方程所需的树木高度与胸径参数。这些方程不仅是估算生物贮存量的一种快速方法，同时也是估算标准误差和决定系数的最佳方法。

5. 无样地方法

无样地方法包括沿着一系列平行样地线（MacDicken 1997）测量树木密度和胸径，步骤如下：

（1）选择土地利用类型或项目活动层级，确定项目抽样样地（详见第10章）；

（2）在每一层级上，建立一系列抽样平行线；

（3）在抽样线上每10米确定一个抽样位置；

（4）把每一个抽样样地面积分成4份；

（5）沿着抽样点记录树种名、胸径和树高等；

（6）确保在每一层级，至少有100处测量点。

应用样地线抽样点与树木间距离的数据，能够估算出样地内树木间的平均距离。应用已估算出的树木间平均距离，然后计算出每公顷树木密度，每一种树的密度或所有树的密度。应用树木胸径、高度和生物量方程，计算出地上生物量。

稀树草原和草原树木密度稀疏的土地利用系统比较适合应用无样地方法。具体地说，这种方法适用于单一期间估算，在短时间内，能够覆盖较大面积的区域，并且用人较少。无样地方法不适用于定期重复测量地区，以及测量和监测多种用途土地系统内树木和非树木植被的生物量或碳汇。

6. 样地方法

样地方法原理是应用已经测量的树木胸径和高度不同指标参数值，估算一系列样地内，树木和非树木生物量的蓄积和重量。样地形状有许多变化，一般是方形（正方形或长方形）、圆形样地（狭长的矩形样地）。广义方法包括以下步骤：

（1）选择土地利用类型或项目活动；层级化和布设抽样样地。

（2）设置乔木、灌木和地表层植被（杂草）等的不同样地。

（3）根据项目类型、尺度和植被密度（详见第 10 章），确定样地大小和数量。

（4）记录树木名称，每一棵树或灌木的高度与胸径。

（5）应用不同方法测量树木高度和胸径，估算每棵树和每公顷地表树木生物量。方法有：①生物量估算方程；②砍伐样地内全部树木；③应用胸径、高度和树形数据，计算每一棵树的蓄积，然后应用木材密度再把蓄积转变为重量。

（6）应用砍伐方法，估算灌木、草等非树木植被生物量。

样地方法是用于估算树木和非树木地表生物量的最常用方法。第 10 ~ 13 章将详细介绍样地方法的应用。样地方法的优点是：

（1）可应用于天然林、人工林、草原、防护林以及混农林业体等系统。

（2）通过固定样地方法，可同样地一次性测量或长期成本效率高监测生物量。

（3）不受任何资金能力和技术能力的限制，都可以采用这种方法。

（4）成本效率高。

（5）可应用于稀疏和浓密植被。

（6）适用于天然林、人工林或草原等不同尺度的斑块。

（7）适用于单一和多种植物。

（8）适用于成熟天然林、人工天然更新幼、中龄林或人工林。

第四节　估算地下生物量和根生物量

地下或根生物量对天然林、天然更新、保护地和混农林地植被是必要的。根生物量是造林、再造林、流域和草原更新项目的最重要生物量之一。估算地下生物量的方法：

（1）拔出根和测量重量；

（2）根冠比缺省值；

（3）生物量方程。

1. 拔出根和测量方法

拔出根和测量方法包括测量从已知深度在一定土壤容积内，拔出根生物量的数量，由于大多数细根固定在 30 厘米范围内，所以一般土壤深度定义在 30 厘米。这种方法包括以下步骤（MacDicken 1997）：

（1）应用一个取样器，移出选择深度内一定量的土壤。

（2）冲洗土壤取样器，分开土壤，拔出根。

（3）测量土壤内根生物量的湿重量和干重量。

（4）根据（3）测量结果推算出单位面积根生物量。例如，面积为 1 公顷，深度为 30 厘米。

测量根生物量工作程序复杂，用时较多，并且成本高（Cairns et al. 1997）。在大多数以土地为基础的项目中，不采用根测量方法，而采用根冠比缺省值和生物量方程的方法。第 11 章详细介绍这种方法。

2. 根冠比缺省值

根生物量通常是指地表生物量中仅有的一小部分。凯瑞恩斯等（Cairns et. al 1997）对热带、温带和寒带地区 160 多项研究进行了分析，总结出了根冠比的平均值为 0.26，一般根冠比缺省值为 0.18 ~ 0.3。也就是说，在大多数森林项目中，一般采用根冠比缺省值为 0.26，估算根生物量，是比较实际的。

3. 生物量方程

已经建立起了根生物量与地上生物量相关联的回归方程。Cairns et al.（1997）已经对热带、温带、寒带森林类型建立了一系列方程。第 11 章详细介绍这些方程。这些方程估算的结果具有较高的相关系数。

草原、农田和稀树草原等土地利用系统采用测量方法估算非树木植被根生物量。大量的方法是应用取样器拔出植物根，与计算树根生物量的方法相同。第 11 章详细介绍应用了这种方法的步骤。若测量根生物量需要有专家判断时，专家对此进行的判断是十分重要的。如果草原或退化森林转变为农田，或者经营草原干扰了地表层土（第 4 章），一般就要估算根生物量。

第五节　估算枯落物和枯死木生物量

应用两种方法能够估算枯落物与枯死木生物量。①实物测量；②贮存量变化量。枯死木包括枯立木和倒木。

1. 枯落物生物量（吨/公顷·年）

估算每年枯落物生物量是非常复杂的，并且程序多。具体步骤如下：

（1）选择土地利用类型、项目活动、层级、抽样点的位置。

（2）在天然林或人工林地面固定许多长方形或圆形枯落物地面，保护它们多年来不受损害。

（3）每月在抽样样地内，收集枯落物并称重，估算出枯落物干物质重量。

（4）进而计算出每年每公顷枯落物生物量。

有些文献中也介绍了应用缺省值估算部分天然林和人工林类型的枯落物生物量。由于枯落物生物量占总生物量比例较低（一般小于 10%），并且除了成本高，技术水平要求高外，固定和维护枯落物地面是一项十分复杂的工作，以至于很难持续下去，所以可以采用缺省值估算其生物量。

2. 贮存量变化方法

测量样地一段时期两时间点的生物量贮存量和计算两点贮存量之差能够估算出枯落物和枯死木生物量。能够应用选定测量树木和灌木生物量的抽样样地，估算出枯落物和枯死木的生物量，具体步骤如下：

（1）选择用于估算树木和灌木生物量的抽样样地；

（2）收集和贮存样地内所有枯落物和枯死木；

（3）估算枯落物和枯死木重量；

（4）重复测量两时间点间的枯落物与枯死木的生物量；

（5）估算两点测量结果的差值；

（6）由抽样样地估算出的枯落物和枯死木生物量推算出每公顷枯落物和枯死木的生物量。

应用 9.3 部分描述的样地方法，能够估算出枯立木生物量。9.3 部分介绍的估算地上生物量（详见第 11 章）的程序方法可以用来估算枯立木生物量，也就是测量抽样样地或已选择测量树木或灌木 1/4 样地的枯立木的胸径和高度。由于在测量树木和灌木生物量时，可以附加地进行测量枯立木生物量，所以测量枯立木不是一项复杂的工作。

第六节　估算土壤有机碳

土壤有机碳对于大多数土地利用类型、造林、再造林、土壤改良、草原管理、防护林和混农林业项目都是十分重要的。尤其对大平原、农田、草原和牧场项目，土壤碳库是最重要的。土壤碳储量在地表 0～15 厘米内最大，这一点应该进行更加深入地抽样验证（Richter et al. 1999）。一般采用以下一些方法估算森林、草原、农田保护和开发项目的土壤有机碳。这些方法包括漫反射光谱、模型、湿法消解法、滴定法等。

1. 漫反射光谱

漫反射光谱（Diffuse reflectance spectroscopy，DRS）是以可见红外光（电磁能）与物质相互作用为基础，分析物质成分特点的一项技术。土壤样品用人工光源照射，测量从样本反射出来的光。用光谱辐射仪记录反射读数，光谱辐射仪读出的每一条波段都与土壤每一成分的参考读数平均值有直接关系。这种方法若被广泛应用在大面积范围内（土壤调查、流域管理和土壤质量指标），它的成本效率高。

漫反射光谱的主要优点是它的可重复性，与传统土壤分析方法相比，它的速度快，一个操作员在一天内就可以舒适地完成扫描几百个样本。实验室期望漫反射光谱的重复性比传统分析方法大得多。分析速度快和估算样地内土壤多种特性的能力高是漫反射光谱的最大优点，尤其是与传统方法相比，分析土壤成分速度快，时间少。

漫反射光谱的主要缺点是需要建立土壤数量，土壤成分和数据分析复杂性的标准档案库。这种方法需要有专业的设备、良好设施实验室和素质高的实验员，这项技术逐渐被应用于土壤研究和调查的广泛领域中，光谱仪已成为土壤实验室标准的仪器设备之一。

2. 土壤碳模型

土壤碳动态模型包括 CENTURY（CENTURY 1992）和 Roth C（Coleman and Jenkinson 1995）。

CENTURY 模型能够模拟不同植物土壤系统中碳、氮和磷的长期动态变化。通过利用土壤中植物枯落物和不同无机物与有机物，模型模拟碳、氮、磷的动态。模型的优点是能够被应用在样地、项目、区域和国家等不同层面的森林、草原、大平原、农作物系统等项目中。这个模型的使用是受到降水量、最高和最低气候温度、植物材料中的木质素、氮、磷和硫，土壤结构、土壤中总的碳、氮、磷的最初成分，以及在经营周期内农业投入量等数据因素的限制。

Roth C 模型计算有机碳含量的变化（吨/公顷）。Roth C 模型需要输入气候数据（月平均温度，每月总降水量和蒸发皿蒸发量）、土壤数据（土壤中黏土所占百分比和土壤深度），以及与碳模拟和每月输入的土壤有机物的相关的土地管理数据等多种变量。模型有时是受到很难得到不同土地利用系统需求的数据等因素的限制。

3. 单一回归模型

单一回归模型能够预测土壤碳累积速率或贮存量变化量，也就是说，这些速率或贮存量变化量没有地上生物量的变化快。这些模型只适用于某些具体的土壤、植被或树种，并且应用范围也十分有限。

4. 湿法消解法或滴定法（Walkley 与 Black 方法）

湿法消解法或滴定法涉及到土壤有机碳预测快速滴定程序（Kalara and Maynard 1991）。有机物质用 $K_2Cr_2O_7$ 和硫酸混合物氧化。用 Fe_2SO_4 反滴定没有用过的 $K_2Cr_2O_7$。$K_2Cr_2O_7$ 与浓硫酸稀释的热量是热的惟一来源。硫酸稀释后所放出的热量消解了土壤，土壤中有机碳被氧化成二氧化碳。在许多方法中，湿法消解法（Walkley and Black）是最常采用的方法，并且成本效率高，具体程序是：

（1）选择土地利用类型、项目活动层级、抽样方法和样地位置。

（2）收集每一层级两种不同深度（0~15 厘米与 15~30 厘米）土壤样品。

（3）估算容积密度（容重）。

（4）应用湿法消解法，在实验中估算出土壤样本的有机物或碳含量。

（5）应用有机物含量、容积密度和土壤深度，计算碳储量（吨碳/公顷）。

第七节　结论

这一章列举了估算不同碳库储存量和生长率的不同方法，不同碳库的碳计量需要采用不同立地、实验室和模型技术。有多种方法适用于计量不同碳库中的碳储量和变化量。对于给定区域，选择一个适宜的方法要考虑土地利用类型、项目类型等，需要考虑准确性、成本、效益、基础设施和可行的技术能力等。以后的章节中将详细介绍这些方法。

第十章　地上生物量估算方法

地上生物量包括活的植物所有生物量，木本和草本，土壤上的茎、杆、枝、皮、种子和叶子。地上生物量是所有碳库中最容易见到的，它的变化是一个重要指标，或者说是干扰碳减缓以及其他项目效益的最主要影响指标。地上生物量是大多数以土地为基础项目的主要碳库。第4章详细介绍了需要监测的地上生物量及其特点，以及地上生物量对国家温室气体清单、不同项目类型以及测量碳库频率的影响程度。第9章描述了估算与监测地上生物量碳库的不同方法。在所有的方法中，样地方法是最适用的。选定样地方法作为最适用的理由是：

（1）可应用到基线情景和项目情景测量碳计量；

（2）可应用在项目开发和项目监测阶段；

（3）可应用在国家温室气体清单估算中；

（4）适用于所有项目类型和不同龄级的森林（成熟林和幼龄林）以及树木植被密度不同的项目；

（5）简单并且成本效率高；

（6）适用于长期监测。

样地方法已被广泛应用在森林调查规划项目中。项目管理者和评估师也应用这种方法估算和监测木材产量或碳汇。林业和农业研究者们经常采用这种方法估算生物量贮存量变化量，而且还监测生物多样性与商品材、薪炭材和草的产量。样地方法也被进一步应用到估算农业和草原项目的生物量变化量工作中。政府间气候变化委员会关于土地利用、土地利用变化和林业的专题报告（Watson et al. 2000），温络克碳监测指南（MacDicken 1997），联合国粮食与农业组织（Brown 1997），IPCC 1996年修改稿，IPCC最佳实践指南，USEPA和LBNL（Vine and Sathaye 1999），CIFOR方法（Hairiah et al. 2001），温室气体清单2006年指南（IPCC 2006）和森林调查（Kangas and Maltamo 2006）等报告和文章中都详细介绍了样地方法。本章将详细介绍测量、估算和监测地上生物量贮存量及其变化量的方法、程序及其步骤。第9章介绍了测量、估算和监测碳储量的碳通量方法与碳储量变化方法等，这两种方法的主要步骤(图 10-1)。

步骤 1	选择土地利用类型或项目活动
步骤 2	确定项目界限并图示土地利用类型或项目区面积
步骤 3	分层或划分土地利用类型
步骤 4	选择样地方法
步骤 5	选择碳库以及测量频率
步骤 6	识别指标参数
步骤 7	选择抽样方法和抽样面积
步骤 8	准备野外调查和记录数据
步骤 9	确定抽样设计
步骤 10	设置和固定样地
步骤 11	测量野外指标参数并进行实验室分析
步骤 12	记录和编辑数据
步骤 13	分析数据、估算不确定性

图 10-1　测量与估算地上生物量贮存量的步骤

已经介绍的碳减缓以及木材生产项目相关的方法和步骤也适用于森林土地、农田和草原等土地利用类型的国家温室气体清单。

测量与监测地上生物量的步骤。所有规划和项目都要求估算在给定时间点上的地上生物量，一段时间内地上生物量年生长率以及贮存量的变化量。图 10-1 表示在给定时间点上，估算地上生物量的贮存量。

第一节　选择土地利用类型和项目活动或植被类型

每一个项目都要有实现项目目标的一系列活动。一个项目可能只有一项活动，例如，只按一种经营模式种植桉树；有些项目有多种活动，例如，在项目区的某一个区域种植单一树种，而在其他区域内对退化森林进行天然更新，这些活动对地上生物量累计增长率的影响程度不同。也就是说，密度、轮伐期和灌溉、施肥等营林措施都是有变化的。这些不同活动与经营系统对碳计量、样地面积的确定，监测频率和测量参数都有重要意义。按以下内容进行选择：

（1）土地利用类型（森林土地、草原和农田），次级类型（以土壤或地形为基础），植被类型（常绿和落叶森林）。

（2）项目活动（造林、避免毁林和草原改良）和管理系统（造林密度，轮伐期、施肥或灌溉）。

第二节　定义项目边界与图示土地利用类型或项目面积

确定项目边界和制定项目区地图是十分重要的，在不同活动和管理系统内为碳计量划定区域。第 8 章介绍了如何定义项目边界和制定项目界限的方法。所有土地利用类型、项目活动和管理系统都涉及到项目边界。项目边界，每一土地利用系统和活动的地域范围应以空间形式在地图上表现出来。可以采用以下步骤定义项目边界和图示项目及其活动：

1. 选择土地利用类型和项目活动

项目一般包括多个土地利用类型、项目活动和管理系统。所有土地利用、项目活动和管理系统都要分别进行碳计量。

（1）森林土地、草原和农田等土地利用类型。

（2）促进退化森林土地天然更新、草地上单一树种造林以及在农田内种植树木等多种活动。

（3）进行长、短轮伐期树种造林活动。

（4）高密度和低密度样地造林以及施肥与不施肥的管理活动。

2. 估算项目与项目活动面积

抽样要求不同活动区域面积的数据，以及估算地上生物贮存量的变化量。在项目以下阶段估算项目面积：

（1）项目开发阶段：得到项目文本内所提到的每一土地利用类型和项目活动的面积。

（2）项目监测阶段：从项目权威部门获得每一种项目活动的实际发生面积。项目活动实际发生的面积与项目开发阶段建议的面积可能是不同的。如果项目活动分期执行，就要每年获得数据。

3. 制作地图

在具有网格的地理参考地图上，能够得到或从空间标记项目总面积数据以及不同活动、管理系统下的面积数据。第8章介绍了制作地图和标记边界的程序，制作地图包括以下主要步骤：

（1）土地的历史记录

收集过去10～20年土地利用历史记录，了解土地变化趋势，预测基线情景下未来土地利用模式。

（2）地图

收集项目实施位置的所有可利用地图：土壤、植被、土地所有权和土地利用。

①如果能得到卫星像片和航空照片的地图，那么收集这些图片是十分有用的。

②应用不同地图，选择最重要的能表示与土地利用或土壤特点相关的地图。

（3）重叠

把具有许多特点的不同地图重叠在可识别地面地标的一个地理参考地图上，并标记出农田、草原、水体或居住区等现存的土地利用系统。

（4）边界

在具有土壤质量和土地利用相关特点的地理参考网格地图上，标记项目不同活动的边界和管理系统。

（5）全球定位系统读数

标记出不同活动和土地不同斑块的多边形全球定位系统读数（不同形状的样地）。

（6）地理信息系统地图

如果地理信息系统设备可行，它就能够把具有土地特点以及项目活动的不同地图重叠在固定边界和一定面积的位置上。这些地理信息系统平台上，创造出的空间地图有助于项目管理者和监测小组做好以下工作：

①了解土地利用变化；

②图示多年来不同活动实施的土地面积；

③跟踪定期采伐面积或采取不同经营活动措施的区域面积；

④固定抽样试验点并且定期勘测固定样地；

⑤标记估算泄漏面积；

⑥储存现存数据；

⑦容易记录项目周期各阶段的变化。

（7）更新地图

根据土地利用变化、实施项目活动或采伐面积的任何新信息，定期更新地图是必要的。

（8）遥感地图

在一定区域内，解释说明遥感图像，能够得到土地利用变化数据，尤其是历史的数据。定期更新遥感地图有助于：

①不同土地利用系统界限内的变化；

②树冠覆盖的变化；

③项目活动实施率；

④生物量贮存量和变化量。

第三节　项目区分层或划分土地利用类型

分层把土地面积按照同类单元进行分类，所以分层又称分类。任何项目的土地面积都是由具有不同物理和生物特点的层组成的，由于管理措施、碳储量和特点的不同，所以各层的管理措施与碳储量是随着层特点的变化而变化的。分层有助于更好地确定能表现土地、项目活动、碳储量环境条件，以及成本最低等特点的抽样样地。分层能够把同类空间成分的单元聚集在一起，因此分层抽样能减少选择样地的抽样误差。基线情景和项目情景要求土地面积(图 10-2)。分层的结果有可能相同，也有可能不同。为了突出一些分层内容(例如，不同的土地利用类型、土地特点、主要项目活动以及某一项目活动中的管理体系)，需要进行多阶段的分层。抽样和监测的层级是指分解同类土地面积或项目活动的最后阶段。项目活动：①退化森林土地上进行的密度高、轮伐期短的造林；②利用灌溉，进行草原改良。这本书中，层级是把某一个土地利用类型项目或活动在实施的各个阶段按照相同的单元进行分类，最后形成每一阶段的单元同类化。

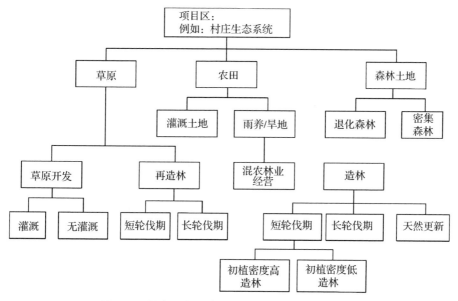

图 10-2　村庄生态系统内，项目多阶分层的示意图

一、基线情景分层

项目活动实施前，在项目开始时，基线情景需要估算碳储量。进一步说，需要监测控制样地的碳库变化，估算调整或移动基线情景的碳汇。过一段时间后，基线情景下的碳储量发生了变化(第 6 章)。考虑到基线情景下，项目区有多种不同环境：

(1)前期项目土地利用类型：退化森林土地、草原、农田。

(2)土壤质量：土壤流失状况和地形。

(3)依靠程度或土地资源利用：放牧、薪炭材采集、邻近居住区。

(4)所有/拥有权：省(州)有、农民所有、社区土地。

(5)管理系统：调整放牧、开放可接近系统、灌溉、雨养、闲置土地。

二、项目情景的层级化

项目情景下碳计量需要每年估算碳储量以及碳汇，或者选择任何其他监测地上生物量的频率。在每一个活动中，应该估算其碳储量(例如：短轮伐期树种造林、或天然更新)；对于多个活动估算所有项目区的碳储量(例如：短轮伐期面积和天然更新面积以及其他)。然而，实施每一项活动都需要抽样。依据以下对项目情景进行层级化。

(1)土地最初状态：项目开始时，土地的最初状态，也就是基线情景；项目前的土地利用系统、土壤质量、土地资源、所有权状态和现行管理体制。

(2)项目活动：短或长轮伐期树木造林，天然更新、混农林业和草原管理。

(3)树种：单一树种、多树种造林和天然更新。

(4)管理系统：造林密度、灌溉和施肥应用。

项目情景期间进行的分层可能与基线情景采取的分层是相同的，也可能是为了反映实施项目活动对基线情景产生的影响，使它们的分层又有所不同。

①基线情景分层的分解：如果把一个基线情景分层，例如一个土地利用系统，在项目情景下，有多个项目活动进行实施，层的分解是必要的。再例如：草地的一部分基线情景层是短轮伐期树种造林，而另一部分是天然更新。基线情景层的分解要更能充分表现出具有不同意义的碳计量。

②基线情景层的整合：如果一个项目涵盖多个基线情景层，并且层内的土壤和其他参数的特点是相同的，那么多个层应该进行合并。例如：具有相同的初始特点(植被、土壤质量或坡度)的基线情景的草原与退化森林土地层是由一种初植密度与管理系统相同的一种短轮伐期的单一树种造林模式所组成。那么这两个层就要整合，合并为一个层。

三、土地利用类型变化的分层

项目情景包括基线情景下土地利用变化或土地利用不发生变化，也就是与基线情景下土地利用类型虽然没有发生变化，但是管理系统进行了更新。

这对于估算碳储量所采取的碳计量方法是具有十分重要意义的。

1. 相同类型下土地不发生变化

与基线情景相比，项目情景的土地利用类型没有发生变化；然而，项目活动提高了土地管理水平或者说是防止了土地利用的变化。

(1)避免毁林：基线情景下的森林土地在项目情景下依然是森林土地。

(2)草原更新管理：项目情景下与基线情景下，土地利用类型和土地覆盖物没有发生变化，但是采取了更新管理系统措施。

2. 土地利用类型转变为其他类型

项目情景包括由于项目活动导致土地利用的变化，或项目情景内土地覆盖物的变化。

(1)造林：在项目情景内，草原转变为短轮伐期人工林。

(2)混农林业：农田转变为混农林地。

四、分层的步骤

基线情景以及项目情景的分层程序，步骤基本相同，这一部分将具体阐述：

步骤 1：第三节部分描述了项目边界的定义。

步骤 2：得到项目区面积的地图，重叠不同地图，例如，分别代表基线情景下土地利用系统、土壤和地貌。

步骤 3：在基线情景下，叠加退化森林土地或草原等土地利用系统的项目活动。

步骤 4：识别基线情景下土地利用系统层间的不同特点，这些特点可能会影响碳储量。

(1)土地利用：例如，开放的、可接近的放牧，可控制的放牧、薪炭林的采伐和雨养的农作物。

(2)土壤质量：优、良、差。

(3)地形：平坦、斜坡、丘陵。

步骤 5：从其他渠道(参加乡村评价的参与者)获取所有有用的信息。

步骤 6：在基线情景下，面积分层：

(1)划出不同项目活动的面积。

(2)把在估算土地利用系统中基线情景方案碳储量的重要特点，标记在划定的面积上。

（3）在项目地图的空间位置上标出不同项目活动所在的层。

步骤7：项目情景下的分层

（1）确定在基线情景空间层上的项目位置。

（2）标出代表不同项目活动、土地利用系统和其他特点的不同空间层；然而，每一层内部都是同质的。

五、遥感和地理信息系统在分层中的应用

第8章介绍了用来定义项目地区边界或土地利用类型的大量遥感数据。数据可以用航空像片和卫星图片形式来表示。这就意味着不同数据项涵盖着不同的时间系列。这是一个基线情景进行地上生物量碳计量的重要点。第14章将更详细介绍遥感在碳计量中的应用。选择遥感数据以及定义项目区面积或土地利用类型的数据都要遵循以下几项重要的标准（IPCC 2006）：

1. 土地利用分类

数据有助于区分土地利用不同类型；例如，应用遥感监测草原和森林几乎是不成问题的，但是用它监测天然森林和退化森林就有一定的困难。

2. 适宜的空间分辨率

由于空间方案决定了如何更好地把数据按土地利用级别分成不同等级，所以可以得到一个适宜的数据方案。对于大多数以项目为基础的评估，一个精确分辨率（25米或更低），被用来分类不同土地利用类型。

3. 适宜的时间分辨率

由于土地利用类型随着时间变化而变化，所以数据一般能充分体现适宜的时间分辨率，以及估算土地利用的转变。为了评估变化过程，需要在某个时间跨度内分析数据。依据地理位置和植被，对植被进行季节性考虑也是十分重要的。

4. 地面实况调查

为了获得遥感数据的有效性，需要把这些数据与其他渠道获得的数据进行对比。遥感数据的解释是对评估土地利用系统植被经验数据的全面检验。对于地上生物量而言，实际生物量数据是非常有用的，而对于经营规划、土地利用地图或参与式乡村评价也是有用的。

地理信息系统不仅可用来解释实际遥感数据，而且能综合项目区内可收集到的数据。进一步说，它是一个可随时贮存和添加数据的完美系统。几种界面友好的地理信息系统软件可以在普通的个人计算机上使用。

第四节　应用样地方法估算地上生物量

第9章介绍了几种估算地上生物量的方法，其中，样地方法是一种最广泛应用的方法。在此，详细介绍这种具有多功能、成本效率高和可应用在基线情景以及项目情景上等特点的方法。样地方法被用来制定森林调查规划和估算草原生物量、农作物产量和木材与薪炭材产量。样地方法也是《京都议定书》清洁发展机制造林再造林项目批准为方法学中采用的方法（http：//cdm. unfccc. int）。这种方法包括选择面积大小和数量适宜的样地，在已选择的层内随机设置样地，测量指标参数（例如，林木胸径，高度或草产量），应用生物量方程等不同方法计算生物量，从每公顷生物量数值推算到项目总面积生物量。这些抽样样地也能用于评估生物多样性、土地退化程度和土壤肥力的改进。

第五节　选择测量地上生物量碳库的适宜频率

测量和监测地上生物量碳库的频率取决于土地利用系统、土壤质量、树种和管理系统（详见第4章）。对于基线情景方案和项目情景方案而言，监测的频率是不同的，并且还分别取决于生物量贮存量和其生长率。监测频率对碳计量的意义还在于以下各项。

1. 基线情景方案

监测频率决定于地上生物量生长率，对于大多数基线情景方案环境而言，生物量生长率都是较低的。因此，一般在3~5年，地上生物量都要进行1次监测，在基线情景下，具有较高生物量贮存量项目是避免毁林项目，它的监测频率一般是每隔3~5年进行1次。

2. 项目情景方案

项目活动类型与地上生物量生长率决定了监测频率。对于生物质能源林等生长速度快的树种，需要经常进行监测。

决定监测地上生物贮存量的频率是重要的。可以根据监测结果，规划和分配自然资源。

第六节　测量估算地上生物量碳库所需要的参数

测量和监测的目标是估算地上生物量，每公顷生长速率以及项目区域内总生长速率。这就需要识别和选择一系列主要指标参数。选定的参数取决于要采用的方法，这里要求用样地方法来得到这些参数，以下是最为广泛普遍应用的参数。

1. 树种名称

记录的第一个参数是植物形态，也就是乔木、灌木、草本或藤本植物，以及植物名称。在乔木中，树种的形状、大小、生长率和木材密度等方面都有不同。在抽样样地和每公顷面积内，估算出每一种树种的初植密度是重要的。灌木、草本植物等非乔木植物的植物种的名称也是重要的。可以估算出每一棵树的材积或重量，作为单一树木的生物量，由此可以初植密度和每一种树种的分布为基础，推算出每公顷树木的生物量。在记录树种名和数量时，最好也记录以下一些特点：

（1）更新：天然更新或造林。

（2）树冠状态：损害百分比或全树冠。

（3）树木状态：活的、死的和站立的，或死的和倒下的树木。

2. 林木胸径或周长

树木的大小通常是表现树木材积或重量的最重要参数之一，一般是通过测量树木胸径或围长作为衡量树木大小的指标，然后把树木蓄积或重量转化为单位时间的每公顷生物量。简单方程应用胸径和树高能够估算出林木的材积。生物量方程应用胸径也能估算出每棵树或每公顷森林的蓄积量和生物量。通常，在现场很容易测量胸径，通过标记后，能够在一定时间内进行重复测量。把树木胸径高度定义为离地面 1.3 米处。有关章节详细介绍胸径高度等测量技术（第十一节部分）。

3. 树高

除了树木胸径外，树高也是林木蓄积和重量以及含有胸径变量的生物量方程中的最重要指标。测量大树的高度，尤其是那些树冠重叠的大树，不仅需要使用测量仪器，并且还容易产生误差。

4. 非林木物种指标参数

高度与胸径不适用于作为测量草本植物的参数；草本植物等生物量的估

算一般是把实验样地的所有草本植物全部割下来，并称其重量，然后计算单位面积内草本植物的生物量。表 10-1 列出了估算地上生物量需要监测的参数。

表 10-1 估算的参数

碳库	要记录的参数
地上乔木和灌木生物量	物种名称 胸高直径 树高 起源：天然更新或人工种植 树冠范围：全树冠或损害树冠百分比
地上草本植物或地表层植被生物量	状态：死的或活的 物种名称 密度（株数/样地） 草本鲜重生物量（g/m^2） 草本干重生物量（g/m^2）

第七节 选择抽样方法与样地容量

抽样包括确定样地数量、面积和形状，由于观察方法的复杂性，项目开发者和管理者通常忽略这一点。全林每木调查和抽样两种方法被应用在土地利用系统中对碳进行测量和估算。全林每木调查方法即测量和监测不同土地利用系统中所有林木和非林木植物，费时多、工作量大，成本高，有的时候没有必要必须得到一个十分可靠的生物量估计值。在有限资金和人力投入下，以适宜抽样方法为基础，进行碳计量就能够得出可信的估计值。因此，抽样方法的主要特点是投入低，并且还能得到可靠的估计值。抽样方法包括简单的随机抽样、分层随机抽样和系统抽样。这一部分主要介绍抽样原理、准确性和精确性、选择样地面积和形状的方法、实践步骤等。抽样方法对测量和监测碳储量变化十分重要。IPCC 最佳实践指南（IPCC 2003）介绍了抽样方法等基础知识。

一、抽样原理

抽样通过观察总体中一小部分，能够推算出整个总体的特征。抽样理论可以为整个项目区甚至一个地区以及国家层面(IPCC 2003)提供从抽样调查样地获取信息的方法。因此,在一个抽样样地小范围内得到的测量碳储量指标能够延伸推广应用到每公顷、某个层、整个项目区或土地利用类型。样地方法、砍伐方法、甚至遥感技术等所有碳计量方法都需要现场抽样,并需要到样地现场对以土地为基础的数据进行解释说明和验证。标准的抽样理论依赖于从总体中随机抽取样本单元,以保证总体中的每一个单元都有相同的概率被抽中作为样本单元。

1. 准确度和精确度

抽样包括两种普遍的统计学概念,也就是准确度和精确度(IPCC 2003)。准确度是表示抽样测量结果与实际值相接近的程度,是衡量偏差的指标。精确度(精度)是表示测量结果中随机误差大小的程度。不准确的或有偏的测量会使平均值偏离真实值。在碳计量中,精确度表示来自不同抽样点或样地的多套样本抽样结果之间的接近程度(图10-3)。

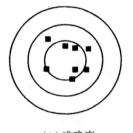 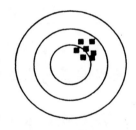 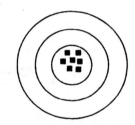

(1)准确度　　　　　　　　(2)精确度　　　　　　　(3)准确度和精确度

图10-3　准确度与精确度

(1)各点离圆中心(真值)很近,即测量数据的平均值偏离真值较少,因此准确度高,但是各点较分散,则精确度较差。

(2)各点紧密集中在一起,即各数据较集中,精确度高,但各点远离圆中心,准确度较差。

(3)各点不仅紧密集中在一起而且与圆中心接近,因此,准确度和精确度都较高。

准确度和精确度反应了测量结果与树木直径、高度和林地面积等变量值的测量结果与真值的符合程度。无偏估算值取决于重复测量的相似程度(精确度),以及测量均值与真值的接近程度(准确度)。碳计量需要测量的准确度(接近总体均值)和精确度(相对集中)。抽样涉及到选择样本单元面积、数量和位置都较适宜于提高准确度和精确度的样地。碳计量要求的精确度水平对计量成本具有直接意义。在项目开始阶段，一般就已经规定了精确度，一般抽样调查的允许绝对误差限是在平均值的 ±5% 到 ±20%，即相对误差限为5%～20%。精确度越低，那么由于项目活动导致碳储量发生变化的事实的可靠性就越低。精确度的高低决定了每种项目活动样本容量大小。

2. 可靠性(概率保证)

可靠性(概率保证)是估计值精确度的表现指标。通常，需要使用95%可靠性，意味着100次事件有95次发生，估计值误差在两倍标准误差之内。

二、样地类型与形状

(一)样地类型

以土地为基础项目采用两种样地类型：固定样地和临时样地。植被类型决定了采用那种样地。

1. 固定样地

固定样地主要用于测量多年生植被碳储量的变化量，例如，对树木测量要进行许多次，时间超过十几年。这种方法适用于大多数以土地为基础的有关林木的碳库项目：

(1)天然林和人工林；

(2)混农林地；

(3)防护林。

一般而言，固定样地被认为是在估算森林碳汇时比临时样地在空间上更具有有效性。由于在临时样地内(Avery and Burkhart 1983)需要观察连续设置的样地，所有临时样地之间要具有较高的相关性。固定样地的缺点是它的位置已知，可能会被特殊对待(施肥与灌溉以提高碳储量的增加速率)。进一步说，在项目周期内，这些样地有可能受到火灾或其他干扰的损害破坏。在监测与验证期间，在整个造林地上采取相同的营林实践和防止火灾的措施可以克服这一缺点。如果样地受损，假如发生火灾，那么就要选择土壤性能和植物生长模式相同的样地。

2. 临时样地

临时样地的位置逐年或多年都在变。在临时样地内，测量是在确定年限内进行的，并且只计算那一年的生物量。下一年，生物量又从不同的样地中得到。含有一年生植物的项目适合于应用这种方法。

(1)在草原开发和稀树草原项目中，估算草生产量。

（2）在天然林和人工林项目中，估算草本植物生长量。

临时样地的优点是建立估算相关碳库的碳储量的成本效率高，并且不受外界干扰影响。临时样地的主要缺点是估算森林碳汇（IPCC 2003）的精确度较低。在临时样地方法中，不跟踪每一棵树，也不估算协方差，不测量大量样地，就想达到精确度目标是很难的。因此，应用临时样地虽然成本低，但是实现精确度目标需要建立更多的临时样地。这样就不能说临时样地的成本低了。

因此，固定样地方法一般应用在天然林、人工林、混农林业和其他多年生植被系统中。而临时样地方法被用在草原，农田等一年生植被系统中。

（二）样地形状

样地形状对测量准确度和测量难易程度有着重要意义，在植物研究中，尽管有用带状或圆形的，但在实际中，一般样地形状是长方形和正方形。

1. 长方形或正方形样地

建立长方形或正方形样地涉及到测量长和宽，应用对角线方法确保每一个角都是直角。天然林、人工林、混农林地、草原和农田等大多数植被类型中，估算生物量所采用的样地最普遍的形状是长方形或正方形。主要原因是：

（1）容易设计。

（2）适合于幼龄林、中龄林和成熟林以及草原和农田等非树木植被。

（3）适用于大型样地（例如，50米×50米或100米×100米），或小型样地（1米×1米或5米×5米）。

（4）容易建立描绘定期走访和长期监测的边界点。

（5）容易记录 GPS 读数，为以后年限的监测定位。

2. 圆形样地

树木和草本等植被类型都采用圆形样地。在野外，容易划出小型尺寸的圆形样地。然而，圆形样地没有被广泛应用的主要原因是：

（1）标记有大树的天然林、人工林的圆形样地较困难。

（2）验证样地边界和面积较困难的。

（3）标记定期走访的边界线较困难，并且不适宜于长期监测。

（4）不适用于混农林地，防护林和行道树。

（5）随着样圆边界周长增加，边界木也随之增加，效率并不是非常高。

3. 带状样地

带状样地一般是指长方形样地，经常用于研究稀有群落。带状不适合于研究生物量的主要原因是：

（1）在现场，尤其是有大树的地方，标记带状样地困难。

（2）项目面积有限，例如，一个抽样样地为 2000 平方米，需要多个 200 米长的条带状样地才能满足要求。

（3）对于定期监测而言，描绘出细长条状样地边界线是困难的。

三、样地数量

决定测量或监测样地的数量是估算土地利用类型或项目碳汇的重要一步。同时要兼顾精确度和成本的关系。在项目中，碳汇越大，实现同等可靠性下的精确度需要的抽样样地数就越多（IPCC 2003）。这就增加了规划和实施监测计划的成本。为了准确地评估以土地为基础项目的碳储量、木材生产量或土壤有机物质的影响程度，需要依据统计精确度的要求水平，确定抽样样本数量。样本数量取决于期望精确度、项目大小、植被参数变量、可行的监测预算和成本。抽样方法和程序复杂，许多研究者采用以植物可见异质性、土壤和其他条件为基础的标准样本数。有许多方法和公式用于确定样本容量（Usher 1991；Kangas and Maltamo 2006）。以下展示一个普遍应用的方法，这些步骤和计算对于得到样地数量是必须的。

步骤 1：确定期望精确度；

步骤 2：估算方差；

步骤 3：测算监测和估算成本；

步骤 4：确定允许误差；

步骤 5：确定可靠性（概率保证）；

步骤 6：决定层级数；

步骤 7：估算样本数量。

1. 步骤 1：确定期望精确度

具体地讲，为了估算一定置信度下的测量和监测所需的样本数量，首先估算每层级变量方差是必要的（例如，主要碳库的碳储量，造林、再造林项目中的林木或农田管理项目的土壤）（IPCC 2003）。可以通过已完成的相似项目所获得的数据来估算变量方差，也可以选择有代表性的样地进行调查和估算（例如，项目建议书中有代表性地方的森林或土壤）。

碳计量需要可靠的估计值，也就是说，估值是精确的和准确的。在相同的可靠性下，精确度越高，样本容量越大，成本越高。一般在项目开始初期，就应该确定精确度要求，通常允许的绝对误差限在总体平均值的 ±5% 到 10% 之间。然而，一般来说，可靠性下的 90% 的精确度是适当的，虽然也有应用精确度为 95% 或 80% 的。

2. 步骤 2：估算方差

每一层都需要估算碳储量方差，这一数值可以从项目活动建议的条件和环境相同的地区研究中得到。如果没有这些估算值，就要在项目地区附近对样地进行研究。这样的研究包括以下步骤：

(1) 在项目区附近找一个与项目所建议执行活动所需要条件的相似地块（例如：造林、混农林地或防护林）。

(2) 选择植被类型，选几个抽样样地进行现场研究。测量相关的乔木或非乔木参数，例如，胸径、树高、灌木重量或草本植物生物量（以下章节将进一步论述）。

(3) 根据样地调查得到的数据，计算均值和方差。

3. 步骤 3：得到监测成本的估算值

进行最初野外调查时，要记录差旅、样地设置、测量、计算和任何其他费用。应用这些数值，估算一定层内的抽样成本。如果成本数据值能从其他相似研究中得到，那么就用这些数据值。

4. 步骤 4：允许的绝对误差

估算平均碳储量的允许绝对误差。通常，允许误差值为期望平均碳储量的 10%，即精确度要求 90%。

5. 步骤 5：可靠性

选择可靠性为 95%。

6. 步骤 6：层的数量

选择项目活动层数量（参见第三节部分）

7. 步骤 7：估算样地数

应用下面公式，计算所需要的样地数：

$$n = \left(\frac{t_\alpha}{A}\right)^2 \left(\sum_{i=1}^{L} W_i s_i \sqrt{C_i}\right) \left(\sum_{i=1}^{L} W_i s_i / \sqrt{C_i}\right)$$

式中：n——样本单元数（监测所需的样地数量）；

t_α——可靠性指标，$\alpha = 0.05$ 学生统计量 t 统计值（含义为 95% 可靠性）；

N——总体单元数；

N_i——第 i 层总体单元数；

s_i——第 i 层标准差；

A——允许的绝对误差限（其等于平均值乘以相对误差限）；

C_i——第 i 层调查一个样地的成本；

i——第 i 层，$i = 1$，2，$\cdots$，L；

W_i——第 i 层面积权重。

$$W_i = N_i / N$$

抽样样地数量将按照层进行分配：

$$n_i = n \cdot p_i，\quad p_i = (W_i s_i / \sqrt{C_i}) / (\sum_{i=1}^{L} W_i s_i / \sqrt{C_i})$$

式中：n_i——在层级 i 中，分配样本的数量。

允许误差一般为样本平均生物量碳储量的 10%。如果在抽样大小范围内，有必要改变新信息，那么在项目开发阶段决定的抽样大小就能够在项目监测阶段进行修改。

抽样误差

术语抽样误差用来表示由于只测定样本单元而没有测定全部总体单元而产生的误差。实际上用样本平均数估计总体平均数必然会产生误差。抽样误差（应用随机抽样设计和无偏估计）是随机的，增加样本数量，能够降低抽样误差。抽样误差、总体方差和样本容量之间的关系是众所周知的。增加样本单元数量导致精确度增高，为了得到所期望的精确度，变异大的总体（具有不同植被的森林）要求样本数量更大。

四、样地面积、数量

碳计量要求事先确定抽样样地的面积和数量。样地面积直接影响到碳计量或监测成本。样地面积越大，两个样地间变异系数越低。然而，样地面积取决于样地间变化程度与测量成本。依据 Freese（1962），样地面积与变异系数（CV）之间的关系可用下列方程表示：

$$CV_2^2 = CV_1^2 \sqrt{(P_1 / P_2)}$$

式中：CV_1——样地面积为 P_1 时的变异系数；

CV_2——样地面积为 P_2 时的变异系数。

增加样地面积，减少样地间变化，降低样地数量。通常是以专家对树木大小、项目面积大小和林分密度变化的判断为基础，确定样地的数量。以下一些数据给出了不同树木大小和植被类别数据。不同的植被（自然植被）要求有大的样地，同质的植被（同年龄与密度都相同的林地）要求有小的样地。表 10-2 为树木（Pearson et al. 2005b）大小不同的样地面积。

由于样本单元和一个项目占地面积不同，且存在测量技术或设备、模型或生物量方程以及其他误差，抽样误差影响精确度。抽样误差、总体方差以及样本容量的关系如下（IPCC 2003）：

（1）增加样本容量，提高精确度。

（2）内部变异大的总体（总体方差大）要求抽取较多的样本单元数，以达到给定水平的精确度。

（3）估算地类面积比例（成数）时，抽样误差不仅取决于样本容量，还决定于该地类成数。

表 10-2　建议的样地大小

树干直径 （胸径，厘米）	圆形样地 （半径，米）	正方形样地 （米×米）
<5	1	2×2
5~20	4	7×7
21~50	14	25×25
>50	20	35×35

第八节　现场工作准备与信息记录

估算和监测土地利用系统生物量涉及到以土地为基础的树木胸径、树高和非树木生物量等参数的测量。事先做好规划，有效利用工作人员的时间是十分重要的，并且在进行现场研究前，有必要得到全部背景信息。现场研究需要：

（1）培训工作人员；

（2）背景信息；

（3）测量设备与材料；

（4）安排收集植物样本；

（5）记录数据表格。

1. 培训工作人员

现场研究至少需要一名受过培训的工作人员，以及 1 名或 2 名现场助理员。培训工作人员进行测量和按照提供的表格记录数据。现场助理员帮助设置样地，携带测量设备(皮尺，标杆或标尺)，划清边界线，安放角装。最好是无论谁记录现场数据，都能够把数据录入到计算机中。

2. 背景信息

在进行现场工作前，得到所有相关背景信息是重要的，有助于设置样地或进行测量。可以从项目办公室、土地测量或森林部门、当地政府和当地社区得到这样的背景信息。收集所有可用的地图，并且准备显示项目面积和边界线、基线情景方案土地利用系统和特点以及项目情景方案活动的地图。要求的项目背景信息类型包括：

(1)显示纬度和经度的定位地图、地形数据表格、森林地图和土壤地图。

(2)土地利用系统、位置和面积的名称。

(3)高程、地形、土壤类型和降水量。

(4)与居住区、道路、城市中心、市场的相邻情况。

(5)土地所有权或拥有权(所有权)。

(6)畜牧数量和放牧地理位置。

(7)土地利用变化和特性。

(8)造林、再造林、水土保持的数据；例如，规划、实施或建议活动。

(9)薪炭材和木材资源。

(10)社会经济与人口特性。

3. 测量设备与材料

框图给出了现场研究估算地上生物量需要的材料和设备。通常，需要的大多数材料在本地购买。应用的材料要经久耐用，标尺和测量仪器应经过验证。

4. 收集植物样本

用布袋和塑胶袋收集植物样本以得到植物的鲜重以及干重。在野外需要有一个天平用来称样本鲜重。把已知鲜重的植物样本放到烘箱中烘至恒重后称其干重。

5. 数据记录格式

乔木、灌木和草本等数据记录的格式各有不同，但都需要规范化，以便及时记录和录入到计算机数据库中。第10.11部分提供了样本格式。

1. 长测量尺(5、30、50 米)	7. 测量树高测斜仪
2. 胸径尺(1 或 1.5 米)	8. 测量小树干的游标卡尺
3. 标记边界和角点的绳子与标桩	9. 称量灌木、木质枯落物和草本植物层生物量的天平
4. 标记胸高位置用的涂料和刷子	10. 收集采伐样本或估算枯枝层干重生物量的布包
5. 标记树木的铅标签	11. 草本层生物量采样用的金属框架(1 米×1 米)
6. 全球定位系统(GPS)	12. 数据记录表格与铅笔

第九节　抽样设计

抽样设计的目的是确定每一选定层抽样样地的位置。在土地利用类型，项目建议活动区、甚至在项目执行活动的地区内，土壤、地形、水和植被状态随着空间的变化而变化。在项目区内、甚至在给定的项目活动区内，乔木、生物量贮存量和生长率都是不同的，并且抽样位置决定了生物量贮存量或生长量的估算值。为了得出较高生物量贮存量数值，项目工作人员可能会倾向于把抽样样地安排在树木健壮、草植物丰盛的地方。抽样技术确保设置现场样地时，不发生样地设置偏及现象。采用抽样设计就是为了在土地利用系统基线情景和项目情景中，避免抽样样地设置的不公平。为研究植被设置样地，以下是不同的抽样设计：

1. 有意抽样

有选择性的、主观的或有目的性的抽样设计在一些选择地区或作为项目中的某一部分，常用于植被研究以估算生物量碳储量或木材产量。虽然选择性地确定样地位置和设计样地所需要的时间和努力是最小的(Kangas and Maltamo 2006)，生物量估算值可能是不可靠的，得出的地面数值难以反映整个区域的情况。误差可能很高。例如，采用有目的性抽样估计项目地上生物量时，把样地设在离项目活动较近的地方，而用于评估放牧和采伐薪材时，把样地设在远离村庄的地方。

2. 简单随机抽样

为了应用简单随机抽样技术，把项目区域划分成许多面积相等的网格（总体单元）。在这项技术中，随机设置抽样样地避免了确定样地位置的偏见(图10-4)。随机抽样确保调查区域内每一点或网格都有成为样地的同等机会。也就是说，一个样地的位置对其他样地的位置设置没有影响。随机抽样能够公正地估算变量值以及样本平均值。然而，在定期监测期间，随机抽样设计对现场工作人员确定样地位置是非常不方便的(Myers and Shelton 1980)。由于简单随机抽样方法是以总体同质性为前提的，所以这种方法不适用于总体异质性大的项目区。然而，当项目区内没有以前可用的信息时，可以应用这种方法。项目活动都在项目区内，并且认为是一个总体，那么就不要考虑土壤、地貌和其他属性的异质性问题。

3. 分层随机抽样

第三节部分详细介绍了分层的特性与优点。分层有利于提高抽样效率和减少标准差。每一层都能被认为是一个亚总体。在这一项技术中，项目或活动地区是以土壤、地形、退化程度、植被状态、树木密度和大小等主要特点为基础进行的分层。每一层面积又被分成面积相等的许多网格，并且标出网格号。每一层的网格标号，都有可能被随机选中，确定为抽样样地。应用简单随机抽样方法，分层随机抽样步骤如下：

(1)分层随机抽样，通过提高层内的同质性来提高抽样效率。

(2)在每一层内，分别实施抽样程序方法，然后汇集得到整个项目活动或土地利用类型的信息。

(3)分层抽样，通过分层扩大层间方差或变异，缩小层内方差，从而提高抽样精度。

4. 系统抽样

在系统抽样(等距抽样)中，对于已确定的项目活动，以项目占地面积为基础，按照固定间隔设置样地。就像系统抽样表达的含义一样，抽样样地不是随机地布设在监测区域内，而是以系统模式进行设置(图10-4)。系统抽样设置的一个重要特点是随机选择的第一个样地的位置决定了以后所有样地的位置。依据 Myers 与 Shelton(1980)，这种方法的主要优点是简单，即使没有地图，也可采用实施。整齐间距和系统设置为交通和现场工作提供了方便。

系统抽样的缺点是：①存在样本单元的整齐间距可能与植被的一些周期性波动相同的风险；②取决于第1个样本单元的位置；③系统抽样的抽样误差难以合理的计算。

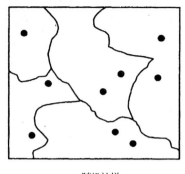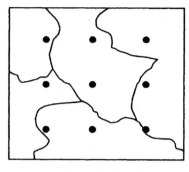

a. 随机抽样   b. 系统抽样

图 10-4 简单随机抽样(左)和系统抽样(右)布局

第十节 样地的位置与设计

这一部分主要介绍在不同土地利用系统现场中，设置抽样样地的方法。以下是设置固定样地的方法：

(1)固定样地位置必须代表土地利用系统。

(2)在土地利用系统中，除非为了估算泄漏值(碳)，否则样地必须以无偏的方式进行抽取和设置(第6章)。

(3)调查者要能进入样地进行测量和监测。

因为土壤、地形、植被等有变化，所以应以无偏的方式选定碳库区内的样地。

在项目开发和监测阶段，需要固定和设计抽样样地。主要方法包括：①确定每一层或项目活动的样地数；②抽样技术方法的选择；③在每一层内，把进行碳计量地区的面积转变为网格，确定抽样样地的位置。没有任何偏差地布设抽样样地的步骤是：

步骤1：选择和按项目区或每种活动分层。

步骤2：得到一份包含整个项目面积的地图，并把它转化为适宜一种项目活动或基线情景方案土地利用系统的网格面积。网格一般是 10 米 × 10 米到 100 米 × 100 米。理想的是制定的网格面积大于样地面积。进一步说，网格的数量通常是抽取样地数量的几倍。

步骤3：网格从 1 到 n，n 表示网格的总数量。

步骤4：应用第10.7.3部分描述的方法，在基线情景方案和项目活动层内，选择每一土地利用系统抽样样地的数量。

步骤5：选择抽样设计；简单随机抽样，分层随机抽样或系统抽样。

步骤6：应用抽样设计（以下部分阐述具体的步骤），确定碳计量地区面积内的抽样样地的位置。

（1）简单随机抽样

①应用随机数表或抽签的方法，随机抽取与网格数量相同的抽样样地数量。比如，如果选择5个树木样地，那么就随机抽5个数。

②确保随机抽到样地不在同一个组中，因为这种情况几乎很少。

③将网格中选定的样地点通过一些永久可见的地标在现场内确定下来，并且标记出每一种树木样地的边界或者应用GIS完成。

④准备和保存具有所有细节的地图，并在地图上标记抽样样地的位置。最好应用地理信息系统，做这项工作。

（2）分层随机抽样

①把土地利用系统或项目活动分为一系列同质性高的类（层）。

②选择层。

③每一层采取简单随机抽样步骤。

④重复布设样地程序、完成下一层样地布设，直到覆盖所有层为止。

（3）系统抽样

①把土地利用系统或者项目活动分层为同质性单元。

②得到一张能表示每一抽样层的地图并估算每一层（N）总的网格数量。例如，40公顷面积内具有200个网格（可以用图表示）。把样地数量和抽样样地位置标在要进行碳计量的网格地图上。

③利用下列公式计算抽样间隔"K"：

$$K = N/n$$

式中：K——网格或样地抽样间隔 $= 200/5 = 40$；

　　　N——表示一个层网格总数（200）；

　　　n——选择的抽样样地数（5）。

①抽取一个抽样随机数小于 k（在这个例子中，小于40），比如25。

②以这个随机数为基础，选出和标出第1个网格。

③第1个抽样网格数是25。

④第2个抽样网格或样地 = 抽样间隔 k（40）+ 第1抽样网格（25）= 65。

⑤第 3 个抽样网格或样地 = 抽样间隔 $k(40)$ + 第 2 个抽样网格（65）
=105。

⑥重复以上程序，标出剩余抽样样地数。

5. 现场标出样地

把样地数量和抽样样地位置都标在计量碳的网格地图上。为了长期定期监测植被，要把这些网格数固定在现场的位置上。实现这一目的，需要考虑以下步骤：

步骤 1：应用碳计量项目面积地图，沿着地理坐标（横坐标与纵坐标）把抽样样地标在网格地图上。

步骤 2：用 GPS 将网格上的样地点固定在地面上，或在现场应用任何可看见的地标。

步骤 3：用标桩或其它任何适用于长期定期监测的永久性标记，把抽样正方形四个角标在地面上。为了避免任何对固定样地进行的特殊对待，可以把正方形的四个角隐藏起来。

步骤 4：应用 GPS 固定正方形的四个角，有利于长期定期访问样地以避免对样地植被产生不良的影响。在测量期间，用线绳或有颜色粉笔标出样地边界线。

6. 标出乔木、灌木和草本植物样方

乔木的样地通常比灌木样方大几倍，灌木样方又比草本植被样方大几倍。

（1）现场测量和标出乔木样地角落和边界。

（2）标出每一个乔木样地内的灌木样方，通常是相对两点，确保每个乔木样地有两个灌木样方。

（3）灌木样方内两个相对点，标出草本植物样方。确保每个灌木样方有两个草本植物样方。沿着下列标线，确定和布设乔木、灌木和草本植物样方（图 10-5）。

表 10-3 列举了不同土地利用系统乔木、灌木和草本植物抽样样地的面积和数量，经常采用表 10-3 中的抽样面积。

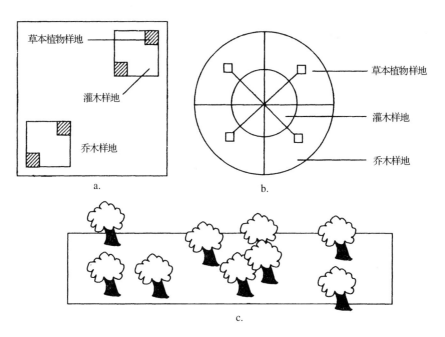

图10-5　抽样样地形状或类型　a. 长方形　b. 圆环形　c. 条块形

表10-3　基线和项目情景下，不同土地利用系统或项目活动
中的样地面积和数量

土地利用系统	乔木		灌木		草本植物/草		土壤	
	样地面积（米×米）	样地数量	样方面积（米×米）	样方数量	样方面积（米×米）	样方数量	样地面积（米×米）	样地数量
天然林或异质性植被	50×40	5	5×5	10	1×1	20	1×1	20
	50×50	4	5×5	10	1×1	20	1×1	20
同质性植被的人工林或树种分布与密度均匀的林型	50×20 或 40×25	5	5×5	8	1×1	16	1×1	16
几乎没有树的稀树草原、草原或牧场	50×40	5	5×5	10	1×1	20	1×1	20
退化森林、贫瘠或休耕土地	50×40	5	5×5	10	1×1	20	1×1	20

第十一节　指标参数的现场测量

估算生物量碳储量或生物量生长率需要测量乔木高度和胸径等指标参数。通过样地设计，现场测量这些参数。在以下阶段，现场测量估算生物量碳：

（1）项目开发阶段：基线情景土地利用系统和建议项目情景活动。

（2）项目监测阶段：基线情景土地利用系统和实施项目情景活动。

在任何重要的以土地为基础的乔木、灌木和草本植物项目中，都需要估算地上生物量。应用以下步骤测量这些植物生物量：

步骤1：决定样本大小；固定和标记乔木、灌木和草本植物的抽样样地（第七节与第十节部分）。

步骤2：选择乔木、灌木、草本植物生物量（第10.6）参数并购买现场研究所需要的所有材料。

步骤3：测量乔木的树种、高度、胸径和状态或特性等参数。

步骤4：测量灌木的高度、胸径和木质与非木质生物量重量。

步骤5：测量草本植物的参数，即种名、植物数量、抽样样地植物重量。

步骤6：记录乔木、灌木、草本植物标准格式的所有参数。

步骤1和步骤2在前面部分已经描述过。第10.11.1~10.11.5部分阐述了步骤3~6。这些步骤多数都集中在测量作为植物生物量指标的不同参数上。

一、地上乔木生物量

乔木是多年生木本植物。乔木一般都有单一的、细长的主杆，下半部分树枝较少甚至没有。胸径大于30厘米的乔木为大的或成熟乔木。胸径在10~30厘米的乔木一般被称为中型的或在生长期胸径小于10厘米的乔木一般被称为更新树苗。如果植物高度高于1.5米，胸径大于5厘米（胸围15厘米），就算做乔木，在样方中应该进行测量。在乔木样方内，高度和胸径等级随着项目类型和林分年龄变化的。在古树、具有大树的成熟林内，乔木被定义在胸径大于30厘米。在样地中，乔木固定样地，测量所有乔木的胸径、高度和其他参数。应用在这一章中描述的程序进行操作。

（1）测量参数

测量参数包括植物种类、树干数量、胸径、树高更新状态、生长状态（活的、枯立木、倒木），树冠损害程度。

（2）测量乔木频率

速生丰产树种每 1 年测量 1 次；生长较慢的天然更新乔木，每 5 年测量 1 次（详见第 4 章）。

1. 胸径（DBH）测量

胸径容易测量并且容易验证。用一个测径尺和一个标记，就可以测量胸径，测量胸径的程序是：

（1）在树干上标记出离地面距离 1.3 米的点。

（2）在 1.3 米标记处，用测径尺围绕树干。

（3）测量和记录胸径或周长（单位：厘米）。

①如果乔木有多个枝梢，计算和测量所有枝梢胸径/周长；

②如果乔木是很大的，周长一般采用测量尺进行测量；

③如果是细小的幼树，采用游标卡尺进行测量；

④如果乔木在边界上，当围长的 50% 以上在样地内时，也要测量它的胸径/围长。

一棵树可能会有许多枝梢和/或弯曲的树干，可能按一个方向生长，也可能长在斜坡上。图 10-6 展示了测量生长不规则乔木和不同土地条件下乔木的技术。

2. 高度测量

乔木高度通常是指乔木的总高度，也就是被定义为以地水准面到最高点的垂直距离。高度也通常被指为商品材高，因为许多异速生长方程都能推导出这一高度（Commonwealth of Australia 2001）。不像胸径，对高大的乔木来说，尤其是高密度森林、种植密度大的人工林、树冠交叉的乔木，测量高度是十分困难的。

（1）应用仪器测量

应用不同仪器、甚至一个测量尺，就能够测量乔木高度。然而，测量树冠交叠和密集森林或人工林的乔木高度即便应用仪器也是一个很大的挑战。超过 5 米高的乔木，用一个有刻度的高杆，比着树测量。倾斜计是用来测量树高的仪器之一，但是它由于视觉限制，不适宜于测量高密度森林中乔木的高度。把倾斜仪放在离树木 10 米远距离的样地上，能够看见乔木。若有必

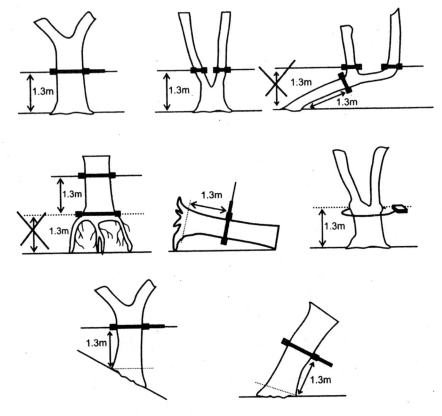

图 10-6 测量不同形状和形式乔木的胸径和周长

要，再向后移动 10 米。如果样地在陡坡上，要保证能通过陡坡看见乔木，保持要求距离。通过倾斜仪观察树木时，将中线对准树的基部（坡度上面的地水准面），并且记录百分仪上的读数（基础角度%）。下一步，把倾斜仪对准乔木顶端并记录下百分仪上的读数。应用下列公式计算树高：

$$树高（米）= \frac{\left[\,最顶端顶角（\%）- 底端底角（\%）\,\right] \times 水平距离}{100}$$

（2）高度等级

树木能够被分成多个不同高度等级（例如 0 ~ 5、6 ~ 10、11 ~ 15、16 ~ 20 米）。这些等级被用来作为参考，从而估算样地树木高度。现场观察树木，然后把它们按高度分成等级。具有少量实践经验的现场调查员就能够通过观察估算树木高度等级，并把它划归到相对应的等级内。

（3）树高方程

对某一树种来说，树木的高度与它的胸径有直接的关系。通过测量 30 棵以上不同高度的同种树木的胸径和高度，就能够建立起一元回归方程。应用估算高度方程，就能够根据树木的胸径数据，估算出树木的高度。以下列出了估算高度与胸径的方程：

$$\text{Height}(H) = a + bD$$

式中：D——胸径；

　　　a——常数；

　　　b——回归系数。

例如：Chaturvedi（2007）在印度高止山脉西部测量了不同龄级的 4000 多株柚木（*Tectona grandis*），把高度作为因变量，把胸径和年龄作为自变量，估算了胸径和树高的关系。

$\text{Height} = 35.02 \times (\text{DBH})^{0.66}$　　　$R^2 = 0.73$，$N = 4002$

$\text{Height} = 2.933 + 34.093 \times \text{DBH} + 0.05 \times \text{Age}$

　　　$R^2 = 0.71$，$N = 4002$

在项目开发以及项目监测阶段，要求所有树种都要有高度数值。在这两个阶段，采取测量树高的方法是：

（1）项目开发阶段

在项目开发期间，由于仅有一些树木需要测量，应用测量卷尺或倾斜仪能够测量基线情景的树木高度。同样地，对于高密度森林，就要采用树高等级方法估算测量天然林或人工林树木高度。

（2）项目监测阶段

在项目监测阶段，有许多方法测量树木高度：

①在树苗或幼龄生长阶段，也就是说抽样样地的树木高度低于 5 米时，这些树木可以用一个有刻度的标杆或测量尺测量树高。

②当所有树木都长高了，即可以通过测量不同高度的树木建立起高度与胸径相关的方程，并且也可应用仪器测量其胸径和高度。

（3）更新状态

了解一棵树是再生的、种子繁殖的、幼苗繁育的还是自然生长的是十分重要的。培训的现场工作人员能够清楚地区分以上植被生长的情况，区分的结果能够分别估算出相对应的碳储量。每一树种的数据表格都应该记录这一信息。

（4）树木状态

应记录以下有关树木健康状况的信息，对估算活的和死的生物量是有用的。

①如果树冠受损，记录损失的百分率。

②树木是枯立木、还是倒木。

（5）树木标签

在林业项目中，经过几年甚至十几年后，多年生树木应该是定期被测量的。因此，在树上画记号或贴标签就很容易找到它们，并确定它们的物种和数量。把铝制或其他金属标签固定在树上，可以达到标记的目的。

记录数据的格式如下：

位置：GPS 读数	土地利用系统：层级		乔木样地号：样地大小		调查人：日期
1 植物种名	树号	枝杆胸径（厘米） 1 2 3 4 5	人工更新或天然更新	高度（米）	树冠状态[a]

a. 表示树冠现存的或损害的百分数。

二、灌木

灌木一般是指高度低于 5 米，从地面生长出几个枝杆，而没有一个主干的木本植物。灌木样地包括灌木树种以及在乔木样地内低于定义乔木胸径的幼龄树木。灌木样地一般固定在乔木样地内（图 10-5）。

1. 测量参数

测量参数包括树种、茎杆数、胸径、高度、样地灌木生物量的重量。

2. 测量灌木植被的频率

测量灌木植被次数是依据植被类型而变化的，一般情况下，采用与测量乔木样地次数相同的次数进行测量。

3. 灌木样地划线和界限

第 10.10 部分描述了布设灌木样地的方法，可以采用这种方法，划定灌木样地的界限。灌木样地通常固定在乔木样地的两个对角线位置上。如果一株灌木在样地边界上，只要灌木树冠的 50% 以上在样地范围内，就应该把它作为样地的一部分。

（1）测量样地中灌木与幼龄树的程序

采用以下步骤测量灌木样地参数：

步骤1：确定每个乔木样地内灌木样地的位置并编号。

步骤2：以灌木样地的一个角落开始，记录指标参数，并且粉笔或涂料标上测量植物。

步骤3：记录树种和每一树种下的灌木植物数量。

步骤4：应用已描述的乔木内容，测量树高。

步骤5：测量灌木样地内，高度大于1.5米所有乔木的胸径；如果有多个枝梢，记录所有枝梢的胸径。

步骤6：按照以前提供的表格，记录每株灌木的名字、高度、胸径和其他特性。

4. 测量非树木植物程序

非树木植物包括一年生或多年生草本植物以及非常小的幼树(低于1.5米)。估算灌木样地中非树木生物与估算一年生与多年生灌木植物方法相同。采伐程序中应该排除树木苗。

(1)一年生灌木生物量

把灌木样地内的所有灌木全部砍下，估算其生物量。一次砍下一种灌木，记录所有植物重量。取一个已知重量(0.5~1千克)的植物标本烘干至恒重，然后估算其干重生物量。

(2)多年生灌木生物量

采伐样地中多年生灌木植物也是一种一种地分开，然后估算其重量和干重，进而估算多年生灌木生物量。然而，如果灌木树种生产出任何有经济价值的产品，这些灌木树种不需要采伐，或者只采伐几个有代表性的，然后称量平均重量。应用抽样灌木平均值推算出整个样地生物量。

(3)定期监测灌木与乔木生物量

通过采伐，应用固定样地能够定期监测灌木生物量。然而，对于采伐，每一次采伐的样地要与已采伐样地相邻，从而使测量结果有可比性，并且可以避免过去的影响。记录数据格式如下：

位置：GPS读数　土地利用系统：层级	乔木样地号；灌木样地号；样地大小	调查人：日期
树种号 1　　　直径(厘米) 　　　　DBH1 DBH2 DBH3　高度(米)		生物量(鲜重) (千克)

三、草本植物

草本植物是在季末通常死掉的非木质植物。草本植物生物量包括所有一年生植物，更新幼树和草本生物量。草本植物层通常很小（1 米 × 1 米），但是很多。草本植物层生物量是每年碳循环的一部分，并且在生长高峰期采伐下来进行估算。第十一节第四部分详细介绍了估算草原生物量的方法。

1. 参数

植物种名、植物数量、生长着的草本植物生物重量都是要被记录的参数。

2. 估算次数

在草本植物生长高峰期，每年记录一次草本生物量。

3. 划定草本植物样地和边界

草本植物样地通常是 1 米 × 1 米，标在每一个灌木样地的一条对角线的两端（图 10-5）。

4. 草本植物测量

测量草本植物要记录植物种名，采伐所有草本植物、确定其重量。

采取以下步骤：

步骤 1：记录每一种草本植物样地的物种名和数量，并且要根据观察判断，样地内每一草本植物物种所覆盖面积的百分率，同时进行记录。

步骤 2：选择生物量生长高峰期月份进行采伐。或者，采用第十一节第四部分介绍的草本植物方法。按照植物物种，砍下每一样地的草本植物。

步骤 3：按照植物物种，称量每一种草本植物重量。

步骤 4：通过取出少量草本植物重量样本，在烘箱内烘干至恒重，估算草本植物干重。

如果有任何限制采伐某种草本植物的禁令，就要避免采伐这些植物。同时，也要避免采伐有价值树种的幼树或幼苗。

四、草生产量

草原是以草为主的植物组成的，仅有少量树木，甚至没有树木或其他多年生植物。地上草生产量是每年碳循环的一部分，其估算值可能与碳计量项目或温室气体清单规划没有什么重要的关系。然而，估算草生产量对草原开发项目是十分重要的。估算草生产量的方法与估算一年生草本植物方法基本相同。一般采取以下步骤：

步骤1：选择草原种类，草原更新项目活动和层级化的土地面积。

步骤2：采用标准抽样程序，确定样地面积和数量，应用草本植物样地方法现场固定样地位置。

步骤3：用选择乔木样方或灌木样方的相同方法，选择4~5个草本样方。

步骤4：把每个灌木样方或乔木样方分成1米×1米的12块样地，12块小样地代表每年的12个月，并标记和围栏样地。

步骤5：采伐样方1中第1分块地上生物量，确定采伐草的重量和干重。

步骤6：重复同一个月所有样方第1分块采伐程序，估算草生物量的重量和干重（克/平方米），按照干重推算出每公顷草生物量。

步骤7：下一个月，重复采伐和估算4~5个样方中每一个样本的第2个分块生物量，估算重量和干重，估算每月产草量即干重（克/公顷）。

步骤8：按月重复程序，并且把其余的月份全部完成。应用每月草生物量（克/公顷），计算所有草生长月份平均生物量，选择草生长量最大的月份、评估草原草生长率。当生物量不再增加时，就要进行采伐。

五、棕榈植物和木质藤本

1. 棕榈

棕榈是一种树型很大的植物，树干单一，通直、高；树冠是由像扇子一样的叶子组成。由于棕榈植物的生物量与高度的关系比与胸径的更紧密，并且生物量方程仅以高度为变量，所以估算棕榈生物量时，只测量其高度即可。如果样地中有棕榈，采用以下步骤（Pearson et al. 2006）：

（1）从基点测量棕榈高度，直到看不见树干的最高点为止。

（2）如果样地不得不再被测量，适当标记它。

（3）记录样地号，棕榈树号和高度。

（4）如果可能，采伐不同高度20~30棵棕榈，得到棕榈平均重量值或按重量分类。

（5）如果需要，可应用生物量估算方程测算棕榈生物量。

2. 藤本植物

藤本植物是具有长茎多年生的木质攀缓植物，茎枝生长在树木周围，直接到树冠。藤本植物由于长、缠绕、经常伸出边界，测量它是十分困难的

（Pearson et al. 2005b）。如果藤本植物成为样地生物量重要的组成部分，那么就要测量藤本植物。如果不把藤本植物砍伐下来，那么估算藤本植物生物量是困难的，至今还没有估算藤本植物生物量的方程。

第十二节　记录和编辑数据

已经开发出了记录样本乔木、灌木和草本植物物种的数据表格。这些表格大多数都用在现场。在现场中，记录这些数据需要验证并输入到数据库中进行分析。为了保证现场数据记录准确性和得到可靠的生物量估算值，需要注意以下事项：

（1）应用适当格式记录乔木、灌木和草本植物。

（2）记录位置的名称、日期、样本号、植物类型和现场调查人的名字。

（3）记录并验证样地 GPS 读数。

（4）记录并验证高度、胸径和重量等单位。

（5）在离开现场之前，确保表格内填满所有相关数据记录。

（6）在离开现场后，尽快验证数据记录格式，核准或将传统测量单位转换成标准的[国际单位制（SI）]。

（7）整理转变定量信息为记录编码，例如，存在或不存在（0 或 1），土地利用系统[①农业，②草原，③居住区，④林业]。

（8）开发用户友好型数据录入系统软件，可以用于计算机分析和数据归档。

（9）验证所有输入的数据并把它们保存在数据库中。

第 17 章介绍了估算地表生物量的分析数据程序；第 18 章介绍了估算不确定性的方法。

第十三节　长期监测地上生物量

长期观察和监测几乎是每一个重要生态概念和每一个环境问题的研究核心。生态学研究广泛应用长期监测方法，认识生态系统变化，植被演替、碳动态、生物多样性变化和其他生态过程（Franklin 1989）。由于碳获得和损失现象是长期发生的，一般跨度为几十年或甚至几个世纪，所以长期监测对碳计量是十分重要的。地上生物量积累了几十年和几个世纪，虽然有时在某一时间段达到高峰,但是高峰期也是随着森林类型和人工林树种不同而变化的。然而,由于火灾、土地利用变化和采伐等干扰,短时期内,不同土地利用系统的碳库可能会发生泄漏。以下项目情景要求长期监测地上生物量并对其进行碳计量:

(1)天然林或人工林土地转变为退化土地、农田或牧场。

(2)退化土地造林再造林,以存贮碳。

(3)避免毁林、保护森林碳汇。

(4)木材生产与生物质能源造林项目或规划。

(5)混农林业和防护林带项目或规划。

(6)土地改良项目。

在项目规划与项目开发阶段,应该制定长期监测规划并与项目进行结合,在项目实施后期进行应用。这一部分主要介绍长期监测地上生物量变化量的方法和步骤。

1. 长期监测地上生物量的方法

第9章介绍的许多方法能够在长期监测中应用。两个有用的方法是固定样地方法和遥感技术。由于遥感技术在木材生产规划、国家温室气体清单等以土地为基础的项目实际应用中还在不断更新,所以固定样地方法是长期监测项目最有用的方法之一。第9章介绍了固定样地方法的优点,也就是成本效率高,适用于不同大小的项目、人员投入少、培训要求低。这一章的第十章第一节到第十三节部分介绍的样地方法适用于长期监测。在规划和长期监测研究实践中,还要考虑以下一些特性:

(1)抽样:包括样地大小、数量、形状的选择以及位置的设计等抽样方法与第十章第六节到第十节部分介绍的相同。对于长期监测而言,设置样方面积大的样地(比如,50米×50米)有利于多次调查和测量。

(2)样地位置和布设:应用已选抽样样地设计,能够确定样地位置(第九节与第十节部分)。对于长期监测而言,现场标出样地位置十分重要,同时应用地理信息系统读数把样地位置标注在地图上。另外,为了便于识别,可以参考永久性地标。

(3)记录和归档数据,记录开发现场数据以及存入数据库的数据格式是十分重要的。

(4)工作人员与培训:职员包括现场职员、实验室研究人员以及记录和分析数据人员,这些人员都需要培训。长期地讲,项目职员的流动性都比较大。因此，制定野外和实验室的详细指南或数据录入和分析的指令就显得十分重要。

第十四节　结论

对于所有土地利用的国家温室气体清单、碳减缓项目（尤其以树木为基础的项目）、以及木材生产项目而言，地上生物量是一个最重要的碳库。估算地表生物量多种方法中，由于样地方法具有简单、可靠、广泛应用和成本效率高等特点，所以比较详细地介绍了样地方法。程序中重要的组成部分是抽样和现场测量。应用样地方法收集到的数据将能够估算地表生物贮存量、生长率和贮存量变化量。应用样地方法，能够估算出天然林、人工林、草原、农田的地上生物量。第17章列举了分析和估算地上生物量碳储量的程序。本章中介绍的碳减缓与木材生产项目的所有方法和步骤都能应用到森林调查、土地利用类型温室气体清单、碳计量中。固定样地方法能够在任何已选定的时间段内测量和估算长期和定期的碳汇量。

第十一章　地下生物量估算方法

地下生物量被定义为所有活着的根的全部生物量，由于根据经验很难区别土壤有机物和2毫米以下的根，所以一般都把2毫米以下的细根排除在外。对于许多植物类型和土地利用系统而言，地下生物量是重要的碳库之一，一般约占全部生物量的20%（Santantionio et al.）~26%（Cairns et al. 1997）。地下生物量累积量与地上生物量的动态变化有直接关系。在地面下30厘米土壤内，生物量所占比例最大（Bohm 1979；Jackson et al. 1996）。退化土地的更新导致地下生物量持续增加，然而对土壤的任何干扰都会产生地下生物量的损失。

由于地下生物量一般占整个生物量的20%~26%，所以对于许多碳减缓以及其他以土地为基础的项目而言，估算其碳库是十分重要的。对于森林土地，农田和草原等不同土地利用类型，国家层面温室气体清单而言，估算地下生物量贮存量的变化量是十分必要的。这一章主要介绍估算和监测地下生物量的方法。

第一节　地下生物量

测量和监测地上生物量方法建立起来相对比较容易，可长期应用，并且成本效率高。然而，测量和监测地下生物量的方法在现场很难建立，并且应用频率也低。进一步说，不同土地利用系统估算地下生物量的方法也没有标准化（IPCC 2006）。活的根与死的根通常没有区别，然而一般报告的根生长量是指活的和死的根的总和。下面列举了估算与监测地下生物量的方法：

（1）挖掘根；

（2）整体挖出深根；

（3）土壤芯或非树木植物的土壤坑；

（4）根冠比；

（5）异速生长方程。

根据立地条件、植被类型和准确性要求，选择估算和监测地下生物量的方法。但是在大多数碳计量项目中，被广泛应用的是根冠比和异速生长方程，本章重点介绍这两种方法。以下情况要求估算和预测地下生物量碳汇的数据：

（1）基线情景土地利用系统；

（2）项目情景土地利用系统。

在项目开发阶段和监测阶段需要估算这些数据。

1. 项目开发阶段

在项目开发阶段，估算和预测地下生物量大多数是以树木生物量的根冠比缺省值或异速生长方程为基础。缺省值也被用在非树木植被中。

2. 项目监测阶段

在项目监测阶段，由于估算和预测地下生物量工作量大且成本高，所以，一般应用根冠比缺省值或异速生长方程，估算地下生物量。然而，如果在某个位置或物种中，找不到可行的根冠比缺省值或异速生长方程，那么，就不得不采用破坏性方法或其他物理方法，测量地下生物量（第二节与第三节章）。

第二节 挖掘根

如果乔木地下生物量被认为是项目中一个重要的碳库，那么必须测量其生物量。如果在项目区内仅有几个树种或单一树种，那么测量地下生物量是有可能的。由于测量方法相对复杂，需要投入大量的人力并要砍伐树木，这种方法只有在没有可行的根生物量估算方程时才能采用。这种方法大多数应用在以乔木为基础的项目中，包括选择样地、挖掘所有树根，测量其重量，估算干重。采用以下步骤：

步骤1：选择和层级化土地利用类型或项目活动（第10章）。

步骤2：选择与固定每一层内样地。

（1）利用乔木样方，测量灌木的样地（第10章）。

（2）正常情况下，在每一层样地上，选择8 ~10个灌木样地。

（3）如果目的是为了估算乔木的根生物量，就要选择样地中所有乔木，编号砍伐。

（4）如果目的是以地面为基础估算根生物量，就要挖掘出样地内所有植物的根。

步骤 3：配备所需工具。

(1)测量胸径和树高的尺子；

(2)称量灌木生物量的秤；

(3)标记样地的绳子和标签；

(4)固定抽样样地边界的地理信息系统。

步骤 4：测量乔木、灌木和草本植物。

(1)采用第 10 章介绍的方法；

(2)记录乔木的胸径、高度、树种和其他参数；

(3)采伐和测量灌木与草本植物生物量。

步骤 5：砍伐所有树木并标记编码。

步骤 6：称量砍伐后树木重量。

按编码称量树木重量、胸径和高度。

步骤 7：分别挖掘树木根和其他非树木根。

(1)挖掘围绕树木根茎周围表面的土壤。

①如果目的是估算单株树树木根生物量；在那种情况下，标出树木周围的区域并开始挖掘，直到该树的根全部被挖出(样地边界不受限制)。

②如果目的是估算样地内根生物量，超出样地边界的根要除外，尽管实际测量有困难。

(2)由于根生物量一般集中在离地面高 30 ~50 厘米土层间，最小 30 厘米深是必须的。要整体挖出超过 30 厘米深度的根(第三节部分)。

(3)分开树木根与非树木根生物量，虽然在乔木、灌木和草本植物混合的土壤中可能难以做到。

(4)根冲洗后，要用筛子筛出(筛子眼大小为 2.5 ~5 毫米)。

(5)如果可行，记录树木编码、胸径和重量后，分别用布包存放每一棵树的树根。

步骤 8：测量根重量

(1)估算一个地点根生物量，理想的是分别估算每棵树根生物量的重量，然后累加起来。

(2)在每个灌木样地，分别记量所有非树木生物量。

(3)把每一个优势树种和非树木生物作为根生物量(大约 0.5 千克/棵)样本，以便得到干重。

(4)分别称出样本内每种树种的重量。

步骤9：用烘箱烘至恒重，估算根生物量的干重。

分别估算每一优势树种和非树木生物量的干重。

步骤10：推算每公顷和每层级根生物量干重。

(1)第一，在样地层面上，根据单株树和树种，估算根生物量。

(2)第二，推算整块样地根生物量。

(3)第三，推算每公顷根生物量。

(4)第四，推算同一层抽样样地根生物量。

这种方法的主要缺点是劳动力投入量大，成本高，砍伐树木、干扰土壤，导致样地土壤碳损失。然而，如果采用测量方法，应用已收集到的信息建立回归方程。需要建立以下方程：

(1)以胸径与树木高度为基础，建立地上生物量方程。

(2)应用胸径与树木高度，建立地下生物量方程。

(3)应用地上生物量值，建立地下生物量方程。

(4)根冠比。

以下列举了估算根生物量要记录的参数(除了位置、名称、土地利用类别，项目活动，乔木样方号码，GPS 读数、记录日期和调查人员名字等信息除外)。

树种根生物量干重（千克）	树木编码	胸径（厘米）	高度（米）	茎生物量鲜重（千克）	根生物量鲜重（千克）	茎生物量干重（千克）

第三节 整体挖出深根

整体挖出深根方法一般用于估算大于 30 厘米深的根生物量，并且大多数用在草原等以土地为基础的非树木系统中。程序包括从一个样地中挖出一整块土壤，分离开根并进行称重。这种方法被用于定量估算根生物量(FAO 2004)。整体挖出深根方法的步骤(Weaver and Darland 1949)如下：

步骤1：选择和层级化土地利用类型或项目活动。

步骤2：在抽样现场，挖一个深坑(1 米 × 1 米 × 1 米)。

步骤3：使坑的测面光滑且垂直。

步骤4：带一个长的、浅的木制式或者钢结构的盒子(30 厘米宽和 8 厘米深)，盒子上面没有盖，一个测面是空的。

步骤5：把盒子放进坑里，底面放平，其他四面靠坑墙，空的一面向天空。并与地表面齐平。

步骤6：按压或用锤子敲打盒子，使其三边在坑的垂直墙面上留下三个清晰的凹槽，两个垂直的，一个水平的。

步骤7：移除盒子，拿出刀子把三个槽加深，深度至10厘米，做一个10厘米宽的土壤柱。

步骤8：围着土壤柱固定盒子，用刀子或铁锹的任意一面，把土壤柱砍下，形成一个整块土壤。

步骤9：用流动的水冲洗土壤柱，把嵌在土块里的根分离出来。

步骤10：测量根生物量重量，并估算其干重。

步骤11：估算被挖出整块土壤的体积。

步骤12：以克为单位估算被挖出土壤内根生物量的重量，并且推算出这样深度内每公顷根生物量。

这种方法的缺点是在冲洗过程中，一些根被冲洗掉了，消耗时间长，成本高，并且要挖出大块土壤时，要动用机械（Macdicken 1997）。进一步说，这种方法仅用在易于工作的土壤环境中（Majdi 1996）；大多数土地利用类型或项目活动都不适宜采用这种方法。

第四节　土壤芯或非树木植被的土壤坑

估算根冠比、建立与地上生物相关的草本植物、灌木和草的根生物量相关的根生物量方程等方法不可行时，采用土芯方法。在指定的地点应用土芯方法，估算地下生物量的步骤如下：

步骤1：选择和层级化土地利用类型或项目活动。

步骤2：选择根生物量抽样样地。

（1）按照第10章介绍的选择灌木样地的程序选择样地。

（2）在每层选择8 ~10个灌木样地并标出每一个根生物量抽样样地的中心。

步骤3：配备野外调查所需的工具和设备。

土芯取样器（直径5 ~10厘米，深度30厘米），冲洗根的金属筛子，称重量的秤。

步骤4：在选择地点上，把土壤芯试样器插入地下，并把根和土壤同时挖出。

步骤5：把土样放在金属筛子上（筛子眼在2.5～5毫米），并用流水冲洗根，将根从土壤中分离开来。

步骤6：收集所有的根并进行称重。

步骤7：用70℃烘箱烘干根样本至恒重，估算根干重。

步骤8：估算土芯试样体积内的根干重，以及样地内全部根的干重。

步骤9：应用土芯试样内收集到的根的干重，推算出每个样地或每公顷的根生物量。

第五节　根冠比

某一树种、森林类型或人工林，树木的根与茎生物量都有一定的比例关系。以地上生物量为基础，估算根生物量是有可能的。由于测量地下生物量有困难就期望用间接的方法估算地下生物量。Cairns et al.（1997）比较评估了涵盖热带、温带、寒带森林的有关地下生物量与地上生物量关系的160多项研究。结果发现地下生物量（根）与地上生物量（茎）的比率在0.18～0.30，平均值为0.26。这一比率值没有随着纬度（热带、温带、寒带）、土壤结构（细、中和粗）或树木种类（被子植物或裸子植物）的变化发生明显变化。

采用第二节部分介绍的挖掘根方法，也能估算出某一地理位置、某一树种的根冠比。主要步骤如下（更详细步骤见第二节）。

步骤1：从测量层级和样地，选择测量根生物量的树种。选择不同胸径或高度的树木，所选树木不一定全部用在抽样样地内。

步骤2：采伐一定量的树木，并挖根，伐掉30棵不同胸径的树木就够了。

步骤3：挖掘30～50厘米深的根，清洗土壤中的根，称其重量。

步骤4：测量树木胸径，高度和枝冠（地上生物量）重量（参考第二节部分）。

步骤5：测量挖出根生物量的重量和干重。

步骤6：应用胸径（高度）为基础的生物量方程，估算冠生物量的重量（详见第17章）。

步骤7：根据估算重量，估算根与冠生物量比率。

计算根冠比值投入劳动力大，成本高。热带森林（Mokany et al. 2006）根冠比是：

（1）热带湿润落叶森林：$R = 0.20(0.09 \sim 0.25)$，每公顷森林地上生物量小于125吨。

（2）热带干旱森林：$R = 0.28(0.27 \sim 0.28)$，每公顷森林地上生物量大于20吨。

第六节　异速生长方程

除了根冠比外，已经建立起了地上生物量与地下生物量关系的异速生长方程。也可以建立起某一树种、人工林或森林类型的异速生长方程。第17章详细介绍了广义林型的异速生长方程，例如，Cairns et al.（1997）建立的方程。

重要的是要注意到异速生长方程是根据对天然林的观察建立起来的，并不适应于人工林或其他植被类型。然而，在缺少具体位置、树种和森林类型特定情况下，广义的热带、温带、寒带的方程也能够被应用。例如：热带森林根生物量（Y）（干吨/公顷）能够应用下列方程计算出来（Cairns et al. 1997）：

$$Y = \mathrm{Exp}\left[-1.0587 + 0.8836 \times \mathrm{LN}(AGB) \right]$$

式中：LN——自然对数；

　　　AGB——地上生物量（干吨/公顷）。

应用异速生长方程，估算地下生物量需要采用第10章和第17章介绍的方法。估算出的地上生物量与应用第二节至第五节部分介绍的方法，估算出的地下生物量的值进行对比。这些方程能够计算出每公顷地下生物量干重。第11.5部分介绍的根冠比的方法也可被用于建立异速生长方程。

如果区域和树种根冠比可行，就能够被应用到碳计量中；如果不可行，Cairns et al.（1997）建立的普通方程也可以应用。

第七节　地下生物量的长期监测

地下生物量一般累积达到数十年或者百年。地下生物量贮存量与地上生物量贮存量有着直接关系。应用第10章介绍的方法，可以长期监测所有项目地上生物量贮存量的变化量。在多数情况下，定期采伐地上生物和挖掘地下生物估算地下生物量的方法是不可行的。实际的方法是监测和估算地上生物量贮存量，并应用根冠比或异速生长方程计算地下生物量贮存量。所以，没有必要长期监测地下生物量贮存量。

第八节　结论

在天然林和人工林中，地下生物量一般占总生物量的1/4。在草原和农田中，地下生物量是一年生植物生长周期的一部分。对于大多数以土地为基础的天然林、人工林，尤其是农田、草原和退化森林土地转变为天然林或人工林等土地利用类型或项目，估算地下生物量是十分重要的，因为这些土地利用类型中的植物根生物量在不断增加。测量和估算根生物量是复杂的、成本高的，还容易破坏植被和损失地表土壤。因此，只有特殊需要时，才能应用挖掘根方法，估算根生物量。一般情况下，应用已估算出的地上生物量值，采用根冠比或异速生长方程，就能够估算出地下生物量。大多数碳减缓项目、国家温室气体清单项目一般都要估算地下生物量。地上生物量与地下生物量具有较高的相关性，一般根冠比值变化幅度不大。所以，在碳计量工作中，经常应用缺省根冠比值和异速生长方程。

第十二章　枯死木与枯落物估算方法

死有机物包括枯死木和枯落物。直径 10 厘米或大于 10 厘米的枯死木树干和枝组成了枯死木库；直径小于 10 厘米的茎与枝组成了枯落物（详见第 4 章含义）。碳计量中，若包括了死有机物生物量，那么就会使估算的碳总贮存量更加精确。一般而言，大多数燃烧后的未砍伐植物生物量都被计算到枯死木、枯落物和土壤碳库中。死有机物的动态变化是随着森林类型、森林保护和森林经营目的的变化而变化的。在薪材人工林或社区林业项目，死有机物的木质部分有的可能被用作为薪材。然而，涉及到森林保护的项目中，死有机物一般是指枯死木和枯落物。进一步说，森林土地变为农田或草原等其他土地，导致了死有机物的全部损失。死有机物不是一个草原、混农林业和农田管理项目的主要碳库。它仅占天然林和人工林（第 4 章）总的碳库量的10%，在其他土地利用类型中，它的碳储量几乎不计。

$$DOW = DW + LI$$

式中：DOW——死的有机物；

DW——枯死木；

LI——枯落物。

以土地为基础的项目与死有机物相关的项目阶段是：

（1）项目开发阶段

死有机物与基线情景没有关系，除了森林保护或森林土地转变为其他用途的土地的项目之外。

项目情景一般忽略死有机物碳库，或者在项目开发期间应用缺省值估算死有机物碳库。

（2）项目监测阶段

项目监测阶段，死有机物是森林保护、森林土地转变为其他用途土地、造林再造林等碳减排项目的重要碳库之一。所以，在项目监测阶段，可以定期测量和估评死有机物生物量。木材生产、以土地为基础的草原和农业项目不涉及到死有机物生物量。

采用碳通量方法或碳储量变化方法能够估算死有机物生物量碳库。IPCC

（2003，2006）和第9章解释了这两种方法。这一章主要介绍测量和估算枯死木与枯落物生物量的方法和程序。

第一节　枯死木生物量

枯死木包括枯立木、倒木和在土壤内的死的木质生物。死的木质生物一般是指死根直径为10厘米或大于10厘米的伐根。

一、枯立木

枯立木通常包括那些死的而没有倒下的树木，并且是植被的一部分。树木由于疾病或物理损害，可能死掉。在老龄的天然林和人工林内，枯立木是主要的碳库之一。而在新造的人工林、农田和草原开发项目中，枯立木则不是主要碳库。估算枯立木采用的方法基本上与估算地上生物量使用的方法相同。在给定时间内，估算枯立木的主要步骤如下（以第10章介绍的方法为基础）。

步骤1：选择和层级化需要估算枯立木生物量的土地利用类型或项目活动。

步骤2：确定抽样方法，包括样本容量、抽样样地数量、抽样设计。

步骤3：选择已标识作为估算地上生物量的抽样样地，并且应用同一样地。

步骤4：配备野外调查所需的工具和设备。也就是：记录直径和高度的测量尺，标记样地的绳子与标签，称量树木样本重量的秤，装样本的棉皮包，切割枯落物的刀具。

步骤5：识别测量和记录的参数。

（1）胸径和高度。

（2）根据专家判断，记录枯立木状态。

①没有树叶但有树冠、树枝和树杈的树木。

②没有树冠和树枝的树木。

③树木伐根（仅有一小段树干）。

（2）木质密度

测量木块样本的重量、干重和体积。

步骤6：记录这些参数的同时，也要记录地上生物量有关的参数。

记录现场枯立木的格式如下(位置、土地利用类型或项目活动、样地面积和编码、GIS 读数、日期和调查者名字)。

乔木样方	树木种类	树木编码	状态*	胸径(厘米)	高度(米)

*有树冠、树枝和树权的树木;没有树冠和树枝的树木;伐根。

步骤7:应用第17章方法,估算生物量。估算枯立木的方法与估算地上生物量的方法相同。

二、枯倒木

枯倒木即是倒下的枯木。一般能在天然林或人工林林龄较长的林地上见到倒木。具体地说,枯倒木是指自然死亡的倒下枯木,以及风折、病虫害、砍伐等原因造成的倒下枯木。在很多项目中,枯倒木都被当地社区作为薪炭材或其他用途木材。抽样方法与估算地上生物量方法基本相同。估算枯倒木的主要步骤是:

步骤1:选择和层级化需要估算枯倒木生物量的土地利用类型或项目活动(第10章)。

步骤2:确定样本容量、样地数量和抽样设计。

步骤3:选择已标识作为估算地上生物量的抽样样地,并且应用同一样地。

步骤4:配备野外调查所需的工具和设备。也就是:记录直径与长度的测量尺、标记样地的绳子和标签、称量枯死木生物量的秤。

步骤5:确定测量枯倒木的参数。

(1)测量枯倒木两端,中间的直径或周长,倒下树木或树枝的长度。

如果枯倒下的原条或树枝 50% 以上的长度在样地边界内,也要把它作为样地测量的一部分。

(2)根据专家判断,记录倒木状态。

①良好的物理条件(没有腐蚀或分解)。

②由于腐蚀和分解,中间发现有空心。

(3)以下是建议记录现场数据的格式(位置、土地利用类型、项目活动、样地大小、数量、日期和调查者名字)。

树木样方编码	树种[a]	原条/树枝编码	状态[b]	直径(厘米)			长度(米)	树干、枝的重量(千克)
				顶端	中间	底端		

a. 如果可以，确定死的，倒下原条或树枝的树种。

b. 良好的物理条件(没有腐蚀或分解)；中间有空心。

(4)如果中间有空心，测量空心直径(从计算出的倒木蓄积中减去空心容积)。

(5)如果枯倒木不是很长也不是很大，要测量其重量。可以把树木吊起来，用大秤量其重量。

(6)测量所有倒木原条的重量，如果不能量其重量，就要测量其长度和直径。

(7)用上面建议的格式记录观察数据，并把这些数据输入到数据库中。

(8)利用样本估算密度。

测量枯倒木重量：估算抽样木块的干重和体积。

(9)应用第17章介绍的方法，估算倒木生物量。

第二节 枯落物生物量

枯落物包括所有死的生物量，而不包括枯死木，一般是指直径小于10厘米在矿物质土壤上处在不同分解状态下的死的树枝和其他落物。枯落物包括木质的和非木质成分，包括掉在地上的植物部分，即每年掉落在地上的部分。病虫害、风灾都能造成枯落物。若再详细划分，可以把其划分为粗糙的木质枯落物(直径大于6毫米)，细木质枯落物(直径6毫米或更小)以及非木质枯落物(树叶和繁殖部分)。在矿物质土壤上和天然林或人工林地面上的枯落物生物量是老龄林或人工林的主要碳库之一。

枯落物在贫瘠或退化土地项目中不是主要碳库，尤其是在基线情景下。

第4章强调了测量不同类型项目的枯落物重要性及其测量频率。应用以下两种方法测量枯落物生物量：

(1)每年枯落物生产量方法。

(2)枯落物贮存量变化量方法。

一、每年枯落物生产量方法

测量枯落物生产量是为了估算每年木质的和非木质的枯落物生物量，一般以每年每公顷干吨重为指标表示转换率。估算每年枯落物生物量生产量是一项复杂的任务，在所有抽样样地中划出枯落物区域，每月收集与称量枯落物重量。需要保护枯落物固定圈，并防止枯落物移除。这种方法需要做大量工作。采取以下步骤估算每年枯落物产量：

1. 步骤

步骤1：选择和层级化土地利用类型或项目活动。

步骤2：选择地上已经标记的测量灌木生物量的样地（第10章）。

每层级一般为8~10块样地，每块样地面积为5米×5米。

步骤3：配备野外调查所需要的工具和设备。即：标记样地的绳子和标签，枯落物塔盘，称量枯落物的秤，收集待干燥样本的棉包，切割枯落物的刀。

步骤4：用木制框架、1.5毫米线网制作样方枯落物塔盘。

（1）用木制框架圈定框为1米×1米×0.1米（深）；

（2）数量为每层级8~10个。

步骤5：在灌木样地里随机固定枯落物塔圈，一般离地面为15厘米，以确保在枯落物内不积聚水，以至于枯落物塔盘不易被移动或受到损害。

步骤6：在每一个月内的固定日期收集一次落入塔圈内的枯落物，如果有枯死木（直径大于10厘米）要移出。

步骤7：记录枯落物重量。

（1）分开木质的和非木质的枯落物；

（2）分别称量枯落物塔圈内的每种成分；

（3）取出重量为0.5千克的枯落物，估算其干物质。

步骤8：12个月中每个月都要进行一次野外收集和测量枯落物。

步骤9：以每月为单位，计算并列出木质和非木质枯落物的干重。

步骤10：应用以下程序，计算每公顷枯落物每年生产量。

累加一个层级内所有木质和非木质枯落物的重量，以每月为单位，估算枯落物干重，累加样地内干重，估算出样地内一年枯落物的干重；应用抽样样地内每年枯落物干重推算出每公顷枯落物生物量。（吨/公顷·年）。

2. 优点和缺点

（1）优点

可得到枯落物每年生产量的可靠估算值。若有必要，这种方法还可以按木质、非木质枯枝或树种等不同种类，把它们的枯落物生产量估算出来。

（2）缺点

一年每个月到野外测量枯落物生产量的成本很高。由于可能放牧、野生动物或盗窃等因素的影响，野外枯落物塔圈经常受到破坏。有时，大风还可能把枯落物塔圈吹走。

二、枯落物贮存量变化量方法

在给定时间内，用枯落物贮存量变化量方法估算枯落物贮存量。枯落物贮存量每隔 1 年或每隔 5 年测量 1 次。方法包括在已选抽样样地内收集和称量枯落物。

（一）步骤

步骤 1：选择和层级化土地利用类型或项目活动，估算枯落物生物量（第 10 章）。

步骤 2：确定样本大小、样地数量，采用估算灌木生物量的抽样设计（通常为 8~10 个灌木样地，每一个样地面积为 5 米×5 米）。

步骤 3：配备野外调查所需的工具和设备。即：弹簧秤、测量尺、标记四个角的标桩和绳子、切割木材的刀锯，切割枯枝的刀。

步骤 4：标记每一个灌木样地的四个角，并且记录 GPS 读数。

步骤 5：收集抽样灌木样地所有枯落物并且把枯落物分成木质的和非木质的枯落物。

收集靠近边界的枯落物，包括任何至少有一半长度在样地内的枯落物。

步骤 6：估算每一抽样样地的枯落物重量。

步骤 7：收集大约 0.5 千克样本，用烘箱烘至恒重，并测量其干重。

步骤 8：应用样地内的枯落物干重值推算出每公顷枯落物贮存量。

这种方法能够估算某一时间枯落物库的碳储量；一年后再重复测量就能算出枯落物贮存量的变化量。

（二）优点和缺点

1. 优点

这种方法是要求野外现场勘测次数少、测量简单、工具和设备需要量少、成本低、效率高的一种方法。

2. 缺点

这种方法无法估算用作薪炭材或其他用途的枯落物以及被风吹走的枯落物的流失量。应用每年枯落物生产量方法估算枯落物贮存量是复杂的并且成本也高的，所以，项目管理者选择哪种方法测量枯落物生产量和监测枯落物贮存量的变化量需要慎重。

第三节 枯死木和枯落物的长期监测

如果枯死木和枯落物生物量没有被移动，那么天然林和人工林等土地利用类型的枯死木和枯落物会长期积累。采用碳储量变化方法和固定样地方法能够监测这两个碳库。

1. 枯死木

选择长期监测地上树木生物量的固定样地（第 10 章），进行标记，以及采用第 12.1 部分阐述的关于长期监测枯死木贮存量变化量的方法。

2. 枯落物

选择灌木固定样地，进行标记，应用碳储量变化方法长期监测枯落物。采用第二节第二部分阐述的方法长期监测枯落物贮存量变化量。

第四节 结论

死的有机物包括枯立木和倒木以及枯落物生物量。这些碳库对于计量天然林和人工林碳储量是十分重要的，但是对于其他土地利用类型或项目活动就不十分重要了。应用这一章介绍的方法能够估算出枯死木生物量，也可以应用第 10 章的估算地上生物量测量方法进行测量。然而，估算每年枯落物生产量是复杂的并且成本高。一般来说，需要专家判断决定是否对死有机物进行测量。对于森林土地利用类型而言，死有机物仅占碳储量的 10%。

第十三章 土壤有机碳估算方法

土壤是碳的最大贮藏库，估计有 2.011 万亿吨碳，占陆地生物圈总碳量的 81%（WBGU 1988）。土壤与大气之间碳的流动是一个连续过程，受土地利用与管理水平影响较大（Paustian et al. 1997）。土壤贮存的有机碳是许多土地利用系统和项目的重要的碳库，甚至对于不同土地利用类型的国家温室气体清单而言也是这样。有的时候，人们把"土壤有机碳"看成是"土壤有机物"。土壤有机物包括从腐烂植物、动物到分解成不同组织的全部非矿物质部分又都被称之为"土壤腐殖质"。土壤有机物包括微生物组织、微生物合成的化合物以及微生物腐蚀作用后而产生的衍生物。IPCC（2006）定义的土壤有机碳包括"选择一定深度下的矿质土壤的有机碳，也包括土壤内的细根。"虽然在土壤内发现了有机和无机形式的碳，但是土地利用和管理对有机碳储量的影响较大。因此，本章重点讨论土壤有机碳。进一步说，土壤有机碳与矿物质和土壤有机物相关。发现在湿地排水不畅的地方土壤至少包括 12% ~20% 的有机物（Brady and Weil 1999）。矿物质土壤，含有的有机物数量相对较低。大多数生态系统的主体都是矿物质土壤。除了湿地以外，这种土壤也是本章介绍的重点。

土壤有机碳储量是随土地利用系统的变化而变化的。在森林中，碳库总贮存量的 50% ~84% 是土壤有机碳，草原是 97%（Bolin and Sukumar 2000）。土壤有机碳是所有草原和农田等没有树木的土地利用系统的主要碳库。在没有受到干扰的天然林或草原等环境中，土壤碳储量是相对稳定的。土地利用变化，例如，土壤表层受到干扰而发生变化，将导致有机物的氧化和土壤有机碳的损失。大多数土壤有机碳集中在土壤表层。土壤碳流动一般是在距地表 15 ~45 厘米之间，也是微生物最活跃的区域。由于大多数土壤有机碳在地表上层，所以一般是在 0 ~30 厘米之间估算土壤有机碳，并且根的主要活动也集中在这一区域。

在矿物质土壤中，可以用下列公式估算土壤有机碳储量的变化量：

$$\Delta SC = \frac{(SC_{t_2} - SC_{t_1})}{(t_2 - t_1)}$$

式中：ΔSC——在矿物质土壤中碳储量的年度变化量，吨碳/年。

　　　SC_{t_1}——在开始时间点 t_1 时，土壤有机碳储量，吨碳/年。

　　　SC_{t_2}——在时间点 t_2 时，5 年或 10 年后，土壤有机碳的贮存量，吨碳/年。

第一节　土地利用项目与温室气体清单中土壤碳计量

一、减缓项目土壤碳计量

土壤有机碳（SOC）库计量对碳减缓项目（造林、再造林和混农林业）以及草原改良、防护林和流域等土地开发项目是十分重要的。对于以下一些情景，要求估算土壤有机碳：

1. 基线情景

如果在基线情景下，希望土壤有机碳发生变化，就要在项目监测期间，模拟基线情景的条件估算项目执行初期和控制样地内的土壤有机碳。

2. 项目情景

定期估算土地利用系统项目活动的土壤有机碳，划归同质层级。

大多数碳减缓项目以及土地开发项目增加了土壤有机碳的贮存量。在以下项目周期内，进行碳计量时，要估算和预测土壤有机碳：

（1）项目开发阶段，在项目实施前，估算所有土地利用系统和层级（第 10.3 部分层级定义）的土壤有机碳，并预测未来的碳储量。

（2）项目监测阶段，在项目活动实施中，定期测量和估算土地利用系统以及基线情景土地利用系统的土壤有机碳。

在大多数以土地为基础的项目中，一般把土壤有机碳作为项目活动影响土壤碳储量、土壤肥力、持水能力、水土流失的一个重要指标。林业、农业和草原开发与保护项目的研究人员和项目管理者，经常估算土壤有机碳的贮存量和变化量。不同的项目中，分别论述了估算土壤有机碳的方法。（IPCC 2003，2006；Mac Dicken 1997；Hairiah et al. 2001）。

二、国家温室气体清单中的土壤碳计量

国家温室气体清单需要估算土壤有机碳排放量和转移量，土地利用类型和亚类型土壤内矿物质和有机物质的有机碳汇。由于每年都测量土壤有机碳

储量是不可行的，那么就要每隔几年测量估算已选定不同土地利用类型土壤有机碳的贮存量。本章介绍的方法适用于估算国家温室气体清单（第 16 章）中的土壤有机碳的排放量和（或）贮存量。

第二节　土壤有机碳计量方法

估算土壤有机碳已有几种可用和在用的方法，从简单的试验室估算方法到漫反射光谱法。

（1）湿法消解法，或滴定法（Walkley and Black 方法）。

（2）比色法。

（3）烧失量法，直接估算有机物。

（4）碳、氢、氮（CHN）分析仪。

（5）漫反射光谱。

（6）模型。

在现场中，应用最广泛的方法是湿法消解法或滴定法，它们的成本效率值较高。碳、氢和氮（CHN）分析仪虽然很准确，但是在现场中很少应用，原因是此仪器设备价格昂贵。漫反射光谱也是比较昂贵的，但是现场应用的较广泛。模型方法一般是受到模型的可用性和能够代表当地条件的数据限制。遥感技术方法仅仅能被应用在大型项目中，并且要用其他方法得到的数据建立其模型，并且还要进行有效性检验。

1. 湿法消解法或滴定法

湿法消解法包括快速滴定程序，估算土壤有机碳成分（Kalara and Maynard 1991）。

（1）原理：用 $K_2Cr_2O_7$ 与 H_2SO_4 的混合物氧化有机物。没有被应用的 $K_2Cr_2O_7$ 用硫酸亚铁铵（FAS，ferrous ammonium sulphates）进行返回滴定。土壤有机碳被氧化成 CO_2。

（2）材料：滴定管、移液管、50 毫升锥形瓶，量筒和分析天平。

（3）试剂：

①1N $K_2Cr_2O_7$ 溶液：以最少量蒸馏水稀释 $K_2Cr_2O_7$ 49.04 克，生成最后容积为 1 升。

②0.5N 硫酸亚铁铵或莫尔盐：用蒸馏水稀释硫酸亚铁铵 392 克。添加 15 毫升浓硫酸，加蒸馏水配成 2 升溶液。

③二苯胺指示剂：用浓硫酸和20毫升蒸馏水配成100毫升溶液并溶解0.5克二苯胺。

④含有1.25%硫酸银的浓硫酸。如果土壤里没有氯化物，就不需要用硫酸银。

⑤氟化钠或85%的磷酸。

（4）程序

①称粉状、用孔径2毫米筛子筛过后的土壤0.5克，放入500毫升的锥形瓶中。

②加入10毫升1N $K_2Cr_2O_7$ 溶液并且摇至均匀。

③从锥形瓶边侧加入20毫升浓硫酸。

④静置锥形瓶30分钟。

⑤增加3克氟化钠，或10毫升磷酸，以及100毫升蒸馏水，或用力摇均匀。

⑥添加10滴二苯胺指示剂，使溶液变紫。

⑦向0.5N硫酸亚铁铵溶液滴定，直到颜色由紫色变为鲜绿色，并记录已用滴定溶液的容积。

⑧以同样方式在没有土壤的溶液中进行一次空白滴定。

（5）计算

样本重量——Sg；

应用空白滴定中用去硫酸亚铁铵的容积——Xg；

氧化土壤有机碳用去硫酸亚铁铵的容积——Yg；

硫酸亚铁铵的当量浓度——N；

氯化碳所用去的1N $K_2Cr_2O_7$ 容积 = $(X - Y)/2$；

1毫升1N $K_2Cr_2O_7$ = 0.003克土壤有机碳。

土壤有机碳的百分数 = $[(X - Y)/2 \times 0.003 \times 100]/S$。

（6）结论

这种方法是实验室中使用仪器最少的普遍应用的方法，并不需要复杂设备。这也是最经济的方法并且结果也是相当准确的。如果有碳、氢、氮分析仪可用，最好能把湿法消解法得到的结果与碳、氢、氮分析仪得到的结果进行对比验证。如果有必要，可以应用一个修正系数。

2. 用烧失量法直接估算有机物

（1）原理

加热有机物到375℃，进行氧化并估算其重量损失。

（2）材料，一个高温炉、瓷坩埚，干燥器。

（3）程序

①在375℃温度下，加热瓷坩埚1小时。

②打开冷却到150℃，放在干燥器内，冷却30分钟并称重。

③称烘干样本干重约5克的（精确到毫克），用2毫米筛子过筛后放在一个瓷坩埚内。

④在室温下，把装有样本的瓷坩埚放在高温炉内。慢慢加热（约每过5分钟增加1次温度）到370～380℃。

⑤在370～380℃温度区间内，保持16小时。

⑥关闭高温炉，等温度降到约150℃。

⑦移出瓷坩埚，并把它放在干燥器内30分钟。称重精确到毫克。

（4）计算

燃烧损失（%）

$$有机物（%）= \frac{[烘干样本的重量（克）-燃烧后样本的重量（克）]}{烘干样本的重量（克）} \times 100$$

（5）优点和缺点

对于大多数以说明性为主要目的的方法，燃烧损失方法估算有机物是相对准确的。方法最适用于透气良好的样本（砂子和泥炭土壤），样本中含有较低的黏土矿物质成分和惰性碳（焦炭）成分。

然而，这种方法不适用于石灰质土壤。当重量损失包括从碳酸盐和水中的碳和从黏土羟基组中得到的碳时，这个过程容易产生误差。惰性碳混合物和物质挥发，而不是有机物燃烧也是产生误差的原因之一。在一些土壤中，温度在375℃，碳酸盐不能被完全氧化。

3. 碳、氢、氮（CHN）分析仪

总的有机碳是非挥发、挥发、部分地挥发和样本内颗粒的有机混合物。这些总物质的测量与有机化合物的氧化状态无关，并不是有机混合物和非有机物元素的测量，这些元素能够满足生物化学和化学氧气试验的要求。

（1）原理

一个碳、氢、氮分析仪依据 Dumas 概念（Macko 1981）应用氦气和氧气分析固体内的碳。样本中的碳被加热并且在氦存在的情况下碳被氧气氧化成二氧化碳。衍变后的二氧化碳与样本中的碳含量成正比。二氧化碳监测仪能够监测到衍变的碳。结果按百分数表示。

（2）材料

感应电炉：①Leco Wk - 12，Dohrmann DC - 50，Coleman CHN 分析仪，Perkin Elmer 240 元素分析仪，Carlo Erba 1106。

②分析天平：准确度 0.1 毫克。

③干燥器。

④燃烧舟。

⑤10% 盐酸。

⑥氧化铜粉（或相同材料）。

⑦苯甲酸或其他可以作为标准的碳源。

（3）设备

①把燃烧舟放在 950℃的感应电炉中清洁。

清洗以后，绝对不能用手摸燃烧舟。

②在干燥器内，冷却燃烧舟直到常温。

③称量每个燃烧舟，精确到 0.1 毫克。

（4）样本准备

①如果样本是冷冻的，暖化样本直到常温。

②机械地搅匀每一份样本。

③把一份有代表性的等分试样(5～10 克)转移到一个干净的容器内。

（5）收集和贮存

把样本收集到玻璃和塑料容器内。包括多个等分试样的土壤样本，建议总重量是 25 克。如果从样本中转移出没有代表性的材料，那么就应该在现场内转移，并要注意记录下它对现场数据表格的影响。样本要贮存在冰冷的环境中，并且放置 6 个月。不要应用过高温度融化样本。

（6）实验室程序

步骤 1：在 70℃烘干每个样本并至恒重。干燥温度要相对较低，使有机物的挥发量挥发的较少。

步骤 2：在干燥器内，冷却干燥样本至常温。

步骤 3：用研钵和杵棒研磨样品捣碎土壤团聚体。

步骤 4：把一个有代表性的等分试样(0.2～0.5 克)转移到一个清洁的、事先称重的燃烧舟内。

步骤 5：确定样本重量，精确到 0.1 毫克。

步骤 6：在干燥样本里添加几滴盐酸以除去碳酸盐。直到反应完成，再添加一些酸。重复这一程序，直到再添加盐酸也没有反应为止。一次不要加太多酸，否则会出现样本损失。

步骤7：在70℃温度下，烘干酸处理后的样本至恒重。

步骤8：在干燥器内，冷却到常温。

步骤9：把事先灰化的氧化铜粉末或相类似的材料（氧化铝）加入到燃料舟内的样本里。

步骤10：在燃烧前，称重烧碱石棉管（A）。

步骤11：在电磁炉内，以最低940～960℃的温度燃烧样本，并且称烧碱石棉管的重量。

（6）计算

如果用烧碱石棉管获取二氧化碳，可应用下列公式计算碳成分：

$$碳百分数 = A(0.2729)(100)/B$$

式中：A——在燃烧前后称量石棉管，确定二氧化碳重量（克）；

　　　B——在燃烧锅内，非酸化样本的干重（克）；

　　　0.2729—碳分子与二氧化碳分子的重量比值。

应该把一个硅胶盘放在接近烧碱石棉管的入口端，并吸收燃烧蒸发出来的湿气。在烧碱石棉管出口端添加硅胶，以得到在获取二氧化碳和烧碱石棉内氢氧化钠反应形成的水。

如果应用一个元素分析仪，能够通过热的传导探测仪测量二氧化碳量。这个仪器每天都要用空燃烧舟进行零点校准，并且至少要用到两种标准。这两种标准应包括样本中预算的碳浓度。

（7）结论

碳、氢、氮分析仪是一种非常可靠的方法，但是仪器昂贵，维护成本高。它在同一时间能有效地分析大量样本。尽管这种方法被广泛用在实验室内研究工作中，但是在土地利用类型项目中，现场也有应用这种仪器的。

4. 漫反射光谱

漫反射光谱（DRS）是以可见红外光（电磁能）与物质相互作用反应为基础的不损害物质构成的一项技术。这种方法无论在大尺度项目还是具体样地中应用都具有效率大、成本低的潜能。具体地说，漫反射光谱表征能够快速分析出样本的许多特点，因此，为预测和解释土壤特点提供新的机会。

（1）原理

样本被人工光照射后，所反射的漫射光被光缆收集和引导至光探测仪陈列中。每一光带相对的反射组成样本的反射光谱能够贮存在计算机内，并可演示。

（2）程序

应用一个 Field Spec ProFR 便携式野外分光辐射光谱仪得到土壤所有光谱反射测量。在数据被应用预测土壤属性之前，必须对数据进行处理。重复扫描每个样本，用每次扫描结果的平均值预测土壤属性。

（3）现场抽样

①收集深度至 1 米的 20 个土芯(直径约 3 厘米)。

②用 GPS 标出每一个土壤核的具体位置，以便于将来重新定位样本位置。

③干燥和压碎样本，使其能通过 2 毫米筛子。

（4）实验室程序

①把空气干燥后土壤样本包上，压碎直到能通过 2 毫米筛子，放进直径为 55 毫米、深为 12 毫米的聚苯乙烯陪替氏培养皿。

②用土壤装满聚苯乙烯陪替氏培养皿，用小铲铲平盘子上端表面多余的土壤。

③用具有铝反射器外壳的 2 个石英卤素灯照亮样本。

④用一个波长为 0.35~2.5nm 光谱取样间隔为 1nm 的 Field SpecFR 便携式野外分光辐射光谱仪的漫反射光谱。

⑤记录每个位置上，10 个光谱平均值(厂商的缺省值)，以其降低设备噪音。

⑥在阅读每一个样本读数前，在土壤样本纤维光谱的位置上放置同样光谱进行校准，记录 10 个白色参考光谱。

⑦记录每一个白色光谱平均参考读数和相关波长带的反射读数。

（5）优点与缺点

与传统土壤分析方法相比漫反射光谱主要优点是精确度和准确度高，重复性强、速度快。应用这种方法，一个操作员一天能够比较容易地扫描几百种样本。

漫反射光谱主要缺点是需要为包括土壤所有特性和数据分析复杂性在内的土壤群建立校正库。在中心实验室设备内，全球校正库的建立以及自动数据分析软件开发有助于克服这一缺点。并且，这种方法需要昂贵设备和具有较高素质的操作人员。

(6)结论

进一步研究和商业开发将使光谱仪器更加便宜和轻便，具有更灵活软件和更容易使用的校正方法。这项技术日益被广泛应用在土壤研究和监测的领域中，光谱仪可能会成为土壤实验的标准设备。

第三节　土壤碳计量程序

土壤碳计量就是估算某一土地利用类型或项目活动一定深度土壤内含有有机碳的数量。由于土壤有机碳每年变化率低，所以与地上生物量相比，估算土壤碳有机碳的频率低。土壤碳计量包括：

(1)在特定深度，估算土壤容重。

(2)在土壤样本内，估算有机碳浓度。

(3)应用浓度，对于给定深度的土壤，把土壤有机碳含量转变为每单位面积(吨碳/公顷)碳吨数。

土壤碳计量步骤如下：

步骤1：选择土地利用系统和项目活动，层级化面积并根据已定义层，划定项目边界。

步骤2：确定测量频率。

步骤3：选择估算方法：

(1)容重；(2)土壤有机碳含量。

步骤4：选择抽样技术。

步骤5：准备现场工作。

步骤6：现场确定抽样地点。

步骤7：收集土壤样本，供实验室分析。

步骤8：现场测量容积密度参数。

步骤9：分析实验室土壤样本。

步骤10：输入现场数据和实验室数据，生成数据库。

步骤11：计算土壤有机碳数量(吨碳/公顷)。

确定估算有机碳需要的实验室设备。识定土壤有机碳是否是项目的主要碳库。如果项目活动直接影响土壤碳库，那么就要考虑选择估算土壤碳储量的频率。

一、土地利用项目层级和边界

项目开始时，实施项目活动前和监测阶段项目实施后，需要估算土壤碳。这里所介绍的程序是一个项目或一系列项目活动的程序。温室气体清单中的土地利用类型也可采用这一程序。主要步骤包括以下：

（1）项目区位置

在地图上，识别和确定项目区位置。第8和第10章介绍了选择项目面积的程序。这里介绍项目活动所涉及到的所有区域。

（2）层级化项目面积

采用第10章（第10.3部分）介绍的以物理的、生物的和管理的要素为基础的项目层级化方法。由于估算土壤有机碳时，把植被生物量计算到生物量碳库中，尤其是地上生物量碳库中，所以最好采用与估算地上生物量相同的层级化程序。

（3）确定项目边界

第8章介绍了项目边界的确定和划分边界的方法。采用划定地上生物量边界的方法，确定项目的边界。

（4）绘制地图

绘制描述项目面积、项目活动、层级和项目边界的地图。在以下项目期间，需要这些地图。

①项目开发阶段

在项目活动实施前期，进行抽样。

②项目监测阶段

确定定期测量抽样样地的位置。

应用一个网格或一个地理参考系统绘制地图，在以上两个阶段中，确定土壤样地和测量地上生物量样地是十分必要的。

二、确定测量频率

在未受到干扰的土壤内，土壤有机碳储量是相当稳定的；然而，土地利用变化或对土壤表面的任何干扰都将导致碳储量的变化。草原或森林转化为其他用途土地涉及到干扰土壤使其有机碳发生损失。除了土地利用变化，尤其是在农业系统和草原中，管理措施对土壤有机碳也有十分重要的影响。就像第4章介绍的那样，测量土壤碳储量的频率是随着土地利用系统、项目活动和管理系统的变化而变化的。测量频率对选择制定碳计量的方法和成本是关键的，并且在 1 年 1 次的土地利用变化活动以及多数项目中 5 年 1 次的范围内变化。应用第 4 章指南条款并考虑当地土壤条件，选择一个适当的测量和监测的频率。

三、选择估算方法

第 13 章第 1 节描述了一系列可适用于碳计量的方法，依据以下因素选择方法：

1. 项目大小

项目大小由抽样层级数量、分析的土壤样本总数量决定。对于那些很大的项目，应用遥感技术。如果样本少，可应用碳、氢、氮（CHN）分析仪。

2. 准确性与成本

准确性与成本是一对矛盾的统一体：碳、氢、氮分析仪是十分准确的，但十分昂贵；湿法消解法是成本低的、被广泛应用的方法。

碳计量采用的方法对成本和基础设备要求都具有影响作用。因此，对于给定的土地利用类型或项目活动，选择适宜的方法是非常重要的。

四、选择抽样技术

采用估算地上生物量的抽样方法也可以估算土壤有机碳，假设生物量与土壤有机碳有联系。

抽样方法与样本容量取决于项目大小、层级数量和碳密度（吨/公顷）的变化。应用第 10 章中的方法能够估算出样本容量。应用以下方法确定抽样样地的数量：

（1）应用固定样地技术进行监测或定期测量。

（2）应用在估算地上生物量的抽样方法。

（3）应用在估算地上生物量抽样的所有灌木样地，通常每一层级有 8 ~ 16 块样地。

五、现场准备工作

现场工作包括确定土壤有机物成分的土壤样本和决定容重的取样土芯。土壤抽样要有以下工具和设备。

1. 土壤土钻	7. 土芯取样器
2. 土壤样本包	8. 大容器
3. 磁秤	9. 确定容积密度所要的土壤样本
4. 铁锹或铲子	10. 聚乙烯盖
5. 钢卷尺	11. 标签
6. 全球定位系统(GPS)	

六、确定现场抽样点的位置

固定抽样点位置包括固定抽样样方或应用地理参照网格地图确定的抽样点。

(1)得到一个标有抽样样方的地图，若有可能，地图上还要带有全球定位系统(GPS)点或至少有一些永久性和可见标记的参照点。

(2)如果被测量生物量的样地已经存在，那么只需要确定灌木样地。

(3)标记和确定灌木样地，选择一个作为执行年的抽样样本点；其他角落点或中心点可用于以后几年时间内的抽样样本点。

(4)记录 GPS 读数、位置和未来调查的地图。

(5)从这些标记点上，选取土壤样本。

七、测量容重参数

土壤容重被定义为每单位土壤容积内土壤干物质重量。土壤容积包括土壤固体体积与孔空隙，容重单位为克/立方厘米。土壤容重表明土壤压实与透气程度。它对于估算每单位面积(公顷)土壤重量是十分重要的。容重随着土壤结构(细结构土壤比粗结构具有较低的容重)的变化而变化的。由于土壤低层有机物含量低，微生物活动弱，所以容重随着深度增加而增大。土壤容积具有相对较低的空间变化率(变异系数一般低于10%)，但是把土壤有机物质含量转变为单位面积土壤有机碳(吨碳/公顷)的吨数时，需要这一变化数值。应用以下方法(Baruah and Barthakur 1997)确定土壤容积密度。

1. 应用管芯法测量原状土壤容重

管芯方法主要包括土壤在最自然的条件下，应用一个土壤取芯器抽取某一深度内土壤核，作为核心样本，确定核心样本的固体重量和水分。用容积和土壤干重计算容积密度。

（1）工具和设备

需要工具和设备包括：一个取芯器、锡制样品盒、天平、干燥样本的烘箱和量土芯尺寸的量尺。土壤容重的测量可以与实验室分析土壤样本估算有机碳储量同时进行。

（2）现场与实验室步骤

采用以下步骤，估算容积密度。

步骤1：选择用于估算土壤有机碳的样地。

步骤2：测量和记录土壤取芯器的尺寸（直径和高度）。取芯器深度或高度一般在15～30厘米，称量核心锡盒子的重量。

步骤3：把核心抽样器垂直压入地面，深度直到土壤能填满核心抽样器锡盒子为止。

步骤4：抽出样本核心，不干扰样本核心内土壤；移出黏在样本核上多余土壤和凸出的根。

步骤5：一起称量锡盒与土壤。

步骤6：把装有土壤的锡盒放入105℃温度的烘箱，烘干至恒重，然后估算土壤的干重。确保干燥土壤不被用于估算土壤有机碳。

记录容积密度数据格式（位置，土地利用类型，项目活动，样方号，抽样点号，日期与GPS读数）。

核心的尺寸	长度（厘米）；直径（厘米）
空锡盒子的重量	千克
干土壤锡盒子的重量	千克
地上植物	状态
位置	经度与纬度

计算容重（g/cc）。

容重（g/cc）＝〔锡盒子与干燥土壤重量－空的锡盒子重量〕/锡盒子容积

2. 原状土壤的土块方法

土块方法是拿一块未受干扰土壤的土块测量其容积密度，确定土块的容积和土壤的干重。容积密度能够利用重量与容积比值计算。在土块方法中，用置换出水的体积测量土块的体积（在把土壤浸入水里之前，用石蜡或液体塑料圈密封土块）。拿一块完整的土壤块测量其容重，步骤如下：

步骤1：用一个镐头挖土，选择一个土块，并记录收集土块的深度。

步骤2：在一个烤箱内干燥土块，并估算烤箱干燥后土壤块的重量。

步骤3：用石蜡或液体塑料密封土壤块。

步骤4：应用水浸法估算土块的体积。

步骤5：应用下面公式，估算容重：

$$容重(g/cc) = 干锅干燥后土壤块重量/土壤块体积$$

3. 扰动土的容重测量法

扰动土的容重测量法包括从已知深度收集土壤并把它填入瓶子内或锡盒子内，得到容器内土壤的重量和体积。由于土壤压缩程度不能模拟，所以这种方法有一定的限制，容易出错。这种方法只有在其他方法不可行时，才能使用。

(1)设备

一个小瓶或其他容器(容量50毫升)和分析天平。

(2)程序

称量没有塞子的空瓶重量(w_1 = bottle)，如上面提到的用土壤填满瓶子。再称其重量(w_2 = bottle + soil)。倒空瓶子，用一个滴定管把水滴满瓶子，并记录观察结果。

步骤1：称量空瓶子，盒子或锡盒子。

步骤2：用土壤填满事先已经称重的容器，每一次少量填土并压实，一旦填到容器边上，标出容器内填满土壤的水平位置。

步骤3：称量填满土壤的容器。

步骤4：倒空容器，并用水填满至已标记填满土壤的水平位置。把水倒进量筒内，量出水的容积(V)。

$$容重(g/cc) = (w_2 - w_1)/V$$

八、野外提取土壤样本的步骤

从现场收集估算有机物的土壤样本，涉及以下步骤：

步骤1：在现场确定和标出树木抽样样地和抽样点位置(以上相关章节有所介绍)。

步骤2：刮掉土壤表面，移出枯落物和石头。

步骤3：应用一个土钻，收集0~15厘米深的土壤样本。

(1)从每一个树木样方选择3个抽样点。

(2)把土钻推进15厘米深。

（3）在样本层级内，收集这一深度内所有抽样点的样本。

（4）把3个抽样点的样本放在一起，通过重复四分法筛选出一个样本。在塑料布上把放在一起的土样分开，分成4等分，并选择任意两个相对的等分；重复过程，直到剩下0.5千克土壤为止。

（5）每一个土地利用类型或项目活动层级和深度，收集至少4~6份样本。

步骤4：在15~30厘米深度的土壤内重复以上步骤。

步骤5：把土壤样本立即（24个小时之内）送到实验室，使有机物损失最小；如果不能及时送到实验室，可以在阴凉处风干样本，再把样本送到实验室。

步骤6：在干锅105℃时干燥土壤样本，连续称重。

步骤7：称重干锅内样本前，测量土壤水分。

如果没有土壤取芯器或土钻可以用，那么挖到15厘米深，收集土壤；再挖深一些（到30厘米），再第二次取出土壤样品。

关于样本的数据。记录每一样本的以下信息：抽样样本日期、现场人员名字。记录现场土壤样本详细数据表格如下：

土地利用类型/项目活动/层级和位置	样方或样地序号	样本序号	深度（厘米）	GPS读数

九、实验室分析土壤样本

在实验室分析土壤样本的有机物或碳含量，也必须确定土壤容重。对于给定深度，把土壤有机碳含量转化为每公顷碳吨数需要土壤容重。估算土壤有机碳涉及到以下步骤：

步骤1：选择土地利用系统或项目活动以及层级。

步骤2：从现场中得到以下信息及土壤样本。

（1）位置、土地利用系统、项目活动、抽样日期。

（2）样地或样方编号、样品编号。

（3）土壤样本深度。

步骤3：选择估算有机物方法。

步骤4：准备化学分析的土壤样本。

步骤5：按照适宜的实验室程序决定有机物含量。

步骤6：应用实验室结果，计算土壤有机物含量。

（1）选择估算有机物方法

第二部分介绍了估算有机物含量的不同方法。学生与研究人员最熟悉和应用最广泛的方法是滴定法或湿法消解法。

（2）湿法消解法

第二部分描述了湿法消解法的原理和实验室方法。应用以下表格，实验室程序和记录结果。

样本序号	土壤重量	用于空白滴定0.5N 硫酸亚铁铵溶液的容积（B ml）	用于样本滴定0.5N 硫酸亚铁铵溶液的容积（S ml）	用于氧化的1N $K_2Cr_2O_7$ 的容积 =0.5 ×（B－S）ml	土壤中有机碳的百分率（%）（未修正的）	土壤中有机碳的百分率（%）（修正过的）

十、估算土壤有机碳

第 17 章详细介绍了估算土壤有机碳的方法和 3 个步骤。第 1 步估算各种含量所占百分比，第 2 步要求估算土壤容重，第 3 步应用含量百分比和容重估算土壤有机碳(吨/公顷)。

十一、长期监测土壤有机碳

土壤有机碳累积和损失发生时间长，跨越几十年。因此，定期监测土壤有机碳储量是必要的。监测频率通常为 3～5 年 1 次(第 4 章)。应用定期监测地上生物量的固定样地，以及第三部分介绍的步骤监测土壤有机碳。

第四节　结论

土壤有机碳是许多土地利用部门和项目活动的主要碳库，贮存量取决于植被类型和状态。矿物质土壤是土地利用系统的主要部分，土地利用变化和管理系统直接影响着土壤有机碳。因此，重点是有机碳和矿物质土壤。可用于估算土壤有机碳的方法很多，其中湿法消解法是普遍应用的。虽然方法可靠，但碳、氢、氮分析仪是十分昂贵的。这一章也介绍了土壤抽样现场方法和估算有机物成分的实验室方法。大多数土地利用类型和项目类型都需要估算土壤有机碳，除了管理措施的改变，并没有其他干扰土壤的形式。例如，改进的森林管理，森林土地仍为森林土地。土壤有机碳量受土地利用变化的影响，森林土地或草原转变为农田地，地表土壤受到干扰，但是其他方面还是稳定的。大多数碳减缓、木材生产以及土地开发项目的目的是增加土壤碳储量，所以，在大多数项目中，有必要估算土壤有机碳储量。土壤有机碳也是土壤肥力的主要指标之一，并且大多数以土地利用为基础的项目管理者都对土壤有机碳感兴趣。这一章介绍的方法也适用于估算国家温室气体清单中的碳储量。

第十四章　遥感与地理信息系统的应用

　　遥感是一项具有很大潜力能长期监测陆地表面变化和碳汇的技术。就可行性、可靠性而言，本章讨论不同技术在不同项目类型中的应用，强化不确定性、成本和要求的技术能力；描述地理信息系统方法在不同项目碳计量中的应用；同时评价遥感和地理信息系统技术在碳计量中的作用。

　　遥感得到的数据是从传感器中获取的，传感器是以光学设备、雷达或卫星上的激光雷达，或装在飞行器上的具有光学、红外线胶片的照相机。相机数据可以被认为是能够表现地面的影像。虽然应用这些数据可以预测土地覆盖物与面积，但是为了判读这些影像，通常有必要验证地面数据与影像数据的差别，有利于了解影像解释数据的准确性（IPCC 2006）。遥感是一个非常有用的工具，它覆盖面积大，能够使单位面积调查的成本为最低。卫星影像分析是按日常工作定期监测大尺度植被变化的最有实践意义的方法（DeFries et al. 2005）。对于大面积区域，如果一些地面抽样样地还不能测量调查时，有必要应用与土地利用变量相结合的辅助变量。遥感或地理信息系统（Lappi and Kangas，2006）都能得到同样一个变量。另一个优点是它的贮存功能，因为它能在大尺度土地内节省野外样地调查所需要的高额费用（Tomppo，2006）。

　　遥感数据能够以计算机方法为基础按照影像视觉分析或数字分析进行分类。遥感能够重复提供清晰的空间信息。遥感数据档案能够跨度几十年，并能用于重新构建土地覆盖物和提供一系列时间内的土地利用变化情况影像图。第8章介绍的遥感主要是用在获取不同土地覆盖物和估算土地利用类型的面积上。进一步说，遥感能够支持鉴别和指导抽样的均匀性（第10章关于抽样设计和样本大小的信息）。

　　遥感技术面临的挑战是判读（解释说明）。判读是把影像或数据翻译成有意义的信息，例如土地覆盖物与土地利用。解释障碍是云层、大气悬浮物和雾。雷达主动发射信号，由地面反传回，不受这些因素限制，而依据从地面实际反射的被动传感器就会受到这些因素的阻碍。另一方面的困难就是很难区分给出非常相似信号的不同土地利用类型或覆盖物类型。当长期对比这些数据后，可能发现遥感系统会随着传感器、带宽或持续性的变化而变化。

第一节　在碳计量中的应用

　　要求估算生物量贮存量的碳计量，遥感技术有助于得到估算所需要的信息和数据，或者验证用其他方法得到的估算值。生物量贮存量估算值是以覆盖物和树冠等植物特性为基础的。

　　应用遥感数据的主要问题之一是估算值的准确性。关心的是如何评价碳计量结果。遥感技术试图把光谱特征与具体土地利用类型联系起来，有必要确定解释数值与实际情况相近程度（UNFCCC 2006）。用高精度影像区别森林面积与非森林面积的准确度高达80%～95%（每一个网格仅覆盖一小部分）。然而，探查生物量和碳含量准确度，达到80%～95%是很困难的。大多数可靠的碳储量估算值还是以地面现场测量为基础的。

　　碳是植被生物量最主要的组成部分并且是不可见的。因此，有必要集中植被特点估算碳储量。这些特点一般是指植被年龄（Zheng et al. 2004）、树木直径（Drake et al. 2003），叶绿素活动强度或生物量密度（Tan et al. 2007）。

第二节　遥感数据

　　遥感是通过设备获得数据，进行分析，得到物体体积、面积或现象的信息处理过程，而不是直接接触调查物体。例如，阅读是遥感的一个过程。眼睛如同传感器一样，对书本的反射光作出反应。眼睛得到的数据是以脉冲形式，与从纸张中黑色区域反映出来的光数量和模式相对应。用大脑分析或解释这些数据能够使一个人解释清楚纸张中所有字符组成的黑区，即形成的文字（Lillesand and Kiefer，1994）。

　　当前，有大约800多颗卫星收集大气、雪、海洋和植被等一系列环境信息。卫星在不同的轨道上运行，比如空间站或极轨道卫星。安装在卫星上观察地面的传感器卫星是在高空45万~90万米高度的极轨道上。

　　遥感图像是对从地球表面发射或反射的能量进行的逐一像素的测量（Brown，1997）。大多数经常被应用的遥感数据是航空照片，应用可见的或接近红外线谱带的卫星成像，卫星或机载雷达影像与激光雷达。不同类型遥感数据的组合能很好地用在评估不同土地利用系统或面积以及估算碳储量的工作上。这些组合包括对两类系列数据的判读，增加准确性，或用两个或更多个谱带指数。例如，利用可见红外波段的植被指数。

有许多用于陆地碳计量和监测的遥感数据和产品，选择使用的遥感数据和产品标准是（IPCC 2006）：

1. 土地利用系统层级化情景

项目面积的层级化是明确的和清晰的，有助于区分层级。层级应该具有足够的空间分辨率，能够有利于遥感的应用。

2. 适宜空间分辨率

如果观测土地利用类型的差别，例如有林地和无林地，应用低精度的遥感就可以了。若对农业土地进行详细分类，就要使用高精度的遥感。

3. 适宜时间分辨率

估算北方森林系统土地利用变化需要跨度十几年的数据；而估算草原的变化，甚至1年的数据就够了。由于植物生长高峰期通常是调查陆地碳的最佳时期，所以植被的季节性是一项十分重要的因素。

4. 历史评价的可用性

通常在进行遥感测量时，历史数据的可用性还是受到了很大限制。在那种情况下，由于更多的速效的传感器和产品被开发出来，所以应用前景是可观的。

5. 获得与处理数据的透明性和连续性

由于经常进行碳计量，需要长期监测碳储量，应用的方法一定要具有重复性。

6. 数据的连续性与一段时间后的可用性

应用的产品应该有连续性，并且与以上5点陈述的理由相同。

不同遥感传感器能够接受电磁光谱的不同部分，例如：可见的、近红外线的、红外线的或热的。

传感器收集波长部分，形成不同的频带或信息系列；这就意味着超过一定像素，几个频带就在同一区域产生，可以用来建立多种特征的指数（植被类型）。本章的以后部分将介绍这些内容。森林、岩石、土壤或农田等不同特点都有不同的反射效果，这些不同特点主要表现在光谱的不同，使用者能够依据这个不同点，把影像分成不同土地类型（Brown，1997）。与遥感相关的图像系统元素更多的信息可在 Lillesand et al.（2004）的教科书中找到。

用遥感数据对土地利用类型进行分类，既可以用视觉方法，也可以用数字化方法。数字化意味着以计算机为基础分析。每一种方法都有优点和缺点。视觉分法允许人为干预评估影像总体特点。通常，采用分析影像的结构成分，实现这一点。应用计算机软件和硬件，数字分类允许数据多种操作，例如合并不同光谱数据（Fuentes et al. 2006）和从面向对象方法中增加辅助数据、增加信息（Bock et al. 2005），有助于建立树木胸径、高度，基准面积、生物量或干旱、病虫害和火灾等生物物理地面数据模型。数字分析允许对与不同土地利用类型相关的面积进行计算，并且在过去十几年中已经有了快速发展；随着计算机的发展，用较低的成本可以购买到必要的硬件、软件和卫星数据。

1. 航空照片

航空照片能够表现出农业、草原、森林树种和森林结构等土地利用或土地覆盖系统等的差别。能够判断出树木分布和树木健康情况。在农业系统中，同样的照片也能够分析出农业系统中农作物品种，农作物协迫或林木覆盖物（图 14-1）。能够看得见的最小空间单位取决于应用航空照片的类型。但是对于标准航空照片而言，空间单位通常为 1 米（IPCC 2006）。

图 14-1　瑞典中东部朱丽塔（Julita）城上空 4 米分辨率的航空照像片。像片是一个正射影像图，意思是像片已经经过了几何校正。农田、落叶森林和防护林能够被识别出来，以及单一的房屋和庭园。左下面最低层面积是奥杰森（Öljaren）湖的一部分〔（Lantmäteriet Gävle 2007，Medgivande I 2007(437)〕。

2. 光学卫星

卫星影像能够全面体现和分析国家或区域土地利用和土地覆盖。这部分介绍可见与近红外线光谱的被动卫星数据。被动传感器依赖于从地表面反射到传感器或监视器的太阳能。这个能量能够在电磁光谱中可见的、近红外线和中红外线(0.4~2.5μm)部分内得到。数字多光谱遥感数据记录了与频带形式的一系列波长的光谱信息。每个像素 10 个以上带宽或土地单元都能够被记录。包括 100~200 信息带宽,通过特殊处理方法能够得到超光谱数据(Tamás and lénárt,2006)。绿色植物通过强烈反射电磁光谱中的绿色和红外线光而表现出具有独特特点的标号,强烈地吸收着红光和一些中红外区域(图 14-2)。树叶内部细胞结构的变化量、叶绿素、吸收水平和树叶水成分的变量使得区分不同类型植被成为可能(Patenaude et al. 2005)。归一化植被指数(NDVI)等不同指标,一直被设计成优化这些植被光谱特征。

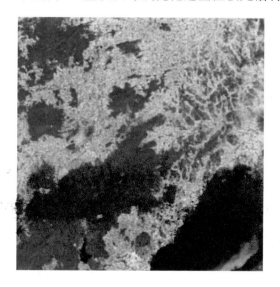

图 14-2　光学 20 米分辨率,SPOT 多光谱影像西部奥萨(Western Orissa),印度,1994 年 12 月 29 日(60 千米×60 千米)。影像图包括所有带宽,绿光、红光到近红外线,也称为假彩色合成图像,绿色植被表现为红色,这是碳监测中最重要的一项特点。

卫星连续地和有规律地运转,能够得到任何感兴趣地区的时间序列。可靠的光学数据可以追寻到 20 世纪 90 年代初期,能够在可信的置信度内评价或解释评价土地利用变化(DeFries et al. 2006)。卫星在不同高度以不同速度围绕地球不同轨道运转,两个卫星连续通过一个具体地理位置的时间间隔不同。虽然影像通常生产不同类别的一个详细模块，但是将它们与土地覆盖和土地利用类型的空间分辨率相比，通常还要求从地图、现场测量或其他可行信息的参考数据。

识别的最小单位取决于传感器的空间分辨率和工作范围。最普通传感器系统有一个20～30米的空间分辨率。在空间分辨率30米，小到1公顷面积能够被识别。从高分辨率卫星中得到的数据也是可行的（IPCC 2006）。表14-1列举了精度从0.6～1100米精度范围内的几种卫星图片，从良好、高分辨率到粗放和低分辨率图片。通过官方网站，能够获取多种卫星像片。

表 14-1　被动卫星影像例子（UNFCCC，2006）

卫星 （传感器）	分辨率 （米）	时间范围	成本	来源
NOAA（AVHRR）	1100～8000	1978～	免费	http://edc. usgs. gov
EnviSAT（MERIS）	300～1200	2002～	525 美元/幅图	http://envisat. esa. int/
Terra（MODIS）	250	2000～	免费	http://edc. usgs. gov http://glcf. umiacs. umd. edu/data/gimms/
Landsat（MSS）	60	1972～1992	免费到 375 美元/幅图	http://www. spaceimaging. com http://edu. usgs. gov http://glcf. umiacs. umd. edu/data/gimms/
Landsat（TM）	25	1982～	免费到 625 美元/幅图	http://www. spaceimaging. com http://edu. usgs. gov http://glcf. umiacs. umd. edu/data/gimms/
Landsat（ETM +）	15	1999～	免费到 800 美元/幅图	http://www. spaceimaging. com http://edu. usgs. gov http://glcf. umiacs. umd. edu/data/gimms/
SPOT（VGT）	20(10) * 2.5	1986～	1200～10125 美元/幅图	http://www. spotimage. fr/home http://www. spot. com
Terra（ASTER）	15	1999～	145～ 580 美元/幅图	http://edc. usgs. gov
IKONOS	4(1) *	2000～	16～56 美元/平方千米	http://www. spaceimaging. com http://glcf. umiacs. umd. edu/data/gimms/
Quickbird	2.4(0.6) *	2001～	5000～11500 美元/幅图 16～45 美元/平方千米	http://www. digitalglobe. com http://glcf. umiacs. umd. edu/data/gimms/

* 全色的,意思是黑色和白色。

低分辨率光传感器上得到的植物生物量和碳储量的数据间的关系是相当微弱的(Rosenqvist et al. 2003)。早期或在 2000 卫星图片以前的许多图片的分辨率一般都是中低层次的，从光卫星影像中寻找历史信息，估算碳储量时要考虑这个问题。

3. 雷达影像

不像光卫星，依靠太阳光照，雷达(Radar)是无线电探测与测距的第一个英文字母组成的字，是释放能量监测地球的主动式微波传感器(Lillesand et al. 2004)。雷达系统的主要优点是它能穿透云层、浮尘、水蒸气(图 14-3)。雷达也能在夜间得到数据，而被动式的和光学的产品就不能得到夜间数据。所以，这一系统被称为一个积极的卫星系统、它能够传出信号遇到地面后又能把它反射回到传感器上。这就使得雷达成为世界上许多云层出现较多的地方(热带地区)作为获取遥感数据惟一可靠的来源。

100 千米
(1996年10月，JERS-1)

(2006年6月，PALSAR)

图 14-3 两个雷达影像，也就是合成孔径雷达(SAR)和相控阵 L 波段型合成孔径雷达(PALSAR)表现出从 1996 年到 2006 年在亚马逊毁林情况。灰色代表森林面积，黑色代表毁林面积[日本航空探索机构的高级地面观察卫星，Japan Aerospace Exploration Agency's Advanced Land Observing Satellite(JAXA/ALOS)]

最普通类型的雷达数据被认为是合成孔径雷达(Synthetic aperture radar, SAR)传感器系统，它是按微波频率进行工作的。例如，Radar SAT。通过应用不同波长和不同极化，合成孔径雷达系统能够区分森林和无森林等土地利用系统或植被生物量含量。雷达系统能横向或纵向传递极化的电磁能量，然后接收极化的信号，主要用 3 个密码说明雷达数据频率传递/接收的特征：第一个密码字母代表雷达的宽带，后两个字母说明极化特征。有 4 种组合在使用，也就是 HH、HV、VH 和 VV。例如，L-VH 雷达，是指 L-波段系统以极化的 EM 能量形式垂直发射并水平接收（Kasischke et al. 1997）。由于信号饱和，生物量高时，现代雷达有一定限制，也就是说超出一定叶绿素水平，信号是不能改变的。

在最近几年，合成孔径雷达后向散射（SAR backsatter）一直被用来监测森林，因为它的波长能够穿透植被，所以在这种情况下，它就能直接反馈回植被结构和生物量的信息（Patenaude, et al. 2005）。普遍应用的系统是 C 带宽（波长为 5cm）、L 带宽（波长为 24cm）、P 带宽（波长为 70cm）（kasischke et al. 1997；Igarashi et al. 2003；Lucas et al. 2006）。最短波长 C 带宽是对树叶、枝条、树冠等组成成分具有较高的敏感性，其他两个带宽穿透力强，对树枝和树干具有较强的敏感性。

雷达 SAR 的一个缺点是它们对地面地貌的敏感度不高，限制了它在平面或平缓起伏的地形上的一般应用（Rosenqvist et al. 2003）。控制 SAR 信号对生物的敏感度的外部因子是森林或植被结构特性和它们生存的地表面。分散稀疏大树组成的森林和中幼龄林组成的密林即使有相同的生物量，雷达 SAR 反射影像画面也有显著的不同（Patenaude et al. 2005）。表 14-2 列出了应用主动的雷达遥感收集数据的例子。

对于技术与科学投入到气候变化工作中的要求的反应，日本航天开发局（Japan Aerospace Exploration Agency, JAEA）启动了碳计量、《京都议定书》、京都碳监测工作作为 2000 年先进土地观测卫星（Advanced Land Observation Satellite, ALOS）的一部分。焦点是应用先进土地观测卫星分段层类型 L 带宽的合成孔径雷达（PALSAR）提供一定区域范围内的以及碳估算方面的信息（ALOS 2006）。到目前为止（2007 年初），京都碳科学小组首次得到这些成果 6 个月后，一般使用者就可以分享这项工作所产生的结果了。

4. 光雷达

光探测与测距也就是光雷达（Light detection and ranging, or Lidar）。它与普通雷达的原理相同。光雷达设备传递光目标；被传递的光与目标相互作用，并且目标使被传递的光发生改变。这些光的一部分被分散掉，另一部分被反馈到光雷达的设备上，分析反馈光线。

光属性的变化能够反映出目标的一些特性。光传到目标又从目标返回来的时间能够确定目标与光雷达间的距离（IPCC, 2006）。光雷达分辨率或覆盖区大小变化区间，一般是 0.25 ~ 25m（Drake et al. 2003；Rosenqvist et al. 2003），所以比以上介绍的雷达技术更加详细准确。光雷达产品广泛，虽然它们大部分都已商业化了，但是得到数据的速度低于光学的和雷达技术。光雷达不能装在卫星平台上，所以限制了光雷达的应用范围（Patenaude et al. 2005）。无论光雷达设备种类如何，基本的途径是应用树冠的一些物理特性（Nasset 2002），例如树冠高度（Kimes et al. 2006），树高和材积（Holmgren et al. 2003）以及三维树冠元素（Lovell et al. 2003），估算生物量尤其是地上生物量（Lim and Treitz, 2004），光雷达在遥感领域是最年轻有生命力的收集数据技术，已被用来分析植物特性。光雷达产品已经证明了树高、生物量等物理特性与林冠郁闭有很强的相关性（Drake et al, 2003；Rosenqvist et al, 2003）。

表 14-2　主动雷达系统采集的卫星影像

卫星（传感器）	分辨率（m）	时间范围（年）	成本（美元/幅图）	来源
ENVISAT（SAR，ASAR，MERIS）	25～150	2002～	150～1000	http://envisat.esa.int/
ERS－1（SAR）	25～150	1991～2000	150～700	http://www.esa.int
ERS－2（SAR）	30	1995～	150～700	http://www.esa.int
JERS－1（SAR）	18～100	1992～1998	100～1000	
ALOS（PALSAR）	9～157	2006～	0～250	http://earth.esa.int/dataproducts/
Radar SAT 1（SAR，ASAR）	8～100	1995～		http://www.rsi.ca
RadarSAT 2（SAR，ASAR）	3～100	2004～		http://www.rsi.ca

　　光雷达的缺点是它的技术相对复杂，并不是每个地方都有受过培训的技术专家能够分析影像。目前，光雷达成本过高，以至于很少有人把其用在大面积地域上（Skutsch et al. 2007）。另一缺点是光雷达不能够准确区别森林内不同树种。当区别树高和年龄的相近树种间木质密度和生物量时，单独应用光雷达，很难准确估算生物量（Rosenqvist et al. 2003）。

　　5. 激光

　　激光不是一个主动系统，地球上某一点用激光束照射离地面点的距离。遥感技术中把激光作为监测森林保护等植被变化的有力工具（Joanneum et al. , 2006）。地球科学激光测高系统（Geoscience Laser Altimeter System，GLAS）传感器装在冰、云和陆地高程卫星（Ice, Cloud and Land Elevation Satellite, Iceset）上，它的主要目的是监测极地冰盖的物质平衡，但是它也被认为是评估植被的有用工具。地理科学光学高度仪系统产生一系列样地点，直径约

70 米，用直径为 1 米的望远镜收集和分析高分辨率的数据。2002 年发射的卫星，2004 年开始应用。

一、遥感与地面参考数据

在应用遥感监测和具体研究与土地利用相关问题的数据中，用地面参考数据补充完善遥感数据是最佳的实用方法。从遥感中得到的数据需要用经验数据来进行验证。遥感中得到的数据，并对这些数据进行分析、解释，如果用现场信息校正后，结果的准确性就会大大提高。无论分辨率多高和资源如何，是有必要进行这种交互检验的。

估算期间快速变化或具有已知错误地分类特点的土地利用系统应该是比其他地方更加集中，要认真进行地面实况调查。只有用独立的实际地面调查中得到的地面参考数据才能完成这一操作，从而应用高分辨率影像片。

二、校正遥感数据

从遥感中得到的数据需要校正。校正包括辐射、大气和几何校正。校正应用于没有处理过的数据。然而，今天有用的许多产品是以前经过处理过的，因此，能够容易应用。如果没有校正的数据，经销商通常会给出校正所需要的信息。

（1）辐射校正是与原始数字数据转变为光谱辐射有关（Lillesand and Kiefer 1994）。

（2）大气校正与数据内"杂音"有关，浮尘、水蒸气和雾等大气成分导致的结果（Brown 1997）。

（3）几何校正与在平面格式内表现曲线面积的方式有关。由于传感器的位置和所观察的物体有关，还要考虑到可能会出现的角度扭曲程度。

第三节　估算生物量的方法

通过遥感最能准确估算地上生物量碳库，在这章已介绍过。应用遥感得到的地上生物量（第 4 章与第 11 章），也就能估算出地下生物量。

依靠被监测的土地类型估算碳储量，必须考虑到植物覆盖度随着时间变化的特性（Rosenqvist et al. 2003）；例如收获时间和季节变化的不同。对于重复的碳计量，每年选择同一时间进行估算也十分重要，通常是在植物生长高峰期。

有许多不同方法用于解释和分析测量土地覆盖物和生物量变化量的卫星数据，然而还没有连续地应用遥感估算碳储量的方法和技术。（Rosenqvist et al.，2003）。方法包括判读图片、视觉以及分析复杂数字，从"墙到墙"地图（覆盖省、国家或大陆等连续边缘的土地）到热点与统计抽样分析。应用何种系列方法取决于技术能力和土地利用模式的特点。有许多传统方法利用遥感技术估算地表生物量（Labrecque et al. 2004），例如，卫星反射或光指标与森林调查样地已测量生物量值之间的辐射关系：最近邻居方法、土地覆盖物与森林结构特点、监督的层级化数据与森林抽样样地数据库。涉及到应用遥感估算碳储量的两种方法在以下章节中论述。

通过遥感不可能直接测量地上生物量总贮存量或贮存量变化量。在估算生物量和碳储量工作中，一定要把遥感数据与经验数据相结合。或者直接应用异速生长方程，或者以树冠覆盖度等指标为基础间接地应用这些数据。光谱不同部分的反射，或是单独的，或是与具有较强经验关系的指标或主要成分相结合，也能够用来估算生物量。应用树冠覆盖度，几种带宽指标，有效光合辐射（PAR）或净第一生产力（NPP）等指标，根据经验，也可以估算。通常把环境数据与遥感数据相结合是必要的。另外，还可以采用估算植物生产力的定量方法（Brogaard et al. 2005）。

无论小尺度还是大尺度空间项目或活动，都可以把遥感数据与现场测量数据相结合，建立起数学回归模型，估算地上生物量碳储量和变化量（Dong et al. 2003）。

一、应用遥感数据指标估算生物量

应用遥感数据指标估算生物量是一项十分实用的技术。一些指标分别是：归一化植被指数（NDVI，Dong et al，2003；Zheng et al. 2004；Fuentes et al. 2006；Tan et al.，2007）；增强植被指数（EVI，Huete et al. 2002；Nagler et al. 2005；Ostwald and Chen 2006）；叶面积指数（LAI，Fassnacht et al. 1997）；PAR，有效光合辐射（Wylie et al. 2007）；FPC，叶投影覆盖度；CPC，树冠投影覆盖度（Rosenqvist et al. 2003），Lu 等（2002）已研究出亚马逊地区几个常用的植被指标。把这些指标应用到现场测量中，再与有关环境数据或其他技术相结合，以便更有效地估算土地利用系统的碳储量。

当步骤的第一项表示在估算生物量中，那么归一化植被指数被用在这里以表示森林植被。归一化植被指数应用近红外线和红光谱(NIR - red/NIR + red)的比值,并且能够用来代替绿色树叶面积(Myneni et al.,1998)。因为它表示光合作用,并经常被用于作为指标表示植物覆盖物的季节或每年变化情况。由于归一化植被指数的有效性与植被测量的悠久历史,它被广泛应用于生物量研究中(Todd et al. 1998;Dong et al. 2003;Seaquist et al. 2003;Zheng et al. 2004;Fuentes et al. 2006;Myeong et al. 2006;Tan et al. 2007;Wylie et al. 2007)。

步骤1:收集森林生物量的计量数据

(1)依据空间范围和需要的准确性,从样地面积50米×50米(Lu et al. 2002;lucas et al. 2003)到整个省的统计,收集到有用的数据(Dong et al. 2003)。

(2)地理定位的数据,使其与遥感数据相同。

(3)把数据转变为碳(详见第10章的方法)。

(4)如果有大量数据,把它们分别按照建立模型系列和校正系列分开(labrecque et al. 2004)。

步骤2:收集样地的归一化植被植物数据。

(1)归一化植被植物产品一般都来自现成的数据库,但是也能从宽带覆盖的近红外线和红光谱的数据中得到。

(2)分辨率尽可能与计量数据的空间覆盖率相同或者小于它。

(3)应用 Muukkonen 与 Heiskanen(2006)描述的遥感数据的不同分辨率,使逐步回归嵌套技术更加适用于计量生物量。

(4)收集待计量森林生物量几年前的归一化植被植物数据(Dong et al. 2003)。有关专家建议最好把每年生长季节的归一化植被植物累加起来。

步骤3:确保校正遥感数据,校正不仅能降低卫星数据误差,还能解决大气问题(第二节第二部分)。

(1)最普通的是云雾效应(Lillesand et al. 2004)。

(2)数据经销商通常有如何校正数据的信息。

步骤4:确保归一化植被植物数据是来源于地理的数据,并且能够在相对应的坐标内找到调查样地。

步骤5:建立归一化植被植物模型。

归一化植被植物模型中要考虑到参数是树种组成(Labrecque et al. 2004),林分年龄(Zheng et al. 2004),土地利用类(Labrecque et al. 2004),

纬度(如果覆盖面积很大)(Dong et al. 2003)，植物结构(Lu et al. 2002)和对数算法得到的森林生物量(Tan et al. 2007)。

步骤6：寻找碳数据与归一化植被植物的关系。

(1)使两组数据相关联并建立一个统计关系。实验例子是皮尔逊(Pearson)相关系数和回归分析模型(Lu et al. 2002)。

(2)如果应用两组数据，一组建立模型，另一组用于校正。可用一个简化的误差矩阵(表14-3)。

步骤7：评估关系

(1)决定系数(R^2)百分率值越接近1，表明变量间相关程度越大。第14.4部分说明了应用不同遥感的准确性。

表14-3　误差矩阵与以模型和评价组为基础的准确性评价表格

测量模型	误差矩阵				
	低 C	中 C	高 C	总计	模型的准确性(%)
低 C	180	50	38	268	180/268 = 67
中 C	49	210	31	290	210/290 = 72
高 C	40	30	200	270	200/270 = 74
总计	269	290	269	828	总的准确性 = 590/828 = 71

(2)如果应用模型组和评估组，在表14-3的误差矩阵中准确率百分数。

应用归一化植被植物表示过程，其他指标或单一光谱波段的应用和检验，取决于它们的可用性和项目的需求程度。这些步骤是基础的，与传感器类型、应用的遥感数据类型无关。

二、应用地理信息系统和遥感估算生物量

图像与数字分层组合是获到一个地区信息的最好方法(Bickel et al. 2006)。当应用两个不同阶段数据时，遥感技术能够发现数据的变化位置。2006年IPCC国家温室气体清单(Bickel et al. 2006)应用了以下两种方法。

1. 监测分层后变化的方法

监测分层后变化的方法是指在同一时间监测不同地点(两个或两个以上)事先定义的土地利用层级和数据变化(通常数据从数据组中减去)的技术。这些技术不仅是简单的，而且对判读和分类土地利用类型的不连续性也是很敏感的。

2. 预先分级变化对比法

预先分级变化是指监测更加复杂的、生物物理变化的方法。应用统计方法对比两个或更多时间段光谱数据的变化。依据对比结果得到土地利用变化信息。这种方法对解释说明不连续性的敏感程度低，能监测到分层后更细微的变化，但是这种方法应用复杂，需要使用大量原始的遥感数据。简单视觉解释能够用来补充说明这两种方法。通过不同带宽组合、带宽区别或指标（NDVI）的显示来强化变化的地区。

以下步骤表示了应用遥感监测土地利用变化，估算生物量贮存量变化量的方法。应用监测分层后变化的方法估算生物量和碳储量：

步骤 1：收集土地利用信息

信息可以是地图形式或数据形式。并能应用这些信息检查卫星等级。

步骤 2：收集遥感数据

（1）应用几种不同的遥感产品；由于陆地卫星（Landsation）的时间覆盖度和可利用性（表 14-1），所以陆地卫星应用广泛。

（2）能够应用几种带宽，已经证明可见的和近红外光谱适合用来识别植被。

步骤 3：确认遥感数据被校正，以减少卫星、技术噪音或解决大气问题。

数据经销商通常有能够获得怎样实现这一目标的信息。

步骤 4：确认参考地理数据，以其能够在相应的坐标上找到调查样地。

步骤 5：应用遥感数据，进行土地利用分层。

应用影像处理程序或地理信息系统，进行分类。

步骤 6：借助于土地利用信息，评估分类结果。

应用误差矩阵（表 14-3）能够做到这一点。

步骤 7：如果相关系数低，试图进行其他类型的土地利用分类。

准确性应该与项目要求的确定性相一致。

步骤 8：以调查数据和不同土地利用分类的面积为基础估算生物量。

3. 饱和效应

当植被密集生物量增大、叶绿素或树叶层都不能在得到的数据中表现出来，遥感的饱和效应就发生了。这就使得应用遥感估算高密度的准确性下降。在采用归一化植被指数中，范围是 $-1 \sim 1$，0.7 以后增加叶绿素活动是不确定的。在测量生物量时，饱和效果一般发生在光遥感 15 千克/平方米的情况下（Steininger，2000）。对于几个星载 SAR 雷达产品，饱和仅仅扩大到 20 千克/平方米。这就限制了日常应用定量生物量的数据，天然林和人工林是全球的主要地上生物量，每公顷 100 吨或每平方米 10 千克（Rosenqvist et al. 2003）。

第四节　不确定性和准确性

无论何时应用土地利用地图，都有必要了解地图信息的可靠性。当遥感数据分层结果生成时，识别到地图的可靠性是随着不同土地利用类型变化而变化的：一些类型是明确区分的，还有一些是混淆的。例如，针叶林反射特点更加明显，所以分类针叶林比阔叶林更加准确。简单地说，在土地管理实践中，应用遥感识别具体地块上精细的耕地和减少的耕地通常是鉴于监测对象和准确度水平的不同，应用遥感判别不同农作物的农田和不同级别的森林等细微差别就更加困难了。评价地图准确性，基本判读要采取以下步骤：

步骤 1：选择判读遥感数据的地图，在地图上标出每一种土地利用类型的抽样样地，记录样地坐标。

步骤 2：收集一些地面基础数据类型，土地利用数据。

步骤 3：建立一个（表 14-3）判读与模型的矩阵，准确地测量土地利用类型。

步骤 4：从矩阵中，计算准确性的百分数。

陆地卫星 ETM 影像中近红外线遥感信息与现场测量确定的植被年龄能够估算美国北部的硬阔叶林林分的地上生物量，决定相关系数（R^2）为 0.95（Zheng et al. 2004）。

1. 与土地利用类型异质性相关的不确定性

判读的准确性是与被调查植被表面的同质性相关。北方森林大面积遥感数据比上百种不同树种干旱热带森林的数据变化量少得多。同样，估算大面积耕种农田的小麦生产量比估算分散混农林区各区块中的稻米生产量要可靠得多。土壤水分不同、地貌与暴雨云层等大气干扰降低了判读遥感数据的确定性。

2. 与地貌相关的不确定性

在影像内，地貌的特点阻止光或雷达能够反馈到遥感探测器上。在一个有关于山区面积的照片中，有大量深色区域，例如山谷和有阴影的山脊。当用小像素的数据时，阴影的影响大于大面积或粗质影像。例如，50 米像素报道有 14% 错误率，1100 米像素降低到了 33%（Brown，1997）。

第五节　遥感测量不同项目类型的可行性

当植被类型差异程度高时，应用遥感数据区分森林和其他土地覆盖物类型的方法是相当准确的。高分辨率的影像图准确度达到 80% ~ 95%。当其他土地类型也有绿色植物时，例如树木，那么情况就相对复杂了。从影像中，树冠覆盖度退化程度等森林参数，若没有地面真实情况的数据支持是不可能确定清楚的。遥感数据的可用性决定了地面真实情况调查的程度和范围。

1. 造林再造林

由于造林再造林项目实施的主要特点是把不同土地利用系统转变为人工林，所以应用遥感监测造林再造林项目是可行的。遥感图像可以清晰地区分土地利用系统（森林和非森林）。遥感监测造林再造林项目结果比其判读幼龄林和成熟林林分或部分退化森林和非干扰森林的信息可靠得多。《京都议定书》下的清洁发展机制碳汇项目要求证明过去土地上没有森林。因为利用遥感数据可追溯到 20 世纪 80 年代初期，所以遥感在这一项监测中就能起到十分重要的作用。

2. 避免毁林

土地利用变化每年排放碳，主要是由热带地区发展中国家毁林或森林退化产生的。碳排放量估算值占人类温室气体排放量的 20% ~ 25%。它的不确定性是随着估算地域面积的变化而变化的。产生不确定性的原因是缺少数据资源、缺乏标准方法、缺少国家层面上的数据和执行能力。应用遥感数据、工具和分析方法需要标准化。这些方法适用于国家层面环境的变化以及满足可接受的准确度（UNFCCC，2006）。

由于热带森林退化面积大并且不可接近，所以遥感在避免毁林或降低森林退化排放量上起到关键作用。因为森林退化降低了碳储量，所以除了森林土地转化为非森林用途外，退化过程、间伐或更新也降低了碳储量。在基线情景和项目最初阶段要关注这些活动，会降低碳储量的可能性。在森林覆盖下，能够以面积为基础建立历史基线情景，并且以遥感数据为基础扩展到未来（Skutsch et al，2007）。

由于毁林和森林退化都能降低碳储量，所以需要把它们区分开。与其他方法相比，遥感技术具有区分这两种过程的更大潜力，而且成本更低。

除了监测土地利用和土地覆盖物的变化，遥感技术也用于种群密度、市场和所有权等因子的动态变化（Skutsch et al. 2007），这些因子会引起土地利用和土地覆盖物发生变化。把遥感技术与空间决定因子相结合，应用地理信息系统分析和监测避免毁林项目（Castillo-Santiago et al. 2006）。已经建立起了几个模型用于处理避免毁林和相关管理问题。

第六节　地理信息系统的作用

目视判读图像通常被用于识别地面调查的抽样样地。这种方法简单、可靠。然而，它是劳动密集性的，受判读面积的限制。不同判读员对同一图像的判读结果可能会不一样。环境信息的获得加工和贮存方式一直是在变革中发展，归因于有关收集和合成化数据信息的计算机技术的发展。地理信息系统（GIS）在这一发展中起到了重要作用（Rosenqvist et al. 2003）。地理信息系统的功能来自于贮存和加工数据的数据库管理信息系统（Lillesand et al. 2004）。

遥感技术的应用要求把广泛的遥感数据与地面测量或数据结合起来，共同去表现具有多种特征的地域。应用地理信息系统，能够实现投入低，效率高等目标（IPCC，2006）。除了应用遥感数据，地理信息系统也能够提供了土壤类型、人口、基础设施或管理实践等其他数据信息（图14-4，Ostwald 2002）。

第七节　遥感和地理信息系统的应用

遥感技术的科技发展将加快它在许多不同土地利用监测领域的应用步伐。数据更加可靠、可获得并可支付。避免毁林是遥感作为监测变化的逻辑和可接受方法的主要目标之一。这些变化已经超出了"森林到毁林"的简单过程，也包括了森林资源的退化过程（DeFries et al. 2006）。使用的模型增加了估算碳储量的准确性和降低了估算贮存量的成本。在过去20年间，已经建立了许多森林生长动态模型，它们中的许多模型都应用卫星影像把具体目标数据作为输入因子而运行模型（Porte and Bartelink 2002；Skutsch et al. 2007）。

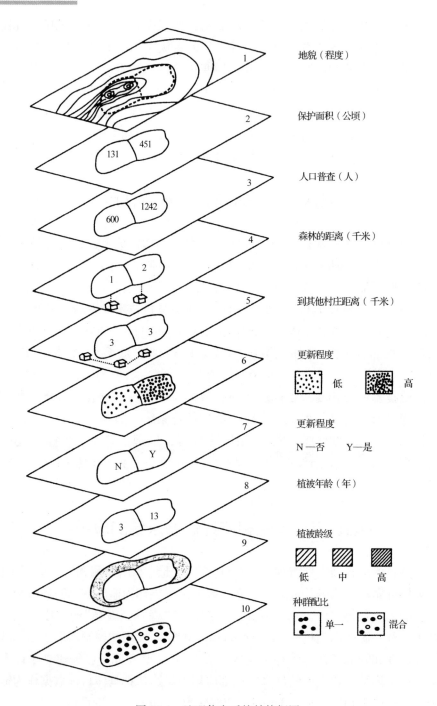

地貌（程度）

保护面积（公顷）

人口普查（人）

森林的距离（千米）

到其他村庄距离（千米）

更新程度

更新程度
N—否　　Y—是

植被年龄（年）

植被龄级

种群配比

图 14-4　地理信息系统结构框图

遥感技术的最新发展已经能把它应用在估算土地利用系统碳储量上。在这方面雷达和激光系统是最有前景的。在有云雾情况下，用雷达预测生物量准确性很高。激光能给出森林的三维图像（Skutsch et al. 2007）。正在开发的几种应用 SAR 的雷达产品：CAOSMO-SkyMEd, Radarsat-Z, TerraSAR-X and L, TanDEM-X 与 RiSat-1。专家分析数据的能力和得到数据的成本限制了这些技术的应用，但是在未来这些技术具有广泛的应用前景。

第八节　结论

遥感与地理信息系统对于监测土地利用类型项目是十分有用的。但在应用它们时，还要具体考虑项目的一些特点。遥感与地理信息系统能够用在：

（1）确定土地面积和边界。因为地理信息系统能够贮存和加工数据，所以，项目在不同阶段都可以利用这些数据。

（2）监测不同的土地利用类型和它们的边界，但是对于具有相同植被特点或边界模糊的土地利用类型是很难进行准确评估的。

（3）由于数据能有效地跨越时间，并且遥感能够连续对监测变化进行计算分类，所以地理信息系统能够估算土地覆盖物和土地利用的变化。然而，森林采伐等土地利用活动很难用遥感技术进行监测。

（4）估算单一物种种植的同类植被是具有较大确定性的，但是估算热带天然林等异质性植被就有了很大的不确定性。

（5）如果遥感数据与生物量数据能够建立起数学关系，那么就可以应用它们估算碳储量。

（6）能够以最低成本估算大尺度项目碳汇。也可以根据数据精度，估算小尺度项目碳汇。

然而，它的判读也应该与地面调查结合起来。

遥感技术已经被广泛地应用在许多国家监测土地利用变化和土地覆盖物上。也有在宏观层面上的，例如全球、国家和地区。应用遥感技术监测土地利用变化、生物量和碳储量等项内容，在项目层面的开发和应用上，正处在研究和发展阶段。实际上，遥感和地理信息系统能够用来估算土地利用面积和碳储量的变化，甚至更微观层面上的变化。估算大尺度项目成本低、可行性高。遥感和地理信息系统应用的相结合日趋增加了它们在国家温室气体清单或以碳减缓、木材生产等以土地为基础的项目中应用的空间。

第十五章　预测和估算模型

模型是用于估算和预测系统的特点、功能与输出系统结构的简单工具。为了科学研究一个系统，要对系统进行一系列假设。这些假设，通常用数字和逻辑关系形式表示，建立模型（Law and Kelton 2000）。模型被用来预测天然林、人工林、草原和农田系统碳储量。模型能够预测不同碳库中生物量碳储量和土壤碳储量。进一步说，模型也可以预测地上生物量和地下生物量。模型一般是以定量关系的几种假设为基础，输入变量赋值，计算出输出变量数值，然而，由于变量之间建立了一些假设关系，因此模型结果一般具有不确定性。

为什么模型很重要？

如果建立起来的模型关系是简单的，那么应用代数、微积分与概率理论等数学方法，能够预测出感兴趣的未知问题的结果，通常也被称之为解析结论。然而，大多数现实世界中，系统都是十分复杂的，以至于很难建立起具体模型进行分析估算，一般依据模拟技术研究这些模型。在碳减缓木材生产或草原开发项目中可以应用模型预测未来碳储量，尤其是在项目开发阶段，更有利于预测碳汇。当数据有限时，模型也有利于估算以土地种类或项目活动为基础的碳储量。例如，容易测量的胸径。应用这样参数，就可以在给定地点估算出天然林或人工林中树木的蓄积量。进程模型也可用来估算国家温室气体清单中的部分内容，尤其是碳计量部分的碳汇、获得量和损失量。

第一节　预测和估算碳储量的模型及其应用

估算碳储量和生长率变化的模型种类有多种。这些模型在数据要求、进程控制、结果输出和结果应用等方面都有不同。总之，有多种模型能够预测碳库储存量或增长率。下面列举了在实际工作中已经应用的模型，本章详细介绍它们的特点及其应用。

（1）预测生物量和土壤碳库的生物量方程（或回归模型）。

（2）项目层级的碳储量预测模型：PROCOMAP。

（3）估算土壤碳储量和生物量变化量的 CO_2FIX 模型。

（4）CENTURY 与 ROTH 土壤碳的动态模型。

表 15-1 总结了这些模型的特点、输出结果及其应用。以下部分介绍了需用的详细数据和应用模型的步骤。

表 15-1　碳估算与预测模型的特点、输入、输出和应用比较

模型	特点	主要输入	主要输出	应用
生物量方程	应用树木参数估算给定点的生物量贮存量	树木参数： 胸径 高度 断面积	1. 在给定时间段内，生物量贮存量估算值（千克/棵） 2. 每公顷地上生物总量与地下生物总量	造林、避免毁林、木材生产
PROCO-MAP	估算项目面积内碳储量的平衡模型	1. 活动面积 2. 基准年造林速率与植物碳储量 3. 轮伐期阶段 4. 生物与土壤平均增长量	1. 碳总贮存量/项目总面积（公顷） 2. 生物量与土壤碳储量 3. 增加的碳储量 4. 成本效率高	预测林业碳减缓、造林再造林、避免毁林项目
CO_2FIX	模拟单一树种、多树种以及不同龄级的林分和混农林业的碳动态	1. 模拟时间 2. 林分最大生物量 3. 碳含量 4. 木材密度 5. 最初碳 6. 收获表 7. 温度 8. 降水量 9. LGP	1. 生物量与土壤碳总量 2. 生物与土壤总量 3. AGB 与 BGB，枯死木、枯落物、SOC 产量或贮存量	1. 天然林与人工林项目 2. 预测已造树种林业项目碳储量
CENTU-RY	模拟不同植物土壤系统内的 C、N、P 与 S 的长期动态	1. 月平均最高与最低温度和总降水量 2. 植物 N、P 与 S 的含量 3. 土壤结构 4. 空气与土壤 N 输入 5. 最初的土壤 C、N、P、S 的含量	1. 土壤输出 碳总量 土壤水动态 2. 植物输出 农作物产量 干物质总产量 植物废弃物碳输入量	1. 森林、草原、稀树草原和农业或其他项目 2. 能被应用在样地、项目、地区和国家层面上

C—碳，N—氮，P—磷，S—硫，AGB—地上生物量，BGB—地下生物量，SOC—土壤有机碳，LGP—生长期时间（季节）

一、生物量方程

1. 特点

生物量方程被认为是异速生长方程或回归模型。一般来说，这些模型能够估算以胸径和树高数据为基础的地上树木（千克/棵）的生物量。它们是以抽样样地树木的胸径和高度相关的树木重量的测量值为基础建立起来的。回归模型被用来估算每公顷生物量(吨),应用样地树木的胸径值,估算所有树木的断面积(m²/公顷),然后计算每公顷蓄积量。第17章介绍了建立生物量回归方程的方法。胸径或胸径与高度并不能完全代表树木重量的变量或因变量。回归模型的适用性是由回归系数的标准误差以及决定系数(r^2)来解释的,一般是与模型一起给出。正常情况下,例如,在确定的胸径范围内,能够应用每一个回归模型。仅应用大树建立起的以胸径为基础的方程(例如,胸径大于30厘米),不能应用在胸径小的小树上(例如,小于10厘米)。然而,在胸径标准范围内,所有模型都能应用在树木上,但超出胸径范围,则不可行。

2. 应用

回归模型可以用来估算不同碳库的贮存量,每种碳库都有相对应的模型。这些模型可用于估算以下各项:

(1)以胸径或胸径与高度为基础的地上生物量(千克/棵);

(2)以断面积(m²/公顷)为基础的地上生物量(吨/公顷);

(3)以地上生物量为基础的地下生物量(吨/公顷)。

以胸径变量为基础的地上生物量方程是最普遍应用的生物量方程。第17章介绍并展示了生物量方程的应用例子。这些模型能够用来估算以下类别项目的生物量和土壤碳储量以及碳储量的变化量。

(1)《京都议定书》清洁发展机制下的造林再造林项目。

(2)木材生产或生物质能源项目。

(3)社区林业和混农林业项目。

(4)国家温室气体清单。

二、项目综合减缓分析程序

1. 特点

项目综合减缓分析程序(PROCOMAP)是由劳瑞斯伯克雷国家实验室(LBNL, Lawrence Berkeley National Laboratory)开发出的一系列模型,目的是估算在一定时间内,或超出一定时间得到碳汇的量,以及解释说明林业碳减缓项目的财务意义与成本—效率关系(Sathaye and Meyers 1995)。PROCO-MAP模型能够估算基线情景与减缓项目的以下各项:

(1)年或累计时间内的碳汇(生物量和土壤)

吨碳/公顷和整个项目面积。

（2）成本效率指标

①成本：美元/吨碳；②成本：美元/公顷；③净现值（NPV）：美元/吨碳。

模型输入的数据包括基线情景下森林和退化土地面积的变化量，减缓情景下建议的造林再造林面积，植物与土壤碳密度、碳汇速率，成本效益。

2. 应用

PROCOMAP 模型的一些变量都能用于估算林业减缓项目或选择不同类型的项目。例如：

（1）造林/再造林：短轮伐期，长轮伐期和天然更新。

（2）避免毁林。

（3）改善森林管理。

（4）生物质能源。

这些模型一般被广泛应用于评估减缓潜力（Sathaye and Ravindranath 1998；Ravindranath and Sathaye 2002；Murthy et al. 2006；Ravindranath et al. 2007）。如果这些模型应用在清洁发展机制项目方法学上，还要进行一些修改。虽然它们还没有应用在估算木材生产或传统林业项目中，但是经过适当修改后，还是能够用于上述项目中的。

三、CO$_2$FIX 模型

1. 特点

CO$_2$FIX 模型是碳汇与可持续森林管理（Carbon Sequestration and Sustainable Forest Management）项目延伸出来的一个内部机构合作的模型。内部机构包括：荷兰的 ALTERRA；墨西哥的墨西哥大学生态研究院；芬兰的热带农学研究和实验室，沿海与欧洲森林研究院。V3.1 版的 CO$_2$FIX 是一个由 6 个模块组成的一个简单的碳预测模型，以下是 6 个具体模块。

（1）生物量；

（2）土壤；

（3）木质产品；

（4）生物质能源；

（5）碳计量；

（6）财务。

生物量模块把借助以下章节描述的附加参数估算出每年体积净增加数值转化为生物碳库内的年碳储量。在土壤模块中，应用气候与枯落物的基础信息，模拟枯落物和采伐剩余物的分解量。木质产品模块应用加工效率、产品寿命和循环等参数，预测采伐物碳的流动。生物质能源模块应用不同技术，以木质产品模块中计算出的废弃产品或附加产品生产的生物质能源量。碳计量模块跟踪了所有的流入和流出空气中的碳流量，并确定应用不同的碳计量方法选择方案的效果。财务模块应用管理干预成本和收入确定不同方案的财务利润率。

CO_2 FIX 是一个应用简单的模型。它能模拟森林土壤（经营的森林）的碳储量与流通量，木质产品、成本和收入，以及通过不同的计量系统，能够计量出碳信用额。一般以单位面积（公顷）和时间年为单位，模拟贮存量、流通量、成本、收入和碳信贷。输入到模型的基本数值是树干生长量（野外数据表格、异速生长方程或研究实例）和蓄积或生物量分布参数以及像树叶、枝和根生物量等其他组成成分。生物量生长与死亡的平衡关系，计算生物量的碳储量（更新总量、死亡量和收获量）。

2. 应用

CO_2 FIX 模型能够用来估算单一树种、多树种、天然林、人工林和混农林业系统的输出结果。

(1)地上生物量碳汇；

(2)地下生物量碳汇；

(3)枯死木和枯落物的碳汇；

(4)土壤有机碳汇。

模型也能计算出木质产品量以及财务参数，还可以用于估算以下项目生物量与土壤碳汇。

(1)造林再造林等林业减缓项目。

(2)生物质能源减缓项目。

(3)木材和薪炭材生产项目。

(4)估算清洁发展机制碳信用额。

(5)作为国家温室气体一个组成部分的碳计量。

这个模型可以在网址 http：//www. efi. fi/projects/casfor上免费下载使用。

四、CENTURY 模型

1. 特点

CENTURY 模型能够长期模拟不同植物土壤系统内碳（C）、氮（N）、磷（P）和硫（S）的动态变化（http：//www. nrel. colostate. edu/projects/century/）。该模型也能模拟草原、农田、森林土地、稀树草原系统的动态变化。草原、农田和森林系统都有与普通的土壤有机物子模型相联系的不同植物生长子模型。稀树草原子模型用于草原、农田和森林分系统中，并允许两个分系统通过影子效应和氮竞争相互作用。土壤有机物模型模拟土壤内植物枯落物、不同无机物和有机物的碳（C）、氮（N）、磷（P）和硫（S）的流量。模型模拟间断时间为 1 个月。第 15 章第 2 节列举了输入到 CENTURY 内的主要变量。这些变量是能够用于大多数天然林和农业生态系统中，并且能在已发表的文献中找到这些变量的估算值。

2. 应用

CENTURY 能够用于估算植物产量、商业农产品产量、土壤碳以植物废弃物形式的输入量，土壤有机物与生态系统或植物类型：

（1）森林生态系统；

（2）牧场生态系统；

（3）耕地生态系统。

模型能够用于估算样地、项目和国家层面的碳总量和生物量碳总量。

3. 输出

CENTURY 模型的输出包括与植物和土壤相关的值：

（1）土壤输出：碳总量、土壤水动态和土壤温度动态。

（2）植物输出：农产品产量，干物质总产量、土壤植物废弃物内碳输入量。

五、ROTH 模型

1. 特点

ROTH 模型（ROTH3C-26. 3）是英国欧斯姆泰德农业研究站（Rothmstead Agricultural Research Station，http：//www. rothamsted. bbsrc. ac. uk/aen/carbon/rothc. htm）开发出来的。ROTHC 模型是能够估算地表土壤有机碳转换的模型，同时考虑到土壤类型、温度、湿度成分和植被覆盖量。每月应用 1 次

模型，用于计算总的有机碳量（吨/公顷）和 1 年或 100 年时间段内的微生物总碳量（吨/公顷）。模型需要一些输入值，这些输入值很容易得到。

2. 应用

在不同土地利用系统中，ROTH 模型的主要输出结果是：

（1）表层土壤总的有机碳的成分（吨碳/公顷）。

（2）表层土壤（选择）微生物碳成分（吨碳/公顷）。

模型能够用于估算草原、森林土地和农田生态系统的有机碳含量。

六、在国家层面温室气体清单中的应用

第 15 章第 1 节第 1～5 部分介绍的模型能够用于估算国家层面生物量和土壤碳储量、森林土地、草原和农田等不同土地类型和分类型的碳储量。这些模型也被用于国家层面的温室气体清单。在国家层面，采用这些模型要求对国家层面的土地利用进行多级层级化、同质类层级化、输入的数据。

第二节　模型需要的数据和程序

一、应用生物量方程的步骤

第 17 章给出了建立生物量方程的方法和步骤的例子。进一步说，第 9 章描述了生物量方程的应用。具体步骤如下：

步骤 1：选择与地区、森林类型、造林树种、林分年龄相关的生物量方程。

生物量（热带湿雨林）$= 21.297 - 6.953 \times DBH + 0.740 \times DBH^2$（Brown 1997）

柚木蓄积量$(\text{m}^3) = -0.001384 + 0.363126 DBH^2 \cdot H$（FSI 1996）

步骤 2：列表并把每一样地的树木序号、胸径（DBH）和高度（H）数据输入到 Excel 等的计算机数据分析软件内。

步骤 3：在数据文件或工作表格内输入生物量方程，估算已知胸径某种树木（千克/棵）的重量。

步骤 4：累加抽样样地内每种树种每棵树木的胸径，估算出每种树木的总重量。

步骤 5：累加抽样样地内每种树木的总重量，从而推算出已选择作为土

地类型、分类型和层级(高密度、灌溉、桉树造林)抽样样地内所有树木的总重量。

步骤 6：从抽样样地面积推广到每公顷面积，计算出所有树木的生物量。

步骤 7：如果应用生物量方程估算树木蓄积量(m^3)，再用森林优势树种的木材密度乘以蓄积量，可以把蓄积量转换为生物量。

应用胸径数值，估算不同碳库地上生物量的步骤与以上采用的步骤基本相同。

二、应用 PROCOMAP 的步骤

就像前面章节介绍的那样，有几个模块被用于不同类型的减缓项目中。在此，列举减缓项目类型之一，也就是再造林项目，如何采用以下步骤估算短轮伐期或长轮伐期天然林或人工林项目的碳汇。这个模型也能估算基线情景、减缓项目内的碳汇和已增加的碳储量。

步骤 1：确定土地利用类型

确定与基线情景、以及减缓方案项目相关的退化土地、天然林和人工林等的土地利用类型。

步骤 2：确定不同土地利用类型的基线面积

(1)选择基线土地利用类型和确定基线年的土地利用面积(例如，2007)和预测每年不同土地利用部门的面积，以及未来几年或十几年的土地利用面积(例如，2037 年)。

(2)如果某一预测方法能够应用在所选择土地类型的项目面积、区域面积或国家层面上，那么就应用这个预测方法。

(3)如果没有任何预测方法可用，那么就要应用人口、社会和经济等因素进行预测。

(4)由于人口压力，森林土地面积不断在下降。退化土地面积一般是稳定不变的，但也有增加的趋势。

步骤 3：估算再造林选择的面积

(1)选择短轮伐期或长轮伐期树木的再造林项目。

(2)每年再造林项目面积(例如，2007～2037 年，可能是稳定的，或一年一年地发生变化)。

步骤 4：估算基线情景下土壤和植被的碳密度

（1）输入植被（木质植物地上生物量）与土壤碳密度（吨碳/公顷）。

（2）累加土壤碳密度和植被碳密度以得到每公顷总的碳密度。

步骤5：减缓项目情景下，计算碳密度

1. 植被或生物量

（1）在已选择减缓活动下，输入轮伐期、碳密度（0.5吨碳/吨木质生物量）和植被碳累积率。

（2）碳累积速率取决于树木种类、密度、降水量、营养供应和轮伐期等一些因素。

（3）确定轮伐期，它是随着再造林项目的不同而变化的。

①短轮伐期：5~10年。

②长轮伐期（锯材）：30~50年。

③碳汇贮存项目：期限不固定。

2. 土壤

（1）再造林情景下，输入已选择活动的土壤碳累积速率（吨碳/公顷·年），造林是主要的活动。由于枯落物降落和分解，土壤碳密度增加。

3. 分解物中的碳

输入分解物质（吨碳/公顷）和分解期间的碳密度。

4. 木材产品内的碳

（1）输入产品库中的碳储量（吨碳/公顷）和产品内持有碳的平均年限。

（2）由于木质生物量和采伐量是变化的，所以碳排放量也是在不同阶段发生的。

5. 潜在应用

（1）作为薪炭林，燃烧可导致碳排放。

（2）作为工业用木材（纸浆），碳排放一般发生在2~5年后。

（3）作为长期贮藏的锯材，碳排放一般发生在30~50年以后。

步骤6：PROCOMAP REFOREST模块的输出。

三、应用 CO_2FIX（第3.1.0版）的步骤

1. 建立 CO_2FIX 模型的最初参数

一个 CO_2FIX 模型需要为每一个树种或每组树种准备支持参数。参数化是估算碳储量的最重要步骤之一，每一个模块都需要进行参数初始化。树干生物量增加可以应用年龄方程计算。最初数值能够从收获表中获得，在碳计

量工作中再进一步定义这些数据。树叶、树枝和根生物量分配系数可以用树木年龄方程表示。像树干生长率、F－参数等数据，能够通过破坏性抽样调查得到。应用确定参数值的数据可以以科学的或同行评议的文献为基础。介绍和应用 CO_2 FIX 模型的手册给出了数据源和研究得出模型参数的参考值。

2. 参数化

CO_2 FIX 模型参数化应考虑以下几个方面：

（1）使用模型及进行参数化时可参考 CO_2 FIX 手册。

（2）应用收获量表、本地研究，有关植物、土壤和区域天气情况的官方出版物和文献能够找到影响碳储量的主要因素。

（3）评价从本地研究中得到的 CO_2 FIX 模型需要的每一个参数平均值、中间值和值域，同时也要参照已出版的文献。

（4）有多种模型需要应用校正参数。通过将模型的预测值对比碳库的实际数据，评估参数的可信度（稳健性）。

3. 估算树木生长量和碳库变化量

大多数收获量表格仅报告了具有商业价值的树木蓄积，不包括树枝和树叶生物量。在这种情况下，CO_2 FIX 模型能够用于估算地上树木所有生物量的变化量。

（1）从材积表或收集到的其他研究中估算树干材积量，并且与 CO_2 FIX 模型内树种文件相结合。

（2）CO_2 FIX 模型的预测是以 1 年为基础时间，遵循"碳通量"方法。在采伐和火灾或虫灾干扰时间内，考虑到树木生长量和损失量。在预测中反映出来（项目实施前阶段）树木碳储量的年变化量。生长参数反映了每年地上树木生物量增长量，以及间伐、皆伐和干扰导致的损失量。

（3）从现存的生物量中，减去间伐和皆伐的采伐生物量。由于采伐剩余物和枯死木需要很长时间才能被分解，因此它们被计算到土壤模型内。

4. 估算灌木生物量碳汇

应用模型估算多年生灌木生物量。从本地研究或正式出版文献中能收集到这些数据，用于在模型内参数化灌木生长量并估算灌木生物量和预测碳汇。

5. 估算地下生物量碳汇

在 CO_2 FIX 模型中，每种树种树干生物量部分模型表现出了地下生物量与地上生物量之间的关系。

6. 估算枯死木碳汇

在 CO_2FIX 模型中，枯死木包括在粗的木质枯落物(树干和树桩)。在某种程度上，包含短的、细的木质枯落物(细的或粗的树桩、粗根)。

7. 估算枯落物碳汇

应用文献中估算枯落物的数据来参数化 CO_2FIX 模型。枯落物数据可以直接输入到模型中，也可以通过生物量转换、自然死亡率、管理死亡率和采伐剩余物等生物量模型进行估算得到。

8. 估算土壤有机碳变化量

CO_2FIX 应用 Yasso 模型模拟土壤碳动态。Yasso 模型(详见，Liski et al. 2005)描述的土壤碳分解和动态，在没有区分土壤层的情况下，校验土壤碳总贮存量。模型通过应用土壤模块得到的参数，生物量模块得到枯死木和枯落物的参数，在普通参数表中，查找到气候参数输入值。土壤模块包括两个表格，也就是普通参数与群参数。土壤模块参数一般在土壤主菜单上，使用者需要提供现场气候参数。模型已经广泛应用在生态系统等领域内，评估气候对枯落物分解比率的影响。

9. 应用 $CO_2FIX3.1.0$ 模块的图形界面的步骤

步骤1：按文件菜单下"New"项，打开新的项目文件。

步骤2：找到数据菜单，下拉出一般参数；确定项目情景输入的一般参数。

步骤3：选择数据菜单，下拉到生物量；当点击后，出现一个新窗口；输入与生物量参数相关的参数值。

步骤4：在数据菜单中，找到"土壤"，确定普通参数和群参数。

步骤5：如果这些与项目目标相关的话，定义产品、生物质能源、财务、碳信贷内容。

步骤6：找到"View"菜单，得到下面输出的任何一项

(1)碳储量；

(2)财务；

(3)碳信贷。

步骤7：找到"文件"菜单，在希望的位置弹出输出文件和期望的表格。

四、应用 CENTURY(V.5)的步骤

应用 CENTURY 模型所需要的信息要考虑以下两种类型，也就是说：

（1）选择与土地图形单元类型相关的、或与同类可持续生态系统的土地单元、以及地面相关的具有现场立地特点的数据。

（2）林地、草原和农地等已选定的生态系统的模型参数化所必需的变量数据。

1. 输入数据

模型要求以下数据，也就是已选择反映现场立地和生态系统的数据。

（1）月平均降水量；

（2）最高与最低温度；

（3）植物材料中，木质素含量；

（4）植物材料中，氮、磷与硫的含量；

（5）土壤结构；

（6）土壤内总的硫、碳、氮和磷的最初含量；

（7）农业、牧业或林业的活动日程；

（8）在管理周期内，应用农业投入水平和投入额；

（9）土地利用类型产量［农作物产量或其他输出（吨/公顷）］；

（10）土壤侵蚀［土壤损失（千克/平方米）］；

（11）干扰日期［比如，研究期间的火灾、皆伐或其他干扰现象］。

2. 模型参数化

第一步定义土地主要利用类型，也就是林地、草原和农地，以及分系统与项目活动。依据模块输入每一个生态系统或项目活动的参数，以及模型所需要的具体信息。

（1）模块1：容重、土壤层数，或土壤剖面层次、排水模式、土壤永久萎蔫点（植物生长土壤湿度最低限值，土壤田间持水量（降水或灌溉几天后土壤剩余湿度）和 pH 值。

（2）模块2：活性有机碳（克/平方米），非活性有机碳（克/平方米），每土壤层碳/氮（C/N）比率，植物剩余物最初输入（克/平方米），土壤内枯落物碳/氮（C/N）比率，土壤有机质层的碳/氮比率，土壤覆盖物（枯落物）（克/平方米）C 同位素的数量值。

（3）模块3：森林系统内树叶中碳的含量、氮的含量，细枝和粗枝中碳的含量、氮的含量，细根与粗根中碳的含量、氮的含量，枯落物中碳的最初含量。

3. 文件结构数据与 CENTURY 规划模块间的关系

CENTURY 模型包括大量文件，作为缺省值。由于这些缺省值来自于已被标准化的生态系统领域，所以，它们被应用在估算输入结果中。

模型能够模拟出碳、氮和其他成分的详细输出结果。与碳汇相关的变量是那些与土壤碳流通量和二氧化碳（CO_2）释放量等相关的变量。

4. 应用 CENTURY 模型的图形界面的步骤

运行模型与操作的步骤如下：

步骤1：打开 CENTURY 图形界面（GUI）：视窗显示"Session history"与"Messages"展现出"Quick steps"按扭，也就是"Preferences""Sites""Management""Output file""Status"与"Run simulation"。

步骤2：找到"Preferences"并启动项目目录。

步骤3：创建一个新的现场参数或编辑一个现存参数，以上列举了现场参数，"Input"按钮下边。

步骤4：找到"Management"，通过处理普通模拟信息以及定义管理模块，使现场管理参数更加具体化。

步骤5：找到"Output file"，并选择输出文件格式：选择两个输出格式，也就是 NetCDF 或扩展表（ASCⅡ）；NetCDF 是对栅格数据更为有用，扩展表格对非网格数据是十分方便的。

步骤6：运行模型，进行模拟。

步骤7：找到"Result"菜单和 View/plot/browse/export 输出结果。

五、应用 ROTH 的步骤

运行 ROTH，准备一系列含有气候、土壤和土地管理信息的输入文件是必要的。模型运行包括以下步骤：

步骤1：输入月平均气温、月总降水量、月总干锅蒸发量等数值。

步骤2：输入土壤黏土百分率与土壤深度等土壤数据。

步骤3：输入与碳模拟相关的土地管理数据。

（1）每月土壤有机碳输入到土壤的数量；

（2）每月增加的植物残体（吨碳/公顷）；

（3）每月增加的农家肥（吨碳/公顷）；

（4）覆土［覆盖地/休耕地］。

步骤4：参数化模型。

应用有机物输入到土壤中的附加变量值，运行这一模型，以实现平衡。土壤中，现存有机碳的数量。

步骤 5：运用参数化模型。

选择时间段。

步骤 6：运行产出土壤碳动态的 Roth C 模型。

步骤 7：输出土壤碳的动态。

(1)已选择的时间段内，土壤、气候和管理等当前环境情景下，碳的输出动态。

(2)减缓项目在实施新的管理情景下的碳的输出动态。

第三节　结论

这章介绍的模型能够用来预测项目或国家水平的碳汇。模型也被广泛地应用在预测碳汇或项目开发期间以及项目实施后的早期木材生产量。选择模型的依据是：

1. 规划目标

(1)估算或预测减缓项目活动的碳汇。

(2)估算温室气体清单的碳释放量和碳转移量。

(3)估算或预测木材生产量或薪炭材产量。

(4)了解碳动态。

2. 输入适宜于模型的数据

3. 要求准确性

4. 可利用的模型

与位置、土地利用类型或项目活动相关的可利用模型。

这章描述的所有模型中，生物量估算方程被广泛地应用在大多数减缓项目、木材生产项目以及估算国家温室气体清单中。模型也正在日趋被用在减缓项目、温室气体清单和木材生产项目中。模型的用途变的越来越重要。《京都议定书》清洁发展机制造林再造林项目推荐使用这些模型。通常，模型的应用是受输入数据的可用性限制的。鉴于不同输入变量和输出变量的假设关系，使得每一个模型的应用都有许多限制。因此，要认真仔细选择使用模型。

第十六章　国家层面温室气体清单

《联合国气候变化框架公约》所有签约国都要定期报告国家层面的温室气体清单。附件Ⅰ国家每年报告 1 次，非附件Ⅰ国家3 ~5 年报告 1 次。一个国家温室气体清单需要对一定时间内或给定 1 年时间内所有部门碳库储量和转移量的温室气体进行估算。《联合国气候变化框架公约》所有缔约国都要应用 1996 年修订的国家层面温室气体关于土地利用、土地利用变化和林业部门(LULUCF)清单指南。在《联合国气候变化框架公约》的许多决定和结论中都分别提到过 IPCC (2002)修订的1996 年温室气体清单的指南。该指南规定了对以下部门要进行国家级层面温室气体监测。

(1)能源;

(2)工业;

(3)农业;

(4)土地利用变化与林业(LUCF);

(5)垃圾处理。

进一步说，IPCC 为土地利用、土地利用变化和林业部门(LULUCF)制定了《最佳实践指南》(IPCC 2003)，目的是降低碳计量的不确定性(IPCC 2003)。IPCC(2000)定义的碳计量要与最佳实践相一致，即不能过高，也不能过低。尽可能地把估算结果的不确定性降到最低可用程度。《最佳实践指南》为造林再造林和避免毁林项目以及森林土地、农田和草原等土地利用类型提供了碳计量指南。

一般而言，准备向《联合国气候变化框架公约》递交的温室气体监测的国家都应用《1996 年修订的 IPCC 指南》以及《最佳实践指南》。然而，IPCC 吸收了应用《1996 年修订的 IPCC 指南》的经验，采用了科学的方法进行修改，制定出了《2006 年 IPCC 温室气体清单指南》。《2006 年 IPCC 温室气体清单指南》适用于以下部门:

(1)能源;

(2)工业;

(3)农业、林业与其他土地利用(AFOLU);

（4）垃圾处理。

每一个部门都包括机构和分机构。《IPCC 2006 年指南》中有关农业、林业和其他土地利用（AFOLU）的指南条款试图克服早期《IPCC 1996 年指南》中的许多限制，在以下几个方面进行了改进与完善：

（1）《最佳实践指南》适用于所有温室气体和不同土地利用类型的碳库。

（2）层级、代表方法中不同复杂程度的水平。

（3）主要机构分析是指对国家温室气体总清单具有重要影响的可识别机构。

（4）缺省值（应用新的清单指南更新缺省值）。

（5）计算排放量和转移量的工作表。

（6）降低不确定性的估算方法和指南。

（7）检查和修改确保估算质量保证（QA）与质量控制（QC）。

（8）报告国家估算清单的框架。

清单指南也为清单过程的每一个环节提供了指导，目的是增加透明性、完整性、连续性、可比性和准确性。

（1）定义术语。IPCC 2006 监测指南适用于所有国家进行国家层面温室气体清单。IPCC 温室气体清单指南使用术语分别是源、汇、活动数据、排放因子与转移因子等。

（2）源（Source），释放温室气体，例如，二氧化碳和甲烷进入大气中的任何过程或活动。如果流入碳库中的碳少于流出碳库中的碳，那么这个碳库针对大气而言就是碳源。

（3）碳汇（Sink），从空气中清除温室气体的任何过程、活动或机制，如果在给定的时间内流入碳库的碳比流出碳库的碳多，那么这个碳库针对大气而言，就起到碳汇作用。

（4）活动数据（Activity data），在一定时间内，人类活动产生排放/转移的数据（例如：土地面积、森林面积转变为其他用途的土地面积、以及择伐面积的数据）。

（5）排放因子（Emission factor），项目活动数据与排放源化合物数量的相关系数。排放因子通常以抽样数据为基础，在给定的一系列环境下，估算出一个活动等级下具有代表性的排放量平均值（例如，每公顷地上生物量贮存量或土壤有机碳密度）。

（6）转移因子，陆地生态系统（森林和草原）吸收空气中的碳与聚集在生物量和土壤中的比率。

第一节　1996 年 IPCC 指南条款修改稿

100 多个国家已经在制定国家温室气体清单中广泛使用 1996 年 IPCC 指南条款修改稿。《联合国气候变化框架公约》已经对收到的国家温室气体清单进行了分析和整理。发现存在着以下一些方法性问题。

(1)大多数国家缺乏 IPCC 指南条款下的土地、森林类别、植物类型与国家环境或土地利用类型间的对比。

(2)清单的估算值不确定性高。

(3)缺乏在经营的天然林中给出清晰的排放、转移因子估算报告。

(4)缺乏估算、报告总生物量或地上生物量的连续性。

(5)报告中的总生物量包括多种碳库或单一种全部碳库(例如,地上生物量);缺少对比连续性。

(6)没有提供估算地下生物量的指南条款。

(7)缺乏对估算(或区别)人工林(人工影响的)和天然林的区别。

(8)缺乏针对稀树草原或草原的方法。

(9)缺乏针对非林地(例如,咖啡、茶、椰子、腰果)的方法。

(10)缺乏生物量与土壤碳之间的联系。

1996 年 IPCC 指南条款修改稿中估算了不同 IPCC 分类或工作表的生物量和土壤碳汇,但是它们之间没有联系。

第二节　IPCC 2003 和 2006 指南条款

清单方法学最主要的基础是依靠两个相关假设:①二氧化碳流入、流出大气中的流通量等于贮存在植物和土壤中的碳变化量,②第一次土地利用变化比率和产生变化的实践活动(例如,燃烧、皆伐、择伐、营林和其他经营措施的改变),以估算碳储量的变化量。这就要求在清单年内估算土地利用、森林土地或草原的转变,以及不同土地利用类型的碳储量。

一、IPCC 指南条款(2003,2006)

不像仅仅估算温室气体排放的其他领域,土地利用类型独特的特点是包括排放和转移。这个领域包括国家所有的土地利用部门。与1996年土地利用类型温室气体清单的IPCC指南条款相比，最近碳计量的主要改进是：

1. 采用了6种土地利用类型

多年来，包括森林土地、农田、草原、湿地、居住区和其他土地的所有土地利用类型，并确定要对它们的碳动态进行连续估算。这些土地利用类型进一步被分解后，用来解释说明碳动态，尤其是在土壤中，将土地利用转变成为：

（1）保留在同一类型下的土地：例如，保留森林的土地或保留草原的土地（涉及到没有变化的土地利用类型）。

（2）转变为其他土地利用类型的土地：草原或农田转变为森林土地。

2. 采用主要源或汇类别分析

不同土地利用类型二氧化碳库和非二氧化碳气体集中到主要土地利用类型、温室气体和碳库中。

3. 采用三级层次方法

从缺省排放因子和单一方程到具体国家数据的应用和适宜国家环境的模型（详见第16章第8节部分）。

4. 生物量与土壤碳的联系

像森林和农田所有土地利用类型内的生物量与土壤碳的联系。

5. 5种不同类型碳库

地上生物量、地下生物量、枯死木、枯落物和土壤有机碳。

6. 普通方法条款

计算不同土地利用部门内生物量和土壤碳汇。

二、IPCC（2003，2006）制定清单步骤

IPCC（2003，2006）为制定清单提出了以下步骤：

1. 经营土地的定义

把所有土地分成为经营土地和非经营土地。由于温室气体清单是按照人类干扰效果产生的土地而制定的，也就是说，是经营的土地。

2. 土地分类

建立一个适用于所有6种土地利用类型的国家级土地分类系统（森林土地、农田、草原、湿地、居住区和其他土地），以及根据气候、土壤种类、生态区域等再进行分类，分出适合于国家的土地利用系统。

3. 数据编辑

若有可能，编辑每种土地利用类型和分类型土地利用的变化量和面积量。如果可行，可根据具体经营系统定义的每一种土地利用类型或分类型，划出土地面积。这样分类别，为计算二氧化碳的排放量和转移量所需的排放因子和贮存量变化因子奠定了基础。

4. 估算二氧化碳排放量和转移量

依据主要类别分析，在适宜级别上，估算排放量和转移量。

5. 不确定性估算和质量保证与质量控制（QA/QC）程序

应用提供的方法估算不确定性。

6. 计算总清单

计算清单时限内，每一个土地利用类型和分类型二氧化碳的排放量和转移量的总和。

7. 清单报告

应用报告表格把碳汇转变为土地利用类型的二氧化碳净排放量或转移量。

8. 记载与存档

记载与存档所有用来表示活动的信息：例如，活动内容、其他输入数据、排放因子、数据源与数据文献、方法、模型描述、QA/QC 程序与报告，以及每种资源类型结果的清单。

第三节　土地利用类型碳计量方法

二氧化碳排放量和转移量的估算值是温室气体清单指南中的主要内容之一。估算土地利用类型的二氧化碳排放量或转移量的基本原则，包括结合人类活动发生程度（被称为活动数据或 AD）与定量活动的每个单位排放量或转移量系数。这些系数被称为排放因子（EF）或转移因子（RF）。活动因子数据的例子是森林数据、人工林采伐、造林或使用化肥；排放或转移因子的例子包括地上生物量的生长率、土壤碳密度、燃烧或收获的生物量。基本方程是：

二氧化碳排放量和转移量 = AD × EF 或 RF

在不同土壤碳动态的两个条件下，估算所有土地利用类型二氧化碳排放量和转移量需要有指南条款。

（1）森林土地不变，仍为森林土地。土地利用类型仍保留相同土地利用类型。

（2）草原变为森林土地，土地转变为其他土地利用类型。

碳计量的两种方法：①碳通量方法和②碳储量变化方法。碳计量包括估算给定时间内，每一种土地利用类型二氧化碳净排放量和转移量，累加到所有土地利用类型。

第四节　IPCC 2003 与 2006 清单指南条款

碳计量指南分别为每一种碳库、每一种土地利用类型，两种类型（土地仍保留原有土地利用类型、土地转变为其他土地利用类型）提供了指南条款。清单指南条款分别为每个碳库提供了以下信息：

（1）选择方法

讨论采用的方法，尤其是在给定时间内用于计算碳通量的方法，或在不同时期内的贮存量的方法，用三个层面描述途径和方法，第一层层面介绍的尤为详细（第 16 章第 8 节部分）。

（2）选择排放或转移因子

用三个层面表示选择排放或转移因子的途径。

（3）选择活动数据

根据三个层面，表达选择活动数据的方法。

（4）计算步骤

用一系列方程给出排放或转移因子及活动数据，估算碳通量或贮存量变化量的主要步骤。

（5）不确定性评估

包括了对排放或转移因子活动数据的估算和总的二氧化碳排放量和转移量的不确定性的评估。

第五节　IPCC 1996、2003 和 2006 清单
指南条款没有包含的内容

IPCC 指南条款一般都支持碳计量小组估算的国家层面碳排放量和转移量，但它不包括以下方法：

1. 估算碳储量方法

没有给出测量或估算不同土地利用类型生物量中的碳或土壤碳的方法。

例子是采伐和固定样地方法。没有介绍测量碳库变化量的频率。

2. 估算生长率方法

没有介绍测量和计算植物生长率和土壤碳库的方法。

3. 抽样方法与程序

没有提供选择与定位测量碳库样地的类型、大小和数量的方法。

4. 确定面积的方法

没有提供估算给定土地利用面积和确定土地管理边界的方法。

5. 测量参数

没有给出为了计算生物量和土壤碳，而进行的现场测量或监测的参数。参数的例子是树胸径（DBH）和高度、土壤容积密度，土壤有机碳含量和木质生物量密度。

6. 现场与实验室测量技术

没有描述测量估算生物量和土壤碳参数的方法和技术。技术的例子包括测量树高、胸径、土壤容重和木质密度。

7. 计算程序

没有给出测量参数转化为每公顷生物量或土壤有机碳密度的程序（高度、胸径、土壤容重）。

8. 碳估算模型

没有介绍应用 CO_2FIX、PROCOMAP 和 CENTURY 模型估算或预测生物量贮存量的变化量。

许多国家都有监测森林生物量及其变化的调查规划。应用来自这类森林调查的数据可用于估算国家碳清单。有些文献中（Kangas and Maltamo 2006）能够查找到森林调查的指南条款，尤其是地上生物量和森林蓄积量。然而，用传统的森林调查方法监测国家碳清单具有以下限制：

（1）森林调查中不包含农业、混农林业、草原类型。

（2）通常，通过森林调查，就能得到地上生物量估算值，尤其是木材产量，并不包括对土壤有机碳、地下生物量、枯死木和枯落物碳库的估算。

（3）即使在森林土地上，也不包括非树木生物量。

（4）也不包括土地利用类型变化或边界转移。

因此，需要一个估算活动数据和排放因子的指南条款，以提高国家温室气体清单的质量。

第六节 碳计量方法在国家温室气体清单中的应用

活动数据、排放量和转移因子是可靠和高质量的温室气体清单的重要因子。虽然土地利用变化的数据有限，但是大多数国家收集整理了规划和开发不同天然林和人工林类型、农业系统、草原等土地面积的主要活动数据。甚至联合国粮食与农业组织和其他国际机构都发表了一些数据。因此，在大多数国家中，活动数据的可用性和质量，比排放量和转移因子对碳计量的影响程度大。

然而，在许多发展中国家或热带地区国家，要进行的国家温室气体清单几乎没有可用的不同土地利用部门、下一级部门和土地管理系统的排放量和转移量因子。即使有可用的，所用数据的不确定性也较高。假如全面估算了温室气体排放清单，但其不确定性的程度也是较高的。大多数发展中国家应用IPCC指南条款、排放因子数据库（EFDB），联合国出版物和其他有关数据资源信息提供的大量碳排放和转移因子的缺省值。排放和转移因子变化较大，通常具有位置特异性，随着土壤、降水量、海拔高度和管理系统的变化而变化的，甚至随着给定的森林类型、植物种类、草原或农田系统的变化而变化。

当使用地上植物生长率、生物量和土壤碳储量等参数的国际缺省值时，估算的碳计量具有较高的不确定性。在各个国家，建立以土壤、降水量、其他农业气候条件和管理系统为基础的不同土地利用类型（森林、农田和草原）的碳储量和不同碳库生长率的数据库，能减少其不确定性。

本书介绍的方法和指南条款能够用于估算国家温室气体清单的碳通量或贮存量变化量所需要的排放和转移因子。不同级别的不同土地利用类型、下一级类型和管理系统估算出来的国家级排放和转移因子，能够使这个国家降低估算国家温室气体清单的不确定性。以上章节介绍的方法能够用于估算不同天然林、人工林类型、草原管理、农业和混农林业系统的排放和转移因子。国家层面二氧化碳计量所需要的一些主要排放和转移因子是：

（1）地上生物量贮存量和生长率；

（2）地下生物量贮存量；

（3）枯死木和枯落物；

（4）土壤有机碳储量和变化率；

（5）木质生物量密度；

(6)生物量转变和扩大因子。

第七节　估算碳排放和转移因子的方法

在《联合国气候变化框架公约》下，制定一个国家温室气体清单是一个长期的和经常的过程。这也就是为什么要求所有的国家都要有一个长期的、固定的组织机构负责这一过程(尤其是土地利用部门)。应用碳计量方法提高估算国家层面温室气体清单的水平，可采用以下方法：

一、应用层级确定和选择温室气体清单

层级代表了方法学的复杂水平。从低层到高层，意味着增加了复杂性、数据更需要准确性、最终是降低估算的不确定性。IPCC(2003，2006)清单指南条款规定了3个层级，无疑使估算的确定性由最低升至最高。具有以下特点：

(1)方法的复杂性；

(2)模型参数的区域特性；

(3)活动数据的空间分辨率。

1. 层级1

层级1是需要数据最少的、最简单、最基础的方法。活动数据和排放因子，尤其是排放因子，能够从联合国粮食与农业组织的报告和网站上等全球范围数据来源中获得。国家层面活动数据通常是可行的，但是排放和转移因子还是有限的。全球或区域的数据资源通常是以聚合的或宏观的均值形式出现的。国家层面一般是从国家数据资源中得到活动数据，缺省排放和转移因子从IPCC指南条款或联合国粮食与农业组织数据库中得到。应用层级1方法估算的清单具有较高的不确定性。

2. 层级2

层级2应用了层级1相同的方法或方程，但是活动数据和排放因子都来源于国家数据资料。层级2应用层级1相同的方法学，但是应用的排放量和贮存量变化因子是以最重要的土地利用类型的具体国家或区域数据为基础的。国家定义的排放因子适用于一定的气候地区、土地利用系统与管理系统。较高时空分辨率和较多分散的活动数据被应用在层级2中，使其与国家定义的某一地区和土地利用系统具有较大的相关性。

3. 层级3

层级3应用较高等级的方法，包括建立在国家环境高分辨率的活动数据基础上的模型与清查测量系统。这些较高等级方法比其他低等级方法估算的数值具有较高的确定性。这样的系统也包括了全方位定期重复的现场抽样和（或）以地理信息系统为基础的龄级、产品数据、土壤数据以及几种监测土地利用和管理类型的系统。经常使用遥感技术跟踪土地利用类型局部土地利用种类的变化。模型应进行质量检查、审计和验证并详细记录结果。

4. 层级的组合使用

虽然最理想的是在所有的主要土地利用类型、分类型和碳库中应用最高层级，但是由于数据和资源的限制，这一想法是很难实现的。为了提高估算清单的准确性，最好的方法是采用层级组合法。例如，人工林数据可以采用层级2，相同土地利用类型地上生物量生长率年平均值的缺省值可以采用层级1。进一步说，以具体位置研究为基础的层级2能够用于估算生物贮存量，层级1能够用于估算给定的天然林或人工林类型的土壤碳储量。具有较高等级的层级组合，能够被用于：

（1）不同土地利用类型；

（2）在一定土地利用类型内的不同碳库；

（3）在一个碳库内，活动数据和排放因子。

二、主要类型分析

主要类型分析是被用来识别一个国家土地利用类型碳总量清单有影响的主要土地利用类型或分类型。主要类型分析是在多层级下进行的。第一，在IPCC行业之间部门，也就是能源、工业加工和产品利用、农业、林业和其他土地利用（土地利用、土地利用变化与林业）和废弃物等部门中，选择主要部门。第二，在农业、林业和其他土地利用（土地利用、土地利用变化与林业）已选择的主要领域内，选择主要土地利用类型。例如，森林土地、草原或农田。主要类型分析也被扩展拓宽到识别主要分类型。第三，选择碳库。这一部分重点集中在农业、林业与其他土地利用领域中。能够应用主要类型分析去识别影响以下给定类型碳计量的主要碳库：

（1）土地利用类型：森林土地、草原或农田。

（2）分类型：森林土地仍为森林土地，农田转变为森林土地，草原转变为农田，农田转变为森林土地等。

（3）温室气体：二氧化碳、甲烷和一氧化二氮等。

主要类型分析能够支持一个国家为主要类型选择清单方法、样地大小、监测碳库频率、收集和分析数据以及有效地合理分配资源。通过把重点放在优势土地利用类型或碳库上，主要类型分析能够使不确定性降到最低值。

如果主要类型分析指出了某个土地利用类型或碳库是一个主要源或汇，有必要采用层级 2 或层级 3 方法。这要求依据降水量地区、土壤类别、管理系统等，估算国家层面和分类型等级的排放量和转移量因子。以下是应用在主要类型分析的方法（IPCC 2003，2006）：

1. 选择分析等级

IPCC 类型（森林土地或草原）或分类型（森林土地仍为森林土地、土地转变为森林土地或草原仍为草原）的等级上能够进行分析。一个国家依据活动数据和排放量因子，采取进一步分解方法进行分析，例如：

（1）森林土地进一步被分解为常绿森林，落叶森林或桉树人工林。

（2）碳库能够被进一步分解为地上生物量、地下生物量、枯死木、枯落物和土壤有机碳。

2. 分析方法

应用一个类型以前估算的碳清单和一个预期决定的累积排放量阈值识别主要类型。累积排放量阈值正常是在排放量或移动量总量水平的 95%（IPCC 2006）。不同等级的分析方法是：

（1）土地利用类型

每一个土地利用类型（包括分类型）聚集排放量或转移量，选择主要土地利用类型或分类型。

（2）碳库

聚集所有碳库排放量去选择一个分析土地利用类型的主要碳库。

3. 计算每一土地利用类型或碳库的贡献值

以下方程用于估算贡献值：

主要类型评估值＝土地利用类型或碳库估算值/所有土地利用类型或碳库的总贡献值

排列土地利用类型或碳库。应用估算土地利用类型、分类型和碳库的贡献值，排列主要类型，应用阀值选择主要类型。

三、土地利用类型和层级化

应用 IPCC（IPCC 2003，2006）提供的指南条款，依据以下各项能够把国家的土地面积按类型分类：

1. 土地利用类型

森林土地、农田、草原等。

2. 分类型

土地仍为同一利用类型的土地、土地转变为一个新的土地利用类型的土地。

3. 植被与管理系统

（1）森林土地

常绿森林、湿润落叶林、干旱森林、山地系统、灌木林和热带荒漠。

（2）人工林

桉树、柚木、松树等，林分年龄（＜5 年,5～10 年,10～20 年,＞20 年)。

（3）农田

灌溉,雨养、混农林地、一年和多年生农作物,水稻、高粱、玉米地等。

（4）草原

集约化经营的草原、开放的放牧地、施肥或灌溉的草原。

2. 降水量区域

（1）湿润、半湿润、半干旱和干旱；

（2）湿、潮湿和干旱地区。

3. 其他标准

例如，土壤类型、海拔高度和坡度。

依据以上的或其他的国家相关标准，把国家的地理面积分解为同质类型、分类型或者土地利用类型以及土地利用管理系统。土地利用系统分解或层级化为更细的和同质的系统，将进一步降低国家估算碳储量和不同碳库变化率的误差和不确定性。然而，分解更细和同质化程度高的系统增加了碳计量的成本，并且所得数据也受到了限制，尤其是排放量和转移量因子。

四、土地利用类型空间地图

土地利用层级化将导致大量天然林或人工林类型采用不同的管理系统和农作物种植模式等。由于层级面积覆盖上百万公顷，而且降水量、土壤和地貌环境等不同，所以层级化是十分重要的。因此，根据土地利用系统的面积范围、不同降水量、土壤和管理系统的分布等标准选择监测的土地利用层级。由于数据、财务和其他数据资源的限制，不可能把每一块可利用的土地都进行层级化。得到一个国家含有不同土地类型的地图和可依据的植被类型、管理系统和其他标准，把每一部门层级化为分类型。得到包括土地利用类型、分类型和任何附加标准的每一层级下的面积。同质类型层级化水平越高，估算值的误差就越低。所以，有必要选择具有不同层级化和空间分布特点的地方作为长期监测的抽样样地。以 IPCC 指南条款为基础，表 16-1 列举说明了土地层级化。

用抽样样地经纬度栅格图，能够覆盖和显示不同层级空间分布的国家土地利用地图。如果地理信息系统设备可行，地图的不同层能够相互覆盖，每一层代表一个土地利用和管理系统、降水区域或其他特性。

表 16-1　森林和非森林土地利用类型的层级化

土地利用	生态区域	森林类型	郁闭度(%)	海拔高度(米)
热带雨林	热带湿润落叶森林	·退化 ·次生林 ·原始林	>70 50～70 10～50 <10	<500 500～1000 >1000
	热带干旱森林	·退化 ·次生林 ·天然林	>70 50～70 10～50 <10	<500 500～1000 >1000
	树种	降水量 (cm/年)	龄组 (年)	树木密度
人工林	桉树	50～100 100～200 >200	<5 5～10 10～20 >20	2000 2000～4000 >4000
	松树	50～100 100～200 >200	<5 5～10 10～20 >20	<2000 2000～4000 >4000
	季节	降水量(厘米/年)	作物系统	作物
农田	一年生农作物	-50～100 -100～200 >200	灌溉 雨养	高粱 玉米 大米
	多年生农作物	-50～100 -100～200 >200	灌溉 雨养	椰子 芒果
	混农林地	-50～100 -100～200 >200	灌溉 雨养	混交 (树木与一年生农作物) 果园

第八节　估算和监测生物量贮存量和变化量

一、抽样方法与样地位置

采用第10章介绍的抽样方法能够确定抽样样地的大小、数量和面积。在国家级层面上，由于每一层级或类型覆盖的面积较大，并且空间分布广，且具有不同降水量、土壤和地貌条件和管理系统等特点，所以与面积仅为数千公顷的项目相比，抽样程序更加复杂。因此，每一种土地层级的面积可能是大的，横跨数百万公顷，由此抽样样地可能比碳减缓或土地开发项目的抽样样地要大得多。选择的样地数量要固定在代表描述不同土地层级的空间经纬度网格地图上。应用 GPS 读数把这些样地固定在现场位置上，并在现场和地图上标出抽样样地的位置（参照第10章程序）。

二、固定样地方法

在土地利用层级，选择碳库的长期监测需要采用固定样地技术（参见第10章）。这一技术能够定期测量和监测碳库，计算碳库增加或减少速率。这些样地设置有利于几年或十几年的定期调查。必须应用固定标记、地面标桩和 GPS 读数确定固定样地的位置。

灌木和草本植物样地应该在地图上以及 GPS 读数上标记。采用固定样地技术，理想的样地是大样地。

三、监测生物量碳的参数以及监测频率

估算不同碳库储存量所有相关指标的参数都要考虑定期监测不同土地利用类型的层级（表16-2）。每一土地利用类型碳库的选择都要取决于主要类型分析。监测不同碳库需要考虑一些参数。现场监测参数的最终选择取决于土地利用类型和调查专家的评判。

监测频率是随碳库和参数的变化而变化的。第4章探讨了监测不同碳库和参数的频率。正常地说，地上生物量和土壤碳是林业、草原和农业部门碳计量的主要碳库。树木地上生物量每隔2~3年监测1次，土壤有机碳每隔3~5年监测1次。这样就能充分报道温室气体清单。温室气体清单每年生成1次，或选择某年生成1次。不同碳库碳计量的年度可能是不同的，并且

也需要对碳计量结果进行验证和推广。

表 16-2　不同碳库碳计量的监测参数

碳　库	植物类型	参　数
地上生物量	树木 非树木	1. 胸径、高度、植被覆盖度、树种名 2. 高度和胸径，如果相关 3. 植物/样地密度，生物量，干、湿重，根重
地下生物量	树木与非树木	1. 土芯样本生物量 2. 土芯体积
枯死木	树木	枯立木的树种名、胸径、高度
枯落物	树木与非树木	1. 不同阶段抽样样地内站立枯枝重量 2. 土壤样本深度
土壤有机碳	所有土地利用类型	1. 土壤抽样样本容重 2. 土壤抽样样本重量 3. 有机物含量

四、现场准备、数据格式和现场测量程序

以前的章节中介绍了监测不同碳库所需要的材料和现场准备：第 10 章介绍了地上生物量；第 11 章介绍了地下生物量；第 12 章介绍了枯死木和枯落物；第 13 章介绍了土壤有机碳。参考不同章节分别记录现场数据的格式、测量不同碳库的程序和技术。如果在国家范围内进行的抽样和测量，适当记载和贮存数据对不同碳库、样地、土地利用类型和分类型、管理系统是十分重要的。除了以上的特点，还要根据经纬度网格记录和贮存数据。

五、分析与计算生物量碳的程序方法

第 17 章介绍了应用现场和实验室测量的指标参数，估算不同生物量碳库储存量的方法，需要计算不同土地利用类型二氧化碳排放量和转移量的因子是地上生物量与地下生物量贮存量和生长率，土壤有机碳储量和生长率，以及枯死木和枯落物贮存量。

应用碳计量指南条款建立的排放量和转移量因子能够以 IPCC 指南条款（2003，2006）给定的方法和程序为基础，估算二氧化碳排放量或转移量。IPCC 指南条款提供了计算二氧化碳排放量和转移量的工作表格。这个表格的工作原理是排放量与活动数据和排放量因子相等。

IPCC（1996，2003，2006）为每一类型和分类型提供了工作表格。这一

系列表格中，列为活动数据和排放因子。

第九节　估算与监测贮存量和土壤有机碳储量的变化量

国家温室气体清单需要在调查年份，估算不同土地利用类型或分类型土壤有机碳储量的变化量。第13章介绍了估算土壤有机碳的方法。估算不同土地利用类型土壤有机碳储量的方法可以归结为以下步骤：

步骤1：选择土地利用类型和分类型

第10章介绍了估算生物量碳储量而选择土地利用类型和分类型的途径和方法，能够被应用在土壤有机碳的估算中。

步骤2：土地利用类型层级化、面积估算和划界

估算生物量碳的土地利用类型和分类型的层级化也能够用于估算土壤有机碳、同一土地的生物量和土壤碳。不同土地利用类型、分类型和层级应标在地图经纬度上，并有利于进行定期抽样调查。

步骤3：抽样方法与样地位置

建议使用的生物量碳固定样地方法也应该被土壤碳采用。对抽样而言也一样，不同土地利用部门、分部门和层级生物碳采用的方法也应该用于土壤有机碳上。也能应用第13章介绍的选择生物量碳样地内抽样点选择的方法。为收集土壤样本所选择的抽样点也应该标在国家经纬网络地图上，以及GPS位置读数上。

步骤4：选择参数与监测频率

估算土壤有机碳选择的参数与第13章阐述的项目选择参数相同，也就是：

（1）土壤深度；

（2）土壤容重；

（3）土壤有机物含量。

土壤有机碳监测频率通常是3~5年1次，与现存土壤碳储量相比，项目土壤碳储量增加量可能不多。

步骤5：现场方法、现场抽样准备、现场测量和格式

可以应用第13章介绍抽样要求的工具和设备，现场工作准备、土壤样本采集和容重测量技术。

步骤6：实验室估算方法

可以应用第13章介绍的几种实验室实验方法。例如，湿法消解法。

步骤7：计算方法

以第 17 章介绍的土壤深度、土壤容重和有机物含量等为基础的估算每公顷土壤含碳吨数的方法，也能够应用在测量每年每一块土地利用类型、分类型和层级上。土壤有机物密度（每公顷吨碳）被应用在附有每层级面积数量的工作表内（IPCC 1996，2003，2006）。

第十节 LULUCF 或 AFOLU 领域温室气体清单估算报告

表 16-3 是应用 IPCC（2003，2006）指南条款制定的估算温室气体排放量、转移量的基本报告表。使用的报告表格能够通过使用 IPCC（2003，2006）提供的工作表格和编辑表格获得。

表 16-3 应用 IPCC（2003，2006）温室气体清单基础报告表

温室气体"源"和"汇"类型	CO_2 净排放量与转移量	CH_4	N_2O	NO_x	CO
土地利用类型总和	−24 594.33	4.04	0.03	1.00	35.38
森林土地	−25 513.17	2.24	0.02	0.56	19.62
1. 森林土地仍为森林土地	−26 767.89	0.98	0.01	0.24	8.56
2. 土地转变为森林土地	1 254.72	1.26	0.01	0.31	11.05
农田	−639.14	—	—	—	—
1. 农田仍为农田	−671.12	—	—	—	—
2. 土地转变为农田	31.98	—	—	—	—
草原	706.91	1.80	0.01	0.45	15.76
1. 草原仍为草原	—	1.80	0.01	0.45	15.76
2. 土地转变为草原	706.91	—	—	—	—
湿地	0.72	—	—	—	—
1. 湿地仍为湿地	—	—	—	—	—
2. 土地转变为湿地	0.72	—	—	—	—
居住地	97.16	—	—	—	—
1. 居住地仍为居住地	—	—	—	—	—
2. 土地转变为居住地	97.16	—	—	—	—
其他土地	38.98	—	—	—	—
1. 其他土地仍为其他土地	—	—	—	—	—
2. 土地转变为其他土地	38.98	—	—	—	—

CO_2 转移量标记为负号（−），CO_2 排放量标记为正号（＋）；CH_4，N_2O，NO_x 和 CO 是土地利用部门需要估算的其他温室气体。

第十一节　估算和降低不确定性

IPCC(2003，2006)建议估算不同活动数据和排放因子的不确定性，不同土地利用类型二氧化碳的排放量与转移量估算值累加之和即为一个国家的估算量。第18章介绍了估算不确定的方法。IPCC(2003，2006)介绍了两种合成不确定性的估算方法，也就是简单误差传播法和蒙特卡罗(Monte Carlo)分析法。应用这两种方法的任何一种都能够观察到在1年时间内每一种土地利用类型和不同碳库对碳总排放量产生不确定性的贡献率。

第十二节　质量保证与控制

IPCC(2000，2003)制定了质量保证(QA)和质量控制(QC)的定义和指南条款，并且指出了增加估算温室气体清单的透明度和准确性的重要意义(参考第18章)。

1. 质量控制基本程序

基本方法主要集中在加工、处理、文字叙述、归档和报告程序中。质量控制活动和程序包括以下部分：

检查数据库文件的整体性：

(1)验证适宜数据的加工步骤，并且正确地反映在数据库中。

(2)验证的数据关系能正确体现在数据库中。

(3)确保数据现场带有适当标签并且能够被正确地使用说明。

(4)确保数据库和模型结构有足够的解释的文本。

2. 二氧化碳源/汇部门质量控制的具体程序

质量控制基本程序与检验数据加工、处理和报告相关，而二氧化碳源/汇部门具体程序与主要部门相关。质量控制程序受应用方法的具体数据类型指导，并且要求具有以下知识：

(1)二氧化碳源/汇部门；

(2)可用数据类型；

(3)与排放量、转移量相关的参数。

质量控制程序集中在以下验证上(这些仅为例子，详见IPCC 2003第5章)：

（1）验证土地面积已进行了适当分类并且没有重复计算或漏掉土地面积。

（2）验证了活动数据时间序列的持续性。

（3）验证采用的抽样技术和扩展议定书。

3. 质量保证检验程序

质量保证要求专家检验评估清单的质量和识别有必要改进的地方。质量保证基本程序是清单组织机构专家对现场进行检验。应用程序验证所有源/汇部门，尤其是主要部门。另外，为了保证质量，还可以聘请专家对计算、假设和所用模型的进行评价。

第十三节　遥感技术在国家层面碳计量中的应用

遥感技术已经被应用在与土地利用类型和分类型相关的估算活动数据中。遥感技术开始已被应用在估算和监测地上生物量、地下生物量和土壤碳储量等排放量和转移量因子中。第14章详细阐述了遥感技术用于估算不同碳库碳储量的方法，并且遥感技术也适用于应用在国家层面碳清单工作中。

第十四节　结论

几乎是所有国家都在国家层面上制定了碳和温室气体清单并且上交到《联合国气候变化框架公约》秘书处。国家温室气体清单报告、《联合国气候变化框架公约》编辑和综合报告，已经在估算二氧化碳或其他温室气体清单中提出了许多观点和问题。这些具有广泛意义的问题是：

（1）缺乏清晰的方法以及方法不充分；

（2）缺乏活动数据和排放量因子；

（3）排放量因子质量与可靠性低；

（4）排放量因子不确定性高，导致估算清单的不确定性大；

（5）排放量因子缺省值不适用于国内环境。

所有研究强调的主要限制都与缺乏或可靠性低的排放量转移因子有关。确定可靠性碳计量的主要步骤是在全国范围内估算不同土地利用部门和分部门的排放量和转移量因子。本书的方法可用来估算排放量和转移量因子，所有国家都已建立起了长期碳计量规划与监测碳汇的固定样地。本章介绍的指南条款和方法能够用来估算以 IPCC 1996 年修改的指南条款（IPCC 1996）、IPCC 最佳实践指南条款（IPCC 2003）和 IPCC 2006 年国家温室气体清单的指南条款（IPCC 2006）为基础的土地利用部门的二氧化碳排放量和转移量。

第十七章 估算碳储量和变化量

碳计量项目与规划的主要目标是每年或在不同时间段内估算项目和规划碳库中碳的贮存量和变化量。第 10 ~13 章介绍了测量和监测不同指标参数的方法，这些参数被用于估算不同碳库中碳的贮存量。下一步就是应用现场或实验室测量和监测的参数，估算碳储量和变化量。分析和计算碳储量和变化量包括以胸径、高度、土壤有机碳含量等抽样样地现场或实验室的参数估算值为基础，再扩展到每公顷每年碳的吨数估算值或应用不同方法和模型计算出几年内每公顷碳的吨数、碳储量。需要估算的碳库是：

（1）地上生物量与地下生物量；

（2）枯死木和枯落物；

（3）土壤有机碳。

不同利益相关者在不同时间段和频率间隔期对不同土地利用类型都需要进行碳储量和变化量的估算（第 3 章）：

1. 清洁发展机制项目开发者和实施机构

清洁发展机制项目开发者和实施机构，要求每年或间隔几年（一般 3 ~5 年）估算 1 次每公顷碳汇（吨/公顷）。

2. 木材生产经理

木材生产经理要求估算每公顷木材产量（吨或立方米），以及轮伐期结束后的全部造林面积。

3. 社区林业生产者

社区林业生产者要求估算不同时间段每公顷薪炭材和木材的重量或材积量。

4. 林业工人或农民

林业工人或农民需要定期估算每公顷薪炭材吨数和木材的重量或材积量。

5. 国家温室气体清单

国家温室气体清单组织机构需要估算在给定时间内或每年不同土地利用类型二氧化碳的排放量（吨）和转移量（吨）。

本章主要介绍估算不同碳库内的碳储量和变化量的方法和程序。

第一节　树木地上生物量

树木地上生物量包括商品材和树木总生物量。不仅有商品木材，还有枝、杆和树皮。主要方法为烘干生物量。第 10 章介绍了估算地上生物量的现场方法。

一、应用采伐方法估算树木生物量

第 10 章介绍了采伐方法，并包括了以下步骤：

（1）为每一层选择代表土地利用类型或项目活动的抽样样地（详见第 10 章第 3 部分层级化定义）；

（2）采伐每一抽样样地内所有树木；

（3）分别测量抽样样地所有被采伐树木有商业价值的茎、枝、干的重量；

（4）计算每一块样地的有商业价值的茎、枝、干的干重；

（5）累加所有样地树木成分的干重；

（6）分别从样地的树木生物量（茎、枝、干）值推算出每公顷吨数以及土地总面积。

计算程序简单，就像上面步骤介绍的那样，以干物质形式表示，称量所有抽样样地内采伐树木的重量，测算出每公顷树木的干物质重量。

二、估算立木蓄积

第 10 章介绍的样地方法为胸径和高度等树木参数提供数值。这些数值能够估算立木蓄积。应用木质密度，把立木蓄积转变为树木重量等。这种方法包括以下各项：

步骤 1：测量抽样样地内所有树木的高度和胸径（第 10 章）。

步骤 2：按照树种和样地，列出高度和胸径数值表格。

步骤 3：依据树木形状（圆柱形或圆锥形），应用下面公式，估算抽样样地每棵树木的蓄积，

$$V = \pi \times r^2 \times H（圆柱形状）$$

$$V = (\pi \times r^2 \times H)/3（圆锥形状）$$

式中：V——立木蓄积(立方厘米或立方米)；

　　　r——离地面高度130cm处，树木半径 = DBH/2；

　　　H——树木高度(厘米或米)。

步骤4：从有关文献中，得到每一树种木质密度值(参见第七部分)。至少要有优势树种。

如果在文献中查找不到任何优势树种的木质密度值，在现场选择与优势树最相近的树种，取其木质密度值。

步骤5：用每一树种木质密度乘以立木蓄积，得到树木干重，把克干重转化为千克或吨干重。

树木重量(克) = 立木蓄积(立方厘米) × 密度(克/立方厘米)

步骤6：计算所选择抽样样地内每种树的树木重量之和(每种树的单位为千克或吨)。

步骤7：以计算每一样地重量为基础，求所有抽样样地所有树种的树木之和(千克或吨)。

步骤8：从所有抽样样地面积(所有样地和)树木重量之和推算出每公顷(每种树每公顷生物量吨数)每种树的重量。

步骤9：累加每种树种生物量，得到所有树种总生物量(吨/公顷，干物质)。

关于木质密度的估算。木质密度随着树种、年龄和树木生物量组成成分(主干、枝、嫩枝)变化而变化。因此，在已选择样地中，估算树种的木质密度是最佳的实践方法，尤其是在相关文献中，查不到某一树种可参考的木质密度值。可采用以下步骤估算木质密度：

步骤1：选择树种和组成成分估算木质密度。

步骤2：钻或切割一块木块；收集3~5块同样木块。

步骤3：测量每一块木块的重量(单位为克)。

步骤4：在105℃烘箱内烘干木块样本至恒重。

步骤5：拿出一个带有刻度已知尺寸和容积的测量瓶，应用尖头针把一块木块很容易地浸入测量瓶里，测量排出的水量。

步骤6：记录水的高度，然后把一块木块浸入测量瓶中，测量在测量瓶中的水增加的高度，并且确保木块全部沉浸在水中。

步骤7：以水的升高高度和测量瓶半径为基础，估算一块木块的体积(立方厘米)。

$$V = \pi r^2 H$$

式中：V——木块体积（立方厘米）；

　　　r——罐子半径（厘米）；

　　　H——浸入木块后，水柱升高的高度（厘米）。

步骤8：应用下列公式，估算木材的密度：

D（克／立方厘米）＝一块干木块的重量（克）／这块干木块的体积（立方厘米）

三、应用材积表估算树木生物量

有许多商品材树种都有材积表。材积表是二元材积表，如果已知胸径和高度，就可查到材积。一旦查到材积，就可根据木质密度估算出生物量。应用表17-1能够计算出每一样地和每公顷的总生物量。第二节第一部分介绍的步骤也可用于估算每公顷树木重量和生物量。这一部分，树木材积可以用材积表进行估算。然而，这些表格仅用于查找商品材材积。把材积转化为总

表17-1 雪松（喜马拉雅杉，*Cedrus deodara*）**材积表**

（From Chaturvedi and Khanna 1982）

胸径（厘米）	材积（立方米）				
	高度（米）				
	17	23	29	35	41
15	0.030	0.068	0.106		
20	0.114	0.182	0.250		
25	0.222	0.329	0.435	0.541	
30	0.355	0.508	0.661	0.814	
35	0.512	0.720	0.929	1.137	1.345
40	0.692	0.965	1.237	1.509	1.782
45	0.897	1.242	1.586	1.931	2.276
50		1.552	1.977	2.403	2.828
55		1.894	2.409	2.924	3.438
60		2.269	2.882	3.494	4.107
65		2.677	3.396	4.115	4.834
70		3.117	3.951	4.785	5.619
75			4.547	5.504	6.462
80			5.185	6.274	7.636
85			5.863	7.092	8.322
90			6.583	7.961	9.339
95			7.343	8.879	10.415
100			8.145	9.847	11.549

生物量，有必要应用相关文献中的生物量转变和扩展因子（参见第一节第六部分）。生物量方程方法（第一节第五部分）有日趋取代材积表之势。

四、应用树木重量估算树木生物量

估算树木生物量涉及到依据胸径等级估算树木平均重量，用每一种树木胸径的棵树乘以树木平均重量，累加样地所有胸径等级的树木重量，得到样地所有树木的重量，然后累加同一类型样地内树木的重量，以扩展到每公顷树木重量。应用这种方法估算的重量避免了伐掉大量的树木，降低了估算它们重量的成本。树木生物量方法是一种有吸引力的选择方法，尽管没有比应用伐倒树木建立起的具体树种生物量方程方法的准确性高。这种方法包括以下步骤：

步骤1：选择天然林或人工林层级，选择抽样样地，并测量抽样样地内所有树木的胸径。

步骤2：应用抽样样地现场测量的胸径数据，制定用于每种树种适宜径级区间形成的频率表格。

为了降低误差，根据抽样样地内胸径范围区间，理想的径级区间是越小越好（例如：5厘米或更小）。

步骤3：作出胸径数据表格（表17-2格式）。

步骤4：从样地所选树种的树木总数，扩展到每公顷所有树木，添加到表格的列中。

步骤5：在天然林或人工林中，选择每一个径级内的树种，在树种中再选择一棵胸径与平均胸径值最接近的树木。

步骤6：采伐所选定的与平均胸径相同的树木，估算树木的平均重量。

如果需要，把采伐的树木按干、枝、茎等进行分解，并且估算每一部分的重量。

步骤7：通过选择树木样本在105℃烘箱中烘至恒重，进行称重，估算出每一胸径等级已选择树木的干重。如果需要，分别抽样每一部分并累加求和。

步骤8：应用平均胸径的树木干重和在此径级内的树木个数，估算这个胸径等级1公顷内所有树木的总重量。

步骤9：累加1公顷内所有现存树木的生物量。

步骤10：每种树种重复以上步骤，累加每公顷所有树种的重量，对于抽样样地内稀疏分布的树种，应用与其树木结构（树冠大小和形状）相类似的其他树种的平均重量。

表 17-2　依据胸径值，估算莫宝莲（桃金娘科，*Syzigium cuminii*）**的地上生物量**

胸径等级（厘米）	抽样样地平均胸径（厘米）	平均胸径下树木平均干重（千克/棵）	树木棵树/公顷	总生物量，干重（千克/公顷）
5~10	8.0	15	5	75
10~15	12.5	21	25	525
15~20	18.0	28	175	4900
20~25	24.0	40	200	8000
25~30	28.0	55	175	9625
>30	33.0	70	100	7000
总计			680	30 125

应用

平均树木方法是一项实用方法，能够被应用在确定树木位置和那些无法应用和不能确定生物量方程的树种上。

五、生物量方程

生物量方程是以样地内每棵树的胸径或胸径与树高为基础估算树木的重量。生物量方程是最常用、成本效率高的估算天然林或人工林树木生物量的方法，第 15 章详细解释了这一点。

这一部分主要介绍怎样建立和应用生物量方程去估算单株树木重量、以及每公顷天然林和人工林的生物量。

1. 建立生物量方程

对于一些优势商业树种而言，已有建立的生物量方程。一些阔叶树生物量方程也是常见的。然而，那些方程不仅对树种具有特异性，对生境也有特异性。进一步说，应用成熟树木建立的生物量方程，不能用于幼龄林，反之亦然。其他地区不同树种的生物量方程对于大多数当地的或本土的树种是不可用的。最理想的是建立一个生物量方程适用于当地树种，以及林分龄级。建立生物量方程的过程包括以下步骤：

步骤 1：选择天然林或人工林层级，选择抽样样地，识别抽样样地内（第 10 章）优势树种、测量所有树木的胸径和高度。

步骤 2：选择天然林或人工林一些优势树种。

步骤3：对于已鉴别树种的树木，随机至少选取30棵，代表天然林或人工林中胸径不同的树木。

步骤4：测量已选树种每棵树的胸径和高度。

步骤5：采伐已选树种，并把其切割成树干、权和枝。

步骤6：切割树木成适宜大小的木块，在现场称其重量，确定干重。

如果切割大树干成小块是不可行的话，测量一个大块树干的直径和高度，估算这块树干的材积（$\pi r^2 H$）；r——直径/2；H——高度。

步骤7：称量全树重，估算每棵树的重量；对于大树，用木质密度乘以材积计算重量。

步骤8：列出 Y 轴表示重量、X 轴表示胸径的坐标；在变量之间得到最适宜曲线，曲线可能是线性的，也可能是非线性的。

步骤9：建立树木重量和胸径或与胸径及树高相关的生物量方程。应用现成的软件包可以拟合这些方程。例如，Excel 或 SPSS（社会科学统计软件包，Statistical package for Social Scientists）。

(1)大多数统计学和森林测量教科书上，已经给出了应用胸径、高度和重量数据建立起的线性和非线性生物量方程的方法。此外，Brown（1997）和 Parresol（1999）的文献也讨论了建立和应用生物量方程的步骤和方法。

(2)估算生物量方程的常数（a）、回归系数（b）以及决定系数（r^2）。决定系数解释了胸径（自变量）决定生物量（因变量）的比例或百分数。

除人工林外，生物量方程还受以下情况限制：在给定树种中，采伐30棵或更多棵树木是不可行的或不允许的。而且，采伐成本也是很高的。因此，仅仅为优势树种建立生物量方程，对于其他树种，可采用一般方程。

2. 应用生物量方程

气候变化减缓、木材生产与温室气体清单等大多数项目要求估算地上生物量，估算的步骤：

步骤1：在天然林与人工林中，选择优势树种的生物量方程。

(1)应该为具体项目建立方程或为与相同地点、植被、土壤和其他特点的项目建立方程。

(2)如果当地建立方程不可行，在文献或数据库中查找与此树种结构相近的树种生物量方程。

(3)如果具体树种生物量方程不可行，应用通用方程。

步骤2：分别把抽样样地内每种树种被测树木的胸径和高度数据输入到

一个数据库内。

步骤3：把方程输入到 Excel 或其他可用的软件中，并链接数据库和方程。

步骤4：应用胸径、高度和具体树种生物量方程以及软件包，估算每一棵树的重量。

把胸径代入方程，应用简单计算器就能估算出树木重量，尤其是在估算树木数量十分少的情况下。

步骤5：对已建立和可用的生物量方程的每种树种，累加抽样样地内所有树木生物量。

步骤6：把样地生物量值（吨）扩展到推算每公顷生物量值（干吨/每公顷）。

步骤7：如果一些小树木没有相对应生物量方程，应用树木形状、高度和冠幅与最相近的树种生物量方程。

2. 生物量转变和扩展因子

在应用已建立的生物量方程估算商品材材积时，有必要应用生物量转变和扩展因子（表17-3）把材积值转变为整个树木生物量（包括干、枝、权）。这些因子能够在现场中得出或在文献中找到（详细见第一节第六部分）。

表17-3　热带地区生物量转变和扩展因子（BCEF）缺省值

生长蓄积量水平（立方米）							
<10	11~20	21~40	41~60	61~80	80~120	120~200	≫200
针叶树							
4	1.75	1.25	1	0.8	0.76	0.7	0.7
(3~6)	(1.4~2.4)	(1~1.5)	(0.8~1.2)	(0.7~1.2)	(0.6~1)	(0.6~0.9)	(0.6~0.9)
天然林							
9	4	2.8	2.05	1.7	1.5	1.3	0.95
(4~12)	(2.5~2.5)	(1.4~3.4)	(1.2~2.5)	(1.2~2.2)	(1~1.8)	(0.9~1.6)	(0.7~1.1)

3. 以胸径和（或）树高为基础的生物量方程

生物量方程有线性的、一元二次的、立方的、对数的和指数的。这些常用的生物量方程（表17-4）一般被用来估算地上生物量。除了每种树种生物量方程外，常用的生物量方程也能够估算每公顷生物量。

表 17-4　估算生物量方程

森林类型[a]	方程	R^2/样地面积	胸径范围（厘米）
热带潮湿阔叶木[b]	$Y = EXP[-2.289 + 2.694LN(DBH) - 0.021(LN(DBH))]$	0.98/226	5 ~ 148
热带湿阔叶木[b]	$Y = 21.297 - 6.953(DBH) + 0.740(DBH)$	0.92/176	4 ~ 112
温带/热带松树	$Y = 0.887[(10\,486(DBH)^{2.84}/(DBH^{2.84})) + 376\,907]$	0.98/137	0.6 ~ 56
温带美国东部阔叶木	$Y = 0.5 + [(25\,000(DBH)^{2.5})/((DBH^{2.5}) + 246\,872]$	0.99/454	1.3 ~ 83.2

a. Brown(1997), Brown and Schroeder(1999) and Schroeder et al. (1997)进行了更新；Y——生物量干重（千克/棵）；DBH——胸径，LN——自然对数；EXP——e 指数函数

b. Delaney et al. (1999)；Y——生物量干重（千克/棵），HT——树干高度（m），LN——自然对数

通常，对于大树，测量高度是十分困难的，测量重量也较困难，因此只能测量立木蓄积。立木蓄积量与胸径和高度参数有直接关系。应用生物量方程估算出蓄积量；再用树种密度就可以转化为每棵树或每公顷生物量吨数。采用以下步骤估算蓄积和树木生物量：

步骤 1：选择天然林或人工林层级，选择抽样样地，识别优势树种，测量抽样样地所有树木胸径和高度。

步骤 2：为优势树种或所有树木选择生物量估算方程，以及可用的具体树种方程（表 17-5）。

表 17-5　以胸径（胸围）为基础的一些树种生物量方程

树种	模型	a	b	R^2	SE
总状花羊蹄甲（*Bauhinia racemosa*）	$Y = a + b \times X(X = GBH^2 \times height)$	0.0431	0.0025	0.97	3.17
Zizphus xylopyra	$\log_{10} Y = a + b \times \log X(X = GBH)$	-3.20	2.87	0.94	0.12
柚木（*Tectona grandis*）	$Log\, Y = a + b \times \log X(X = BGH)$	-2.85	2.655	0.98	0.075
厚皮树（*Lannea coromandelica*）	$Y = a + b \times X(X = GBH^2 \times height)$	-1.84	0.002	0.98	14.49
Miliusa tomentosa	$Y = a + b \times X(X - GBH^2 \times height)$	-0.68	0.0024	0.99	1.33

如果没有具体可用的树种方程，就可用常用方程或那些用于特定天然林或人工林类型的生物量方程。

步骤 3：把胸径、高度和生物量蓄积方程输入到 Excel 等软件包中。

步骤4：应用计算机软件，以胸径或胸径和高度为基础，计算每棵树木的蓄积。

步骤5：如果应用具体树种方程计算树木总蓄积量（m^3），那么就要累加所有抽样样地不同树种树木的蓄积。

步骤6：应用所造树种生物量密度把抽样样地内树木蓄积量转变为生物量吨数。

（1）如果具体树种密度值不可用或不能得到所有树种密度值，那么就要应用优势树种密度值把天然或人工林蓄积转变为生物量。

（2）如果方程仅提供商品材材积，应用生物量转换和扩展因子得到每公顷总的生物量（千克）或每公顷吨数。

步骤7：从抽样样地面积生物量扩展推算每公顷生物量。

1. 以生物量方程为基础的断面积

抽样样地内一个给定树种或所有树种能够应用胸径值估算所有生物量的断面积：

断面积（m^2/hm^2）= $\sum \pi(DBH/2)^2$

常绿林：生物量（吨/公顷）= $-2.81 + 6.78(BA)$，$r^2 = 0.53$（Murali et al. 2005）

落叶林：生物量（吨/公顷）= $11.27 + 6.03(BA) + 1.83(height)$，$r^2 = 0.94$（Murali et al. 2005）

杂交桉树蓄积（m^3/公顷）= $-2.4992 + 0.287(BA) + height$（高度）（现场测量）

式中：BA——每公顷断面积（平方米/公顷）。

六、生物量转变和扩展因子

生物量材积表格和生物量储量缺省值以及生长率都经常被用于估算商品材材积。估算树木生物量商品材材积实际上仅仅是估算了树木主干的材积量，这对于工业用材生产者而言就足够了。然而，对于估算应对气候变化项目和温室气体清单的碳储量和变化量而言，所有包括树枝与树杈，甚至树叶的地上所有生物量都需要估算。为了把商品材树木蓄积转变为总生物量，那么就要应用生物量转变与扩展因子（IPCC 2006）。生物量转变和扩展因子（BCEF）增加了地上生物量商品材材积的干重和贮存量，同时也解释说明了树木、林分或森林中的非商品的成分。通过采伐树木和估算商业的和非商业成分比例，也能为当地树种建立起这样因子。有些文献中也能查找到生物量转变和扩展因子的缺省值（IPCC 2006）。应用以下广义步骤，能够估算树种或森林类型的因子：

步骤1：选择树种或森林类型确定生物量转变和扩展因子。

步骤2：采用描述估算地上生物量的抽样方法。

步骤3：选择一个树种至少30棵树，或选择一个森林类型中的多个树种组成的混交林。

步骤4：切割树木到根基部位，把地上生物量分解成主干或商业树干，以及茎、枝、权等剩余部分。

步骤5：估算商品林树木成分的材积，应用采伐方法介绍的方法（第17.1.1部分）估算剩余生物量，从树木和抽样样地获得的估算值推广到估算1公顷地上生物量。

步骤6：树木总蓄积量与商品材材积的比值，即为生物量扩展因子（BEF），再乘以密度，估算出生物量转变和扩展因子（BCEF）。

生物量扩展因子（BEF）=（树木总蓄积/公顷）/（树木商品材材积/公顷）

生物量转变和扩展因子（BCEF，吨/立方米）= BEF×密度（吨/立方米）

一些给定的树种幼龄林或成熟林的天然林和人工林组成的某一森林类型可以估算生物量转变和扩展因子。

如果一个生物量方程直接计算出了商品木材生物量（吨/公顷），就可以应用生物量扩展因子。

依据商品材生物量估算值（立方米或吨/公顷），估算生物总量，有两种方式：

总生物量（吨/公顷）=商品材总生物量（吨/公顷）×BEF

总生物量（吨/公顷）=每立方米蓄积的商品材生物量（立方米/公顷）×BCE

七、应用估算地上生物量的方法

不同受益者正在应用不同的方法估算地上生物量。在所有的方法中，应用最多的是生物量（蓄积量）估算方程。然而，适用于这样生物量方程的树种数是有限的。由于缺少具体生物量方程，一般常用生物量方程经常被使用，所以，理想的是项目开发者和调查专家能够建立起具体地区和具体树种的方程。这些方程一旦建立起来，就可以用在这个地区其他项目上。缺少生物量方程，最简单的方法是应用胸径、高度和形数估算抽样样地树木的蓄积，然后把树木蓄积乘以其木质密度就可以得到生物量吨数。

第二节　非树木地上生物量

非树木地上生物量包括灌木、草本植物生物量。草本植物一般是一年生的，灌木通常是多年生的。天然林和人工林管理者和温室气体清单专家重点关注的是树木生物量。然而，气候变化减缓项目、草原开发项目和社区林业规划应该估算非树木生物量。在森林和非森林土地利用系统中，砍伐方法被用于估算非树木生物量。

一、灌木和草本植物生物量

对于天然林和人工林而言，估算灌木和草本植物生物量是必须的。生物量一般是用每年每公顷干物质重量表示。由于抽样样地面积以及植物形状是不同的，所以要分别估算灌木和草本植物生物量。估算这两种植物类型生物量也可采用砍伐方法。

1. 灌木生物量

第10章中介绍了估算灌木生物量的现场方法。灌木生物量包括一年生以及多年生植物。抽样样地中，测量灌木生物量的参数一般就是测量灌木生物量的重量。

步骤1：全部采伐后，记录抽样样地灌木生物量的重量与干重（千克/样地）。

（1）如果有价值大的幼龄林更新树木或任何经济价值高的多年生灌木，砍伐这样的植物是不理想的。

（2）采伐一些有代表性的植物，并称其重量，记录每种植物的名字、高度和占地面积。

（3）应用这些数据估算没有被砍伐植物的重量。

（4）选择地说，如果多年生或经济价值高的灌木树种覆盖的地表面积比例小（小于10%），那么就可以忽略这些树种。

步骤2：根据不同灌木样地累加所有采伐生物量，得到所有抽样样地面积的灌木生物量干物质。

步骤3：扩展抽样样地面积生物量到每公顷生物量（干吨/公顷）。

243

2. 草本生物量

草本生物量一般占天然林、人工林、混农林地、草原植物地上生物总量的比例较小。进一步说，尤其是一年生的草本植物，它的生物量是碳循环的一部分，但对碳储量的变化量是没有意义的。草本植物生物量可以被忽略，尤其是由乔木树冠和灌木覆盖的林地。如果有必要，草本植物生物量内碳汇能够用已介绍的灌木方法进行估算，一般以一段时期内不同两时间点间的草本植物重量为基础。应用估算草生物量程序，计算草本植物生物量（每年每公顷干物质）吨数。

二、地上草生物量

估算地上草生物量（吨/公顷·年）对评估实施草原开发项目给草生产量带来的影响是十分重要的。草生产量的单位是每年每公顷干吨。第 10 章描述了估算方法。草与草本植物估算程序如下：

步骤 1：在现场研究中，每月称量抽样样地收割草或草本植物重量，估算抽样样地草的干重。

步骤 2：推算每月抽样样地草或草本植物干重，估算每公顷草或草本植物干重。

步骤 3：做出每年每月与每公顷估算草或草本植物生产量的图表。

步骤 4：每月数值中的最高值可以认为是该区域每年每公顷草或草本植物生产力（干吨）。

第三节　地下生物量

第 11 章介绍了测算根生物量的方法。由于挖掘根成本高并且在天然林或人工林、混农林地样地内拔出或挖出根也较困难，所以在大多数情况下，挖掘根和挖掘土壤土块是不符合实际的。因此，实际中采用以下两种方法：

（1）标准根冠比（表 17-6）。

（2）异速生长方程（表 17-7）。

1. 根冠比

应用根冠比估算根生物量包括以下步骤：

步骤 1：应用第 17.2 部分介绍的方法之一，估算地上生物量，以每公顷生物量（干吨）形式表示。

表17-6　地下生物量与地上生物量比率(R)（根干物质吨；冠干物质吨）

区域	生态区域	地上生物量(吨/公顷)	R
热带	热带雨林	—	0.37
	热带湿润落叶森林	<125	0.20(0.009～0.25)
		<125	0.24(0.22～0.33)
	热带干旱森林	<20	0.56(0.28～0.68)
		<20	0.28(0.27～0.28)
	热带山地系统		0.27(0.27～0.28)
亚热带	亚热带潮湿森林	<125	0.20(0.09～0.25)
		<125	0.24(0.22～0.33)
	亚热带干旱森林	<20	0.56(0.28～0.68)
		<20	0.28(0.27～0.28)
温带	温带海洋森林 温带大陆森林 温带山地系统	针叶<50	0.40(0.21～1.06)
		针叶50～150	0.29(0.24～0.50)
		针叶>150	0.20(0.12～0.49)
		桉树>50	0.44(0.29～0.81)
		桉树50～150	0.28(0.15～0.81)
		其他阔叶森林<75	0.46(0.12～0.93)
		其他阔叶森林75～150	0.23(0.13～0.37)
		其他阔叶森林>150	0.24(0.17～0.44)
寒带	寒带针叶森林 寒带冻土林木土地 寒带山地系统	>75	0.39(0.23～0.96)
		<75	0.24(0.15～0.37)

表17-7　估算森林根生物量的回归方程（Cairns et al. 1997）

条件与自变量	方程 Y——根生物量(吨)	样本大小	R^2
所有森林，地上生物层	$Y = Exp[-1.085 + 0.9256 \times LN(AGB)]$	151	0.83
所有森林，地上生物量与年龄(年)	$Y = Exp[-1.3267 + 0.8877 \times LN(AGB) + 1045 \times LN(AGE)]$	109	0.84
热带森林，地上生物量	$Y = Exp[-1.0587 + 0.8836 \times LN(AGB)]$	151	0.84
温带森林，地上生物量	$Y = Exp[-1.0587 + 0.8836 \times LN(AGB) + 0.2840]$	151	0.84
寒带森林，地上生物量	$Y = Exp[-1.0587 + 0.8836 \times LN(AGB) + 0.1874]$	151	0.84

LN——自然对数；Exp——"e指数"；AGB——地上生物量(t)；R^2——决定系数。

步骤2：从文献中查找适宜的根冠比。Cairns et al. (1997)综述了在热带、温带和寒带森林中进行的160多项研究，得出根冠比平均值为0.26，区间为0.18～0.30。因此，对于大部分项目而言，一般应用根冠比均为0.26。

步骤3：应用地上生物量的根冠比计算根生物量，计算公式为：

根生物量(干吨/公顷) = 0.26 × 地上生物量(干吨/公顷)

2. 异速生长方程

应用地上生物量数据与已经建立的生物量方程估算根生物量。表17-7中给出了生物量方程的例子。方法包括：

(1)应用第17.2部分介绍的方法中任何一种，估算地上生物量。

(2)选择适宜的生物量方程。

(3)在方程中，代入地上生物量值，得到每公顷根生物量(吨)。

3. 估算非树木植被根生物量

对于灌木、草本植物和草等非树木生物量，应用地上生物量数据不可能估算地下生物量。因此，第11章介绍了应用钻取土芯法或土坑法进行现场测量。非树木植物根生物量能够按以下步骤估算：

(1)应用土芯取样法中的取芯器容积(深度和高度)，得到根生物量的干重。

(2)应用核心直径和深度计算取芯器容积，计算根生物量干重(核心体积 = $\pi r^2 \times H$)。

(3)以每公顷土壤体积为基础扩展推算根生物量，通常每公顷土壤深度为30厘米(30厘米深 = 3000立方米)的根生物量。

第四节　计算枯死木与枯落物生物量

枯死木与枯落物不可能成为大多数以土地为基础的项目和温室气体清单中的主要碳库。这两个碳库在一些项目中根本不存在，或者是在草原和混农林地，甚至人工林项目中存在的数量也极少。枯死木和枯落物生物量的计算仅在森林项目中有重要作用。第12章介绍了监测枯死木和枯落物生物量的方法。这一部分主要介绍两个估算碳库生物量的程序。

一、枯死木

枯死木生物量包括枯立木和枯倒木生物量。根据木块的大小，区分枯死木和枯落物是十分重要的。进一步说，有可能无法识别枯死木的树种，尤其是在混交林中的枯倒木。在单一树种人工林中，可认为死掉的树木与活立木的树木是同一树种。

1. 枯立木

步骤1：从现场测量中得到枯立木胸径值、高度值。死树可能有树冠，也可能没有树冠(第12章)。

步骤2：计算枯立木的重量。

(1)假设枯立木的生物量与胸径或高度的关系与活着的树木相同。

(2)应用第17章第15节部分介绍的程序和步骤，用胸径或有必要再加上树高，列出生物量方程。

(3)估算每一抽样样地枯立木的干重(千克或吨)，以及所有抽样样地枯立木总重量。

(4)从抽样样地扩展推算到每公顷。

2. 枯倒木

(1)枯倒木可能是全树，或仅有主干茎或稍大一点的树枝。

(2)采用估算枯倒木方法，估算枯倒木生物量，或应用第17章第1节第5部分介绍的生物量方程。

①估算每一抽样样地枯倒木干生物量和所有抽样样地的总重量。

②扩展到每公顷。

(3)估算倒下树干的材积，并应用第一节第三部分介绍的步骤，计算它们的材积和干重。

①应用胸径与树高，估算树干材积。

②应用木质密度和树干材积，估算树干重量。

③计算抽样样地内，所有树干重量，累加所有抽样样地面积，估算出干重。

④扩展所有倒下树干重量到每公顷(干吨)。

(4)倒下树枝，倒下树枝生物量可以按以下程序进行估算：

①重量。现场应用弹簧秤，称量所有倒下树枝的重量(不包括枯落物)，拿出样本，在烘箱里烘干，估算干重。扩展抽样样地倒下树枝的重量到每公顷倒下树枝的重量。

②体积，如果树枝很大，难以在秤上称量，那么就采用第一节第二部分介绍的办法。

3. 枯死木生物总量

枯死木生物总量是应用下面方程，估算枯立木生物量和枯倒木生物量的总和，一般是以每公顷干物质吨重来表示。

枯死木生物总量 = 枯立木 + (枯倒木全树 + 倒下树干 + 倒下树枝)

二、枯落物

估算枯落物生物量有两种方法：也就是年生产量和贮存量变化量(第12章)。这两种方法计算程序如下：

1. 年生产量

第12章介绍了从抽样样地中，估算每月木质和非木质枯落物的生产量。

步骤1：从所有抽样样地中，得到枯落物的重量和干重(千克)。

步骤2：12个月都要累加每月所有抽样样地枯落物干重量。

步骤3：从抽样样本干重扩展到每公顷，并以每年每公顷枯落物干物质产量(吨)来表示。

重复以上步骤，可以分别估算出每公顷木质枯落物和非木质枯落物产量。

2. 贮存量变化量

贮存量变化量的方法是需要在一段时期两时间点上估算枯落物贮存量，第12章介绍了在给定时间点上测量枯落物贮存量的现场方法。

步骤1：在两个时间段点(t_2 和 t_1)，估算抽样样地中，枯落物的重量和干重。

步骤2：累加所有样地样本干重，并扩展到每公顷干物质吨数。

步骤3：计算每年枯落物贮存量变化量(每年每公顷吨数)，应用以下方程。

每年枯落物贮存量变化量 = (t_2 时间枯落物贮存量 − t_1 时间枯落物贮存量)/($t_2 - t_1$)

第五节　土壤有机碳

估算土壤碳密度(吨碳/公顷)涉及到估算土壤容重和土壤有机物含量。第13章介绍了估算这两个参数的方法。这一部分总结了计算土壤碳密度的步骤：

步骤1：选择土地利用类型、项目活动和层级。

步骤2：进行现场和实验室实验，估算容重，土壤有机物或碳含量(第13章)。

1. 容重

应用土壤取土管或土块法，估算原状土容重，方程是：

容重(g/cc) = (锡管土壤重量 - 空锡管重量)/锡管容积，或土壤块重量/土壤块体积

2. 土壤碳密度(吨碳/公顷)

土壤有机碳含量按百分率估算，需要用容重、土壤深度与面积(10 000m^2)转换成每公顷吨数。

土壤有机碳(吨/公顷) = [0～30 厘米深度土壤重量 × 土壤有机碳浓度(%)]/100

土壤重量(吨/公顷) = [面积(10 000 平方米/公顷) × 深度(0.3 米) × 容重(吨/立方米)]

第六节 估算不同碳库的公式

估算碳库的主要目的是推算已选土地利用类型、项目活动和层级碳储量和变化量。估算碳汇需要一段时期两个时间点的碳储量值，估算总储量需要给定土地利用系统所有相关碳库内的储量变化量。在碳计量中，要考虑的主要问题是如下几点，表 17-8 中也已列举出来了。

表 17-8 不同项目和规划，碳计量的特点

项目或规划	碳计量目标	需要估算碳储量的类型	计算的碳库	计算频率	方法
以土地为基础的减缓项目	估算基线情景下额外的碳汇	两时间点碳储量的变化量	所有 5 个碳库	3～5 年	碳储量变化方法
木材生产项目	计算商品材生物量产量	总的商业价值的生物量	大部分地上生物量	轮伐期末	碳储量变化方法
社区林业	计算薪材产量：干+权+枝	总生物量	地上生物量	年生物量产量	碳通量方法
土地开发或草原改良	提高土壤肥力	增加土壤有机碳	土壤有机碳	定期地，每 3～5 年 1 次	碳通量方法
估算温室气体清单	计算碳排放量和转移量	总的碳汇量	所有碳库	清单年	碳储量变化方法 碳通量方法

(1)碳计量的目的；

(2)要求项目或规划的计量输出类型；

(3)计算和报告的碳库；

(4)计算与报告频率；

(5)采用的途径与方法。

1. 目标

计量的目的是具体回答与土地利用类型、植被类型和项目、规划目标相关的问题，以下是要求碳计量的规划和项目：

(1)气候变化减缓；

(2)木材生产(薪炭林，木材)；

(3)土地利用类型的温室气体清单；

(4)成本和效益分析。

2. 计量输出类型

需要碳计量估算和输出的类型是：

(1)减缓项目中，生物量与土壤碳汇吨数；

(2)降低二氧化碳排放量吨数(避免毁林)；

(3)商品材生物量或传统薪材生产量的吨数；

(4)估算土地利用类型二氧化碳排放量或转移量的吨数。

3. 碳库

项目类型与目标决定了估算和报告的碳库。项目随着报告地上生物量到所有碳库生物量的变化而变化。具体例子是：

(1)气候变化减缓项目：所有碳库；

(2)木材生产规划、地上生物量，尤其是商品材(主要是树干)；

(3)社区林业：地上生物量，枯死木和枯落物；

(4)温室气体排放量估算：所有5个碳库，取决于主要部门分析。

4. 频率

项目周期不同阶段需要估算碳储量和变化量，也就是：

(1)项目建议书准备阶段；

(2)项目实施阶段；

(3)项目监测阶段；

(4)项目竣工阶段或轮伐期结束；

(5)贮存量年变化量。

进一步说，碳计量监测的不同频率决定于碳计量项目或规划的目标。报告是一年的、定期的或项目结束的。

5. 途径与方法

估算途径与方法包括以实地测量或观察实验室的指标为基础的步骤，计算过程是以 IPCC（2003，2006）为基础的一系列方程，包括估算地上生物量与地下生物量、枯死木、枯落物和土壤的贮存量变化量。虽然考虑了 5 种碳库，但是由于资源限制，需要为给定的项目、规划或清单，提出主要碳库。

制做一个碳清单，需要在两点时间内估算碳储量或估算给定一年内碳获得量与损失量。IPCC（2003，2006）第 9 章内应用一系列方程介绍了这两种方法。

在碳储量变化方法中，计算每公顷每年碳储量变化量，然后每一层级乘上总面积，得到每一碳库的总储量变化量。这些值最后被累加起来。在碳通量方法中，计算给定一年内或一段时期内不同碳库的获得量与损失量。

一、计算气候变化减缓项目的碳储量与变化量

这本书重点是应用碳储量变化方法评价减缓项目对碳储量和变化量的影响，包括基线情景和减缓情景相关的碳库。计算程序包括以下步骤：

步骤 1：在基线情景下，估算碳汇：

$$\triangle CB = (CB_{t_2} - CB_{t_1})$$

式中：$\triangle CB$——在 $t_2 - t_1$ 时间内，基线情景碳汇（吨碳）。

CBt_2——在 t_2 时间（第 5 年结束），基线情景内总碳储量。

CBt_1——在 t_1 时间（零年或项目开始年），基线情景内总碳储量。

假设基线情景是稳定的，在项目开始 t_1 时间，估算出碳储量，也就是 t_0 时间的碳储量。

$$\triangle CM = (CM_{t_2} - CM_{t_1})$$

式中：$\triangle CM$——在 $t_2 - t_1$ 时间内，减缓情景碳储量的变化量（吨碳）；

CM_{t_2}——在 t_2 年时间（第 5 年底），减缓情景总的碳储量；

CM_{t_1}——在 t_1 年时间（零年或项目起始年），减缓情景总的碳储量。

步骤 2：在考虑的时间内，项目情景内，估算碳储量。

步骤 3：基线情景期间，估算减缓情景额外的或增加的碳汇：

$$C_{AD} = (\triangle CM - \triangle CB)$$

式中：C_{AD}——在 $t_2 - t_1$ 时间内，额外的或增加的碳汇（吨碳）（式中 t_2 是开始计算的年份，例如第 5 年底结束）。

$\triangle CM$——在 $t_2 - t_1$ 时间内，减缓情景碳汇（吨碳）。

$\triangle CB$——在 $t_2 - t_1$ 时间内，基线情景碳汇（吨碳）。

二、国家温室气体清单

IPCC(2003，2006)第9章总结了估算土地利用类型碳排放量和转移量的方法。应用第16章介绍的两种方法进行碳计量，也就是碳储量变化方法和碳通量方法。

三、计算木材生产项目生物量贮存量和变化量

木材生产项目需要监测和估算不同期间尤其是在轮伐期末生物量贮存量。应用碳储量变化方法，能够计算碳储量。方法如下：

$$RW_p = (RW_{AGBt_2} - RW_{AGBt_1})$$

式中：RW_p——木材生产总量［地上生物量(吨)］；

RW_{AGBt_2}——第 t_2 年木材贮存量［地上生物量(吨)］；

RW_{AGBt_1}——第 t_1 年木材贮存量［地上生物量(吨)］。

1. 商品材人工林

商品材人工林仅需要估算地上生物量，由于受到限制，仅估算作为商品材的树干(树枝和树杈除外)即可。也不需要估算枯死木与枯落物。

2. 薪炭材与社区林业人工林

薪炭材与社区林业人工林需要估算树干、杈、枝等地上生物量；如果有必要，也要包括枯死木和木质枯落物。传统的薪炭材包括枯死木和木质枯落物。

四、混农林业、防护林、草原管理和土壤保护活动的碳计量

混农林业、防护林、草原管理和土壤保护项目与活动等都要求进行碳计量。估算生物和土壤中碳的方法与以前章节中描述的方法基本相同。这一部分介绍了主要特点和要包括的碳库。

1. 混农林业

混农林业是包括大多数农场在内的村落生态系统的组成部分。混农林业项目的目的是增加：①树木的密度和生物多样性以及土壤与植物内的碳储量；②基于林产品和收入的流量表；③农作物生长率。生产农作物是混农林业的主要活动之一，在农作物中间、边界或沿着堤岸种植一行行树木。

碳库：地上生物量是最主要的碳库。如果混农林地上种植了大量树木或树木间行距较密，那么，尽管很难估算土壤有机碳含量，但还是要测量土壤

有机碳含量。

2. 防护林

防护林包括村庄或农田周边的用于防风侵蚀、阻止荒漠化、增加碳储量的树木林带，可能增加生物量（薪炭材和非木质树木产品）以及最终提高农作物产量的防护林。

碳库：地上生物量是惟一要测量和监测的主要碳库。应用根冠比估算地下生物量。由于每公顷树木密度低，所以没有必要估算其他碳库。

3. 土壤保护措施

流域保护包括土壤保护，是许多土地开发项目的主要目标之一。围堤、闸沟、淤地坝等土壤保护措施能够实现流域保护。土壤保护测量也增加了土壤有机物和农作物生产率或草覆盖率。

碳库：受影响的惟一碳库是土壤碳库。

4. 草原管理

草原、牧场或草场管理，包括水土保持，种草、放牧调控或草收割以及控制火灾，有利于提高草生产量和增加土壤碳密度。

碳库：测量或监测的最主要碳库是土壤碳库，草原管理措施直接影响着土壤碳储量和变化量。

第七节　数据资源

在给定一年内或多年中，估算项目或国家层面碳汇、二氧化碳排放量和转移量需要选定一个土地利用类型或项目活动面积的数据，以及单位面积碳储量估算值或变化量比率。估算值的准确性决定于面积和影响碳储量和变化量的因子数据的质量。这本书主要是估算不同碳库碳储量和变化量。不同碳库碳储量与变化量是随着以降水量、土壤类型、地貌、树种和管理系统为基础的不同天然林、人工林、草原和混农林地的不同而有很大的变化。土地利用系统碳储量和变化量的估算值具有误差大、不确定性高等特点。不同碳库碳储量和变化量比率在不同地区进行测量和估算。然而，在项目、土地利用部门，尤其是国家层面，并不是总有可能测量不同碳库。因此，不同碳库值可以参考已发表的文献数据库、以及生物物理环境相似的其他地方的测量值，以及应用缺省值。

应用缺省值或以文献为基础的数值，估算项目以及国家层面的碳计量。

缺省值一般是通过应用统计程序和已出版的数据库、报告、图书杂志和文章，从实践、现场和实验室测量或从不同碳库的贮存量与生长率的研究中得到的因子或数据。IPCC 指南条款(1996，2003，2006)为估算二氧化碳排放量和转移量规定了层级 1 方法，这些方法大多数都是依靠缺省值。从文献、模型和实践中得到的缺省值，对于碳计量而言，都是不可缺少的，尤其是在以下情况：

1. 项目建设阶段

项目建设阶段需要缺省值估算所有碳库，实施项目后得到碳储量或木材产量。

2. 项目监测阶段

项目监测阶段需要生物量转变和扩展因子、根冠比等一些碳库或转移因子的缺省值。因为这些缺省值在所有项目或地理位置内很难测量。

3. 国家温室气体

国家温室气体涉及到估算所有土地利用类型和所有相关碳库的二氧化碳排放量与转移量。要求测量的所有土地利用类型的碳汇值相对较少。

4. 木材生产规划的经济分析

木材生产规划的经济分析通常是测量一些参数和应用模型与缺省值去估算木材产量的成本和效益的过程。

当项目开发者或温室气体清单专家估算本地碳汇成本太高或条件不可行时，采取的主要方法是寻找具有本地特点的不同碳库数值并且应用缺省值。然而，项目开发者、监测专家和温室气体清单编撰者经常应用一个或多个碳库中的常用缺省值或转移因子。任何一个碳计量或清单专家都熟悉碳排放量和转移量的不同来源以及碳汇的缺省值。计量专家一定要纵览所有缺省值，以专家判断为基础，评估与验证这些数值，并有效地应用这些缺省值。这一部分讨论的是碳计量需要的输入数据、缺省值的不同来源和如何应用缺省值。

一、碳计量需用的数据

(1)碳计量需用的数据包括国家层面的不同项目活动、土地利用类型和分类型的面积等活动数据。第二，需要估算不同碳库，碳的估算值与变化值。需要主要碳库计量参数，以及它们与不同碳库碳储量、变化量和一些因子或常数间的关系。

（2）生物量与土壤碳库增加速率。

（3）木材密度、土壤容重、生物量转移量和扩展量等因子。

（4）估算地上生物量和地下生物量的异速生长方程。

（5）草生产量。

需要缺省值的项目与规划类别是：

1. 林业减缓项目

林业减缓项目是指造林、再造林、避免毁林、生物质能源人工林和混农林业。

（1）地上生物量、地下生物量、枯死木、枯落物和土壤有机碳：碳储量与增长率和异速生长方程。

（2）草原管理项目，土壤有机碳、地下生物量。

2. 木材生产项目

地上商品材材积或地上树木总蓄积。

3. 生物质能源人工林

地上生物量产量。

4. 温室气体清单

地上与地下生物量、枯死木、枯落物和土壤有机碳：贮存量与增长率，异速生长方程。

（1）森林、草原、农田、居民区等土地利用类型。

（2）土地仍为同类型土地，土地转变为其他土地利用类型。

二、数据资源

从第二种（参考数据）和第一种（研究得到数据）资源或具体位置测量能够得到碳计量参数值。这一章集中第二种资源，也就是已发表的森林清查报告、未发表的研究结果与报告、国家的和国际的数据库、网站、国家通讯、温室气体清单报告和其他文献。

1. 森林调查

许多国家进行的森林调查是获得生物量的重要的数据资源之一。通常，森林调查是了解地上生物量的最好数据资源，尤其是估算商品材材积量。虽然有以下一些限制，但是还要努力寻找这些资料。

（1）无法重复测量同一块样地，以估算平均量。

（2）没有测量地下生物量、枯落物、枯死木和土壤有机碳。

（3）非森林土地利用类型没有包括在内。

（4）没有记录所有树种生物量数据，尤其是非商业树种。

2. IPCC 清单指南

已修改的 1996 年 IPCC 指南条款，最佳实践指南（2003）和 2006 年 IPCC 指南条款，为需要进行碳计量的国家温室气体清单内的不同土地利用类型，提供了大量的排放量和碳汇因子的缺省值。这些缺省值是通过集中审查程序以及参考最初原始数据获得的。2006 年 IPCC 最新指南条款依据以下分层方法，进行了重新组织，形成了无论什么地方都可应用的参考资料。

（1）气候带：热带、亚热带、温带、寒带、极地。

（2）每一气候带内的气候区。

①热带：热带湿（热带雨林），热带潮湿（热带潮湿落叶雨林），热带干旱（热带干旱森林、热带灌木地和热带沙漠），热带山地（热带山地系统）。

②亚热带：暖温带湿润、暖温带干燥。

③温带：寒温带湿润、寒温带干旱。

④寒带：寒带湿润、寒带干旱。

进一步说，陆地、森林类型和树种也为不同碳库提供了缺省值。在 IPCC 2006 年指南条款中，为以下排放量因子和转移量因子提供了缺省值。

（1）地上森林生物量含碳量；

（2）地下生物量与地上生物量比值；

（3）生物量扩展因子；

（4）木材密度；

（5）天然林与人工林的地上生物量；

（6）天然林与人工林树种每年平均增加量；

（7）枯落物和枯死木碳库；

（8）土地利用类型土壤有机碳储量、土壤碳汇因子；

（9）混农林业系统：多年生农作物地上生物量，生物量累积率；

（10）草原：土地类型转变后碳汇因子、地上生物量贮存量。

IPCC 清单指南（1996，2003，2006）给出的缺省值，不仅可用于国家温室气体清单碳计量，而且还被用于土地利用部门减缓项目以及木材生产项目。然而，IPCC 缺省值的应用还有以下缺点：

（1）不仅有木质密度和每年平均增加量的缺省值，而且缺省值还涉及到一个生态区（例如：热带干旱森林或热带雨林）和大陆层面。

（2）没有提供不同树种、林分年龄、人工林种植密度和其他管理措施的国家层面、区域层面的缺省值。

3. 排放因子数据库（EFDB）

IPCC 温室气体清单规划正在启动和协调建立排放因子数据库，主要是为了协助国家温室气体清单估算专家。排放因子数据库是为了制定温室气体清单和发布与评价温室气体清单新的研究成果与测量搭建起系统沟通的平台，为制做国家温室气体清单提供完备的排放和固定因子以及其他相关的参数。数据库数据结果的标准（IPCC 2006）如下：

（1）稳定性。在可接受的方法学不确定性范围内，如果最初测量规划或模型活动是重复的，数据值不可能改变。

（2）可应用性。如果使用者应用的数据能够被用在任何生物物理，管理环境，时间、地点时，那么就只能应用排放量或碳汇因子。

（3）文献。为了评价数据的稳定性和可应用性，需要提供一些原始的技术参考信息。

排放因子数据库是一个在线数据库，由专家组持续地评价及更新数据。它是一个具有菜单，界面友好的数据库。从这个数据库中，得到所有需要数值的步骤如下：

步骤 1：选择土地利用变化和林业用地等类型。

步骤 2：选择森林土地和草原等土地利用类型。

步骤 3：选择碳库。

步骤 4：选择经筛选的区域、树种和降雨区。

步骤 5：下载参数缺省值。

排放因子数据库含有 IPCC 不同报告，有大量数值和一些其他众所周知的数据。期望数据库成为支持温室气体清单专家以及以土地为基础项目开发者的全方位数据库。邀请全世界专家和研究者把他们的研究数据贡献给数据库，编辑委员会审验后，贮存在数据库中。

4. 联合国粮食与农业组织数据库

联合国粮食与农业组织数据库是站在全球和国家层面上，包括了林业、农业、混农林业系统和草原生态系统等领域的广泛数据的一个来源，同时也为森林生态区域和农作物提供了可用数据。以下数据主要来源于联合国粮食与农业组织（FAO）：

（1）国家层面不同农作物，粮食产量和农作物生产率的面积。

（2）国家和全球层面土地利用模式。

（3）不同类型的天然林和人工林面积。

（4）毁林与造林比率。

（5）木材（原木、锯材和薪炭材）生产量、消耗、进口与出口量。

国家层面的森林生态区域和人工林项目也为碳计量提供了一些参考数据。以下是联合国粮食与农业组织提供的碳计量参数和其他数据特性：

（1）碳计量参数

①贮存量增长量；

②年平均生长率。

（2）可应用参数的级别

①国家级；

②森林生态区域；

③人工林树种。

（3）碳库可用的数据

地上生物量。

因此，联合国粮食与农业组织数据是土地利用部门活动的数据、排放量和碳汇因子的一个重要数据资源。在 www. fao. org 网址上能够获得联合国粮食与农业组织的有关数据。

5. 国家温室气体报告

所有附件Ⅰ国家每年都要提交温室气体清单报告。附件Ⅰ国家之外的或发展中国家也已开始提交温室气体清单报告。许多国家已经开展了野外调查和实验室分析等研究工作，并已将得到的测量数据和实验室结果用在了碳清单上。碳清单专家选择具有一致性或可对比的生物物理条件以及土地利用部门或天然林、人工林和草原系统，选择可利用的相关缺省值。从 www. unfccc. int 网址上可以下载这项报告。

6. 出版图书、报告和期刊杂志

一些已出版的图书和报告也提供了碳清单参数的信息和数据。另外，许多科学期刊杂志定期发表了一些与不同参数数据相关的文章（表 17-9）。以下列举了一些提供碳清单参数的文献例子。

表 17-9　全球数据资源参数及其应用

资源	因子/参数/方程	特性	应用
联合国粮食与农业组织 www. fao. org	1. 面积；林业，农业等 2. 毁林，造林 3. 生物量贮存量	1. 定期估算面积和变化量 2. 森林类型	1. 木材生产与减缓项目 2. 温室气体清单估算
IPCC 2006 指南条款 www. ipcc. ch	1. 生物量与土壤有机碳储量 2. 碳库增长率 3. 生物量转移和扩展因子 4. 木材密度	1. 联合国粮食与农业组织植被区域 2. 定期生产 3. 国家水平数据	1. 温室气体估算 2. 减缓项目
排放因子数据库 www. ipcc-nggip. iges. or. jp	1. 生物量与土壤有机碳储量 2. 碳库增长率 3. 生物量转移和扩展因子 4. 木材密度	专家应用标准评价数据	1. 温室气体清单估算 2. 减缓项目
国家温室气体清单报告 http；//unfccc. int/ national _ reports/ items/1408. php	1. 生物量与土壤有机碳储量 2. 碳库增长率 3. 生物量转移和扩展因子 4. 木材密度	能为国家提供有价值的数据资源	国家温室气体清单

（1）Cannell（1992）《世界森林生物量和初级生产力数据》（科学出版社）一书提供了大量天然林和人工林的地上与地下生物量与死的有机物数值。

（2）Cairns et al. （1997）在《生态学》（*Oecologia*）《世界山地森林根生物量分布》提出了地上生物量、地下生物量和根冠比的数值。

（3）Mokany et al. （2006）《全球变化生物学》对陆地生物圈内，根冠比进行了重要分析。

（4）Pearson et al. （2005b），生物量估算方程。

（5）Brown（1997），生物量估算方程。

（6）Reyes et al. （1992），热带树木木材密度（USDA）。

（7）Ugalde 与 Perez（2001），选择工业人工林平均每年蓄积增长量（FAO），人工林树种地上生物量增长率。

（8）印度林业调查（1996），生物量估算方程。

（9）Murali 与 Bhat（2005），热带落叶林与常绿林的生物量估算方程。

7. 领域内研究

减缓项目开发者和温室气体清单专家应该对检验区域内或在相邻项目区域和土地利用类型内从事的研究结果进行分析。在项目区内，天然林、人工林、草原和混农林业系统的研究成果，可以作为监测地上生物量贮存量和土壤有机碳含量等不同碳计量项目的参数。如果研究的环境条件具有一致性或可比性，例如：降水量、土壤、地形、混交树种等，那么得到的数据将会更加适合于减缓或木材生产项目，以及温室气体清单规划。从区域内研究中得到的数据比全球甚至国家数据库的缺省值更加适用。然而，验证这样研究采用的抽样、测量和计算的方法对正确计量碳也是十分重要的。

三、评价选择参数的标准

IPCC、联合国粮食与农业组织和排放因子数据库提供的缺省值，总是以给定的天然林或人工林类型中一个或几个研究为基础。一般数据值是某一个给定的土地利用类型或人工林类型提供的全球或国家的平均值。通常，有很多渠道能够为地上生物量增长率或土壤碳密度等给定参数提供数据。例如，桉树人工林地上生物量增长率可以从当地、区域、国家和国际资源数据中得到。进一步说，在给定区域，也可以进行一系列研究，确保给定的碳计量参数值即不能过高也不能过低，这是十分重要的。因此，碳计量专家不得不对比不同数值，在选择采用碳储量或变化量计算数值之前，必须验证它们并且做出专家判断。碳计量专家分清项目位置、土地利用类型以及选择适宜的缺省值是十分重要的。进一步说，即使一个参数是在给定位置上进行测量的，那么理想的做法是把测量结果与文献中报告的结果进行对比，验证测量数值的准确性。

尽可能做到逐级分解需要的碳计量参数值。假如不同生物物理因子具有较高的可变性，那么这些数值的位置特异性表现的就相当明显。然而，在此要说明的是，对于很多参数来说，一般情况下应用平均值就可以了。例如，Cains et al.（1997）对 160 多次研究根冠比的结果分析后，指出根冠比值应该在 0.18 ~ 0.30 区间内，大多数研究结果表明用其平均值为 0.26 就足够了。利用出版物或未出版物的数据资源要以生物物理条件和管理系统状况为标准。表 17-10 列举了一些潜在的层级标准。

表 17-10　选择天然林或人工林不同类型的数据标准

气候带	降水量区间 （年降水量，厘米）	天然林、人工林类型 或优势树种	林分年龄 （年）	造林或管理系统
1. 热带	1. 湿润（>200）	1. 热带湿润	1. <5	1. 人工林/天然林密度
2. 亚热带	2. 亚湿润	2. 热带干旱	2. 5~10	2. 化肥应用率
3. 温带	（100~200）	3. 暖温带干旱	3. 11~20	3. 择伐
4. 寒带	3. 半干旱（50~100）	4. 暖温带湿润	4. 21~100	4. 灌溉
	4. 干旱（<50）	5. 桉树	5. >100	
		6. 松树		
		7. 柚木		
		8. 金合欢属		

四、选择与应用碳计量参数值的步骤

对于一个给定的碳库，或碳计量需要的一个参数，许多信息资源都可以应用。对于给定的一个参数，有必要选择最适宜数值。即使只有一个数据资源或数值可用时，计量专家也要对它的可用性进行判断。选择和应用缺省值或估算碳所用的文献为基础的数值能够采取以下步骤。

步骤 1：选择温室气体清单碳减缓项目活动或木材生产规划的土地利用类型。

步骤 2：选择层、土地分类型、人工林树种或林分年龄。

步骤 3：选择地上生物量贮存量或生长率、土壤有机碳密度或木材密度等碳计量参数。

步骤 4：进行主要类型分析，鉴别层级和碳库是否是一个主要类型。

步骤 5：确定需要碳计量参数值的层级的生物物理和管理系统。

（1）降水量区间；

（2）土壤类型；

（3）天然林或人工林类型，优势树种；

（4）林分年龄和密度；

（5）化肥应用、间伐或灌溉。

步骤 6：寻找已选择碳库或参数的所有潜在信息资源。

（1）国家的、区域的和全球的数据库；

（2）国家森林调查报告；

（3）出版的图书和发表的报告；

（4）国家温室气体清单报告；

（5）区域项目报告。

步骤7：将已选择碳库或参数制成可用的表格。

步骤8：计算参数平均值与标准差。

识别异常值或极值，例如，超出两个标准差的值。

步骤9：在最初研究中采用质量控制程序，检验以下各项：

（1）在最初研究中，采用测量和估算的方法；

（2）研究应用的文献和假设；

（3）降水量、土壤类型、林分年龄或密度、最初研究位置等生物物理因子；

（4）所有应用的转换和单位；

（5）假设提供的误差和不确定性。

步骤10：选择碳计量数值，可以是平均值，甚至是所列资源中一个最重要的适宜数值。

第八节　结论

大多数以土地为基础的碳减缓、木材生产、社区林业、草原和退化土地改良、混农林业和国家温室气体清单项目都需要碳计量。以前章节介绍了测量和监测胸径、高度、容重、木材密度和土壤有机物浓度等不同碳库的不同指标参数的方法。这一章给出了计算不同碳库储量、每公顷碳储量以及总面积的碳储量的途径和方法。识别适宜的生物量估算方程或建立位置与树种异速生长方程，对估算以树木为基础的土地利用的地上生物量与地下生物量是重要的。对于不是主要碳库的枯死木和枯落物而言，可以通过估算一段时期两时间点的碳储量并计算差值，就能计算出碳汇。应用土壤碳浓度或容重以及土壤深度，就能计算出某一深度的土壤有机碳。草原和退化土地改良、混农林地和防护林规划等大多数项目的计算程序，需要估算一段时期内两时间点间相关碳汇的差值，并且用差值除以两时间点间的年数，估算出每年储量的变化量。计算和报告碳汇的频率，可以与测量时的频率不同。每年需要计算与报告，一般在轮伐期末或项目期间结束，也可能是固定间隔，例如，5年1次。因此，估算碳储量年变化量有利于确定测量的频率。

碳计量估算值的质量与可靠性决定于应用不同参数的质量和适用性。大多数减缓项目、木材生产规划与国家温室气体清单，需要应用已出版的或未出版的不同计量参数值。然而，在现实中，完全得到项目或国家温室气体清单所有参数难以做到，或者成本很高。大量数据资源，尤其是全球数据库，是可用的并能得到的。由于一些参数与已出版的根冠比比值、生物量转变和扩展因子等平均值变化不大，那么就没有必要在现场计算出这些参数。即使是得到了这些参数值，也要与已出版的参考值进行对比。计量专家在应用任何出版的或未出版的数值前，要对数值、采用的方法和估算的误差或不确定性进行研究和对比，然后做出专家判断。

计量专家应开拓所有信息源和碳库数据或全球、国家以及地区的参数。数据库的重要性正在显现，几个全球、国家和地区数据库正在建立，并且全球碳计量专家都能够使用这些数据库。碳计量的质量应该逐年提高以满足高质量全球的、地区的和国家的数据库和碳计量参数以及其他相关因子或数据的要求。充分认识了解计量参数和因子(生物量贮存量、生长率、木材密度、土壤有机物密度)的多种用途，对于计量森林保护和开发规划、木材生产、薪炭材生产、草原改良等项目的碳储量是十分重要的。因此，研究者应该研究出适合于不同区域和多种用途的碳计量参数。

第十八章　不确定性、质量保证和质量控制

　　估算的碳汇即不能过高也不能过低（IPCC 2006）。不确定性在生物量和土地利用部门一般都是较高的，尤其是在估算碳储量和变化量方面。土地利用部门，尤其是林业部门的减缓气候变化，认为碳计量估算值的不确定性已经是一个障碍。土地利用部门估算的碳储量和变化量的不确定性一般是实际值的25%～70%，这个值被认为是较高的。结果，评估估算碳储量和变化量的可靠性和准确性已是一项重要要求，任何碳计量规划的目标都要尽可能降低不确定性。通常在报告碳储量和变化量值时，还要附带不确定性的估算情况。一般情况下，由于估算不确定性涉及情况复杂。并非所有不确定性因素都是可以测量的。在许多情况下，不确定性较高以至于项目管理者或清单编辑者犹豫报告其值。降低不确定性有以下一些方法：

　　（1）鉴别不确定性种类和资源，例如缺乏数据、测量误差，抽样误差和模型限制。

　　（2）按数据来源定量、累加和估算不确定性程度。

　　（3）增加抽样样本、扩大抽样样本规模，采取正确统计抽样方法，提高抽样样本的代表性，减少和避免测量误差，改进模型。

　　不确定性分析有助于事先努力降低估算碳减缓项目、木材生产项目和国家温室气体清单规划中的碳储量和变化量的不确定性。所有这些活动包括多年多次重复以及长期测量、监测和估算碳储量和变化量。IPCC（2003，2006）为温室气体清单规划识别、估算和降低不确定性提供了途径和方法。在估算以土地为基础的气候变化减缓项目和木材生产规划的碳储量和变化量中，要采用以下途径和方法估算不确定性。

第一节　产生不确定性的原因

　　由于一些原因，应用现场方法、实验室技术和模型进行的碳储量和变化量的估算与地面实际值相差较大。抽样误差等一些不确定原因，可能导致估

算值超出不确定性的范围。例如，确定抽样位置、选择估算生物量方程时的偏见等其他原因致使难以估算出生物量实际值（Rypdal 和 Winiwarter 2001）。估算碳储量和变化量时，涉及到的不同参数都有可能产生不确定性。具体包括：

（1）地上生物量和地下生物量贮存量和生长率，枯落物、枯死木贮存量和土壤碳密度。

（2）把商品用材林生物量转变为树木总生物量的生物量扩展因子。

（3）木材密度。

（4）模型或方程系数。

必须试图说明和估算不确定性所有原因：定量的或其他的。不确定性原因中主要内容是（IPCC 2006）：

1. 缺乏完整性

无论在任何地方进行现场测量，观察和记录的不完整性是普遍存在的。观察的一些胸径、高度可能被省略，不完整的没有记录或数据库中没有输入。枯落物或地下生物量等一些碳库的数据也可能省略或没有记录。

2. 缺乏数据

需要参数的一些数据可能得不到。例如，虽然可适宜应用的生物量估算方程需要胸径和高度值，但是由于天然林和人工林中很难测量到高大树木的高度，所以可能没有收集树木高度数据。同样，也不太可能测量枯落物。进一步说，对于已选择的植被类型，没有可行的缺省数值。这些数据的缺乏导致不能完全估算碳储量或变化量。

3. 缺乏代表性

作为不确定性的来源之一，缺乏代表性是与所收集数据的条件和地面植被的真实条件间的不完全一致相关的。进一步说，给定森林或草原类型选择的抽样样地不能完全代表现场的变化，由于：

（1）森林林分年龄不同；

（2）树木密度变化；

（3）混交树种的变化；

（4）土壤类型与地形的变化；

（5）管理活动。

4. 统计抽样误差

作为不确定性来源之一的抽样误差是与从有限大小的样本得到的数据相

联系的。样本大小不是由总体方差决定的，而是由受资源和时间等因素限制的。抽样样地的位置也是产生误差的原因之一。

5. 测量误差

测量误差可能是随机的或是系统的，由于设备缺限或测量技术产生的结果或在记录和传递信息过程中，放大了误差。

6. 实验室估算误差

由于试剂纯度不够和设备校准低，实验室估算值也可能出现误差。

第二节　估算不确定性

估算土地活动的碳汇、二氧化碳排放量和转移量产生的不确定性是与土地面积、活动数据、生物量生长率、扩展因子和其他系数相关。这部分描述了如何估算和结合碳库或土地利用类型的不确定性，如何全面地估算调查内的不确定性。根据专家判断或依据可靠的统计学抽样，可用缺省值确定输入数据的不确定估算值。

报告不确定性，应该给出置信区间，也就是一个不确定数值被认为是具有特定的概率，落在某个数值范围内。IPCC 指南条款（2003）建议应用 95% 可靠性，也就是估算结果的发生概率有 95% 。当已知或抽样方案或专家判断应用基础概率密度方程，就可以用百分数表示不确定性。概率密度函数是以积分形式代表概率分布方程的，用曲线表示，两数值间曲线内面积是随机变量在两个数之间的概率。最主要的概率密度函数（PDF）是正态分布。要估算生物量、土壤碳、木材密度和干物质碳含量等参数的不确定性，能够用测量抽样样本标准方差评估，用以下方程进行估算：

$$U_S(\%) = \frac{1/2(95\% \ 置信区间) \times 100}{u}$$

式中：U_s——估算不确定性的平均参数值百分数；

　　　u——参数抽样平均值。

IPCC 最佳实践条款（IPCC 2003）建议估算和累加不确定性的两种方法。也常以专家判断为基础，估算不确定性。

（1）简单误差传播；

（2）蒙特卡罗（Monte Carlo）模拟。

一、简单误差传播

简单误差传播方程在加法和乘法中，又产生了不能改正不确定性的两种规律。第一，不确定性排放因子和活动数据值（数值）是用乘法组合得到的，相加数值标准方差平方和的平方根是总和的标准方差。标准偏差用方差系数表示，方差系数是标准偏差与适宜平均值的比值，给出的百分数不确定性与每一参数相联系。这个规律得出了所有随机变量的概率值。在这种典型情况下，只要每一个参数的方差系数少于 0.3，那么就有理由说这个规律是准确的。一个简单方程能够同产品的不确定性建立起来，表示为百分数形式：

$$U_{total} = \sqrt{u_1^2 + u_2^2 + u_3^2 \cdots\cdots u_n^2}$$

式中：U_{total}——数量值的百分数不确定性（95% 置信区间的一半除以总数并用百分数表示）。

$U_{1\cdots\cdots n}$——与每一个参数相关的百分数不确定性。

第二，不确定性由加法或减法累加或相减，总和的标准偏差是由标准方差累加的数值的标准方差的平方和的平方根，都用绝对值表示（这个规律对不相关变量是准确的）。应用这个解释，可用百分数表示、累加值的不确定性，并能够建立起一个方程，可以应用简单误差传播方程，累加和相减生成的不确定性量能够生成项目的所有不确定性：

$$U_E = \sqrt{\frac{(U_1 \times E_1)^2 + (U_2 \times E_2)^2 \cdots\cdots (U_n \times E_n)^2}{|E_1 + E_2 + \cdots\cdots + E_n|}}$$

式中：U_E——累加和不确定性的百分数；

U_i——与源/汇 i 相关的百分数不确定性；

E_i——源/汇 i 排放量与转移量估算。

这个简单误差传播方程假设不同参数和估算值之间没有显著的相关性，并且不确定性相对较低。然而，当不确定性相对很大时，方程能够得到大概的估算值。蒙特卡罗（Monte Carlo）模拟方法能够克服不同参数相关性的限制，能够计算项目周期不同阶段地上生物量贮存量与地下生物量碳储量的估算值等不同参数。

二、蒙特卡罗模拟

模拟方法适用于林业和其他以土地为基础的项目，尤其是有助于克服涉及到估算项目层级不确定性的不同不确定性值间的独立性缺乏的限制。Fishman(1995)对蒙特卡罗方法进行了全面描述,统计数据包中包括了蒙特卡罗算法。Winiwarter 与 Rypdal(2001)和 Eggleston et al.(1998)提供了应用蒙特卡罗分析的例子,设计的目的是选择 PDFs 估算参数的随机数值,然后计算碳储量的相应变化。这个过程重复几次以得到不确定性的平均值和范围。从现场研究或专家判断中,能够得到应用不确定性估算的数据,并且需要像生成 PDFs 那样进行综合分析。

依据 IPCC(2003)最佳实践指南,估算不确定性的方法包括 5 个步骤:最初两步需要使用者努力学习,后三步软件包自动生成。

步骤 1:

(1)具体输入变量的不确定性

具体化输入变量的不确定性包括输入参数、相关平均值、概率密度函数以及任何相关性。

(2)输入变量

提供主要参数的不确定性,理想的方式是独立评估与应用在估算碳储量在内数据相关的不确定性。IPCC(2003,2006)给出了许多估算碳储量和变化量需要参数的不确定性估算值的区间,并也能从文献中得到,也可以与条件相似甚至专家判断等其他项目地理位置条件相同的进行对比。模型也能估算出不确定性的估算值(IPCC 2003)。

(3)概率分布方程

概率分布函数模拟需要分析,以具体说明能够有理由代表定量化不确定性的每一模型的输入量概率分布。通过包括数据统计分析和专家判断的大量平均值,能够获得方程(IPCC 2000a)。关键步骤是确定输入变量的分布。

步骤 2:建立软件包

蒙特卡罗软件包能够建立排放清单、计算概率密度函数和相关数值。软件包形成的一系列步骤。在许多情况下,碳计量机构决定了建立自己的计划并且用蒙特卡罗进行模拟,也可以用统计软件包进行模拟。

步骤 3:选择输入值

正常地说,输入值是在计算中应用的估算值,这一步是重复的。对于输入数据的每一项,从那个变量的 PDFs 中随机选择一个数。

步骤 4:估算碳储量

以输入值为基础,应用步骤 3 已选择的变量,估算基准年和当年碳储量(也就是碳计量开始和结束的时间,例如,t_1 年或 t_{10} 年)。

步骤5：重复和监测结果

贮存第4步计算值，重复第3步。贮存值的平均值给出了碳储量的估算值，变量代表不确定性。这一部分分析需要许多重复。能够采取两种方法估算重复工作的时间：持续重复直到完成一个规定的数据（例如，1万次），或平均值达到相对稳定。

第三节　不确定性分析

不确定性分析包括以下步骤，IPCC（2003）中已列举说明：

步骤1：估算与每种活动相关的排放量或转移量——森林土地仍为森林土地，草原转变为森林土地，农田转变为森林等。

步骤2：评估与每种活动相关的不确定性——森林土地仍为森林土地，草原转变为森林土地等。

步骤3：评估土地利用、土地利用变化和林业的不确定性——森林土地仍为森林土地，草原转变为森林土地等。

步骤4：把土地利用、土地利用变化和林业不确定性与能源、农业部门等其他资源部门相结合。

第四节　降低不确定性

依据IPCC（2006），在进行碳计量工作中，尽可能实际地减少不确定性，尤其是确保收集到的模型和数据能够准确地代表实际情况是十分重要的。努力减少不确定性，应该集中在估算或预测碳储量和变化量的输入参数和模型上。通过分析不确定性来源，对比用来生成不确定性的主要输入参数和模型，能够进一步降低不确定性。降低不确定性的潜在选择如下（IPCC 2006）：

1. 提高概念化

概念化碳计量程序，确保考虑到与降低不确定性相关的所有因素，例如：

（1）土地利用类型的分层；

（2）样本大小与样本单元的位置；

（3）现场测量参数和数据记录的方法；

（4）分析模型的选择；

（5）模型输入参数或计算步骤。

2. 改进模型

选择适宜具体项目与位置的模型、更新模型结构与参数化，有利于更好地理解模型特点，以便减少不确定性。

3. 提高代表性

确保样本大小与位置能有效地代表现场碳的状态是十分重要的。估算碳储量与变化量的抽样样地和参数的代表性是与层级、样本大小、抽样位置和选择测量的参数有关系。增加抽样数量一般能提高代表性，但也并不完全都是这样。

4. 精确的测量方法

应用更加精确的测量方法、确保设备正确的校准，能够减少测量误差。

5. 全面测量

确保所有抽样样地都能进行现场调查，测量所有样地中的乔木和灌木等可鉴别的参数。

6. 数据的正确记录和转换

现场记录的数据要有准确编码，确保正确转换（千克转换成吨，英寸转换成厘米或米等），输入一个计算数据库，统一面积、重量和高度单位。

7. 质量控制与质量保证

采用质量控制与质量保证程序能够显著地降低不确定性。

8. 职工培训

按照测量与记录规定，培训现场和实验室职工是非常重要的。

第五节　质量保证、质量控制与核证

质量控制、质量保证和核证程序是碳计量工作中最重要的组成部分，尤其是在降低涉及到估计碳储量和变化量的不确定性时，显得极为重要。IPCC（2003，2006）规定了提高估算碳计量的透明度与准确性的质量控制、质量保证与核证的定义和程序。

1. 质量控制

质量控制是测量和控制计量质量的一项技术系统活动，而且是正在发展的。它的目的是：

（1）规定日常和连续检查，确保数据整体性、正确性和完整性。

（2）鉴别与提出误差和省略值。

（3）记载和整理计量材料并记录所有质量控制活动。

2. 质量保证

质量保证是用不直接参与编制清单过程的工作人员进行检验的一种计划体系。

3. 核证

核证是指碳计量方法和模型的规划与应用期间的一系列活动和程序，它有助于证实已采用方法和程序的可靠性。核证是指与计量程序无关的一些程序，应用独立数据，对比其他同类研究和估算值。

质量保证与质量控制程序尤其在以下活动中，需要进一步开发和应用。

（1）现场测量；

（2）样本准备和实验室测量；

（3）数据输入及其分析；

（4）数据贮存与管理。

一、质量控制程序

质量控制程序是包括控制检查与计算、数据处理、完整性、文字文件和存档等程序。质量控制活动与程序实例包括：

（1）检验模型中应用的假设；

（2）检验抽样程序；

（3）检验数据输入的转移误差；

（4）检验碳储量、变化量、单位与转换的计算程序；

（5）检查长期监测中任何异常值的时间趋势；

（6）浏览内部文献与档案；

（7）检查所有的任何缺省值或相关系数的适宜性；

（8）检查数据库文件的整体性：

①证实数据库中能正确表示适当处理数据的步骤；

②证实数据库内正确表示数据的关系；

③确保数据库有适当标注，并且有正确的设计说明；

④确保数据库与模型有充分的文字说明。

二、质量保证程序

质量保证包括实际碳计量程序之外的活动。外部机构能够以无偏方式检查碳储量与变化量的估算值。参加审查的专家与检查员不是从事碳计量估算值的工作人员，这是十分重要的。要求专家评估碳计量质量，鉴别有必要改进的地方。质量保证程序涉及到的评估内容是：

(1)检查计算与假设；

(2)检查并确定所用模型是否进行了专家评估。

(3)评估模型文本、输入的数据和其他假设。

三、核证

核证活动包括文献报告中考虑到的项目与活动估算值，或其他组织机构执行的相类似的项目和活动，尤其是考虑到的项目与活动估算值。核证活动有助于碳计量专家去鉴别限制因素和提高估算值的准确度。项目和活动的估算值与同类项目或活动的其他估算值偏差较大时。核证程序与方法包括以下各项：

(1)项目或活动的碳储量估算值；

(2)采用的方法和模型；

(3)抽样方法和数量；

(4)采用的计算程序；

(5)从事现场测量和实验室研究人员的知识和技术能力。

第六节 结论

森林土地、草原的碳储量和生物系统变化量估算值的不确定性很可能较高，主要原因是碳储量、生长率和损失量具有较大的变化空间。变化空间是随着物种、土壤、降水、地形和管理方法的变化而变化。因此，了解不确定性原因，估算不确定性值和采取降低不确定性的方法也是很重要的。鉴别原因尤其是估算误差和累积误差需要详细了解项目特点，主要输入参数、模型、相关假设和统计分析技术。降低不确定性要考虑的主要因素有：

(1)选择适宜抽样技术和抽样数量；

(2)选择所有相关参数和现场与实验室的正确测量方法；

(3)选择估算碳储量和变化量的适宜模型；

(4)采取质量保证和质量控制程序。

了解碳计量过程的不同活动所需要的面积或区域、植被特点、统计工具和技术、模型、相关假设和人力是必要的。应用计算机软件能协助探测任何误差，例如测量和记录中存在的误差。了解不确定性来源和程度，有利于减少估算可靠性所需的人力、物力和财力。在项目或国家温室气体清单中，制定一系列质量控制和保证标准程序和措施是必要的。由于任何以土地为基础的碳计量项目或规划是一个长期活动，适当地贮存和管理数据是必要的，尤其是项目人员会随着时间发生变化。为了确保估算的透明性和准确性，采用本章和 IPCC（2006）描述的质量控制和质量保证程序是很重要的。

第十九章　碳计量与气候变化

气候变化是最重要的全球环境问题之一，它直接影响着自然生态系统以及社会经济系统（Ravindranath 与 Sathaye，2002）。全球气温在过去的一个世纪已经上升 0.7℃，并且预计在 21 世纪会升高 1.8～4.0℃（IPCC 2007a）。全球平均温度这样史无前例地增长，已经对森林、草原和农田产生极其严重的负面影响。气候是全球植被模式最重要的决定性因素，并且对森林的分布、结构和生态学有着极其重要的影响（Kirschhaum et al.，1996）。气候与植被的研究结果已表明一定的气候模式与具体的植物群落或森林类型（Holdrige，1947）有直接的关系。因此，气候的任何变化都将改变森林生态系统的结构（Kirschbaum，1996）。进一步说，直接影响树种组成、生产率和生物多样性（Schröter et al. 2004）。即使全球温度只升高 1～2℃也将会影响生态系统和景观环境。未来 10 年空气中二氧化碳浓度增高是大气的主要特点，并且还伴随着温度的升高与降水模式的改变。这些因素可能会导致植物生长率的改变。变化的植物生长率对碳汇计量有重要的影响，不同地区天然林、人工林、草原的碳汇也许会增加或减少。因此，碳计量的含义是：

（1）在森林和其他土地利用系统中碳汇数量在变化；

（2）森林、草原和混农林地的生物量和土壤碳增加率发生变化；

（3）预测每公顷碳汇、减缓潜能和速率；

（4）温室气体清单或二氧化碳排放量和转移量；

（5）估算木材产量。

这一章预测了气候变化对碳汇以及减缓潜力影响的变化速率，尤其是对天然林、人工林、木材生产的影响；以及对碳计量方法的影响。

第一节　二氧化碳浓度与气候变化

1. 空气中二氧化碳浓度

在工业革命初期，空气中二氧化碳浓度大约是 $280\mu L/L$，到了 2005 年增加到 $380\mu L/L$。根据不同情景假设预测，到 2100 年，二氧化碳浓度增加到 540 ~ 970μL/L（Nakicenovic et al. 2000）。二氧化碳浓度增加的最主要原因是从 1970 年到 2004 年化石燃料燃烧和毁林。不同行业排放量增加的比例分别是：工业 65%；运输业 120%；能源 145%，而土地利用、土地利用变化和林业增加了 40%（IPCC 2007c）。

最近数据表明，1995~2005 年每年二氧化碳浓度增加 1.9μL/L，与自从工业革命到 2005 年的平均值 1.5μL/L 相比，有了很大的增长（IPCC 2007a）。只要土壤的水分和养分没有起到更多的限制作用，二氧化碳浓度的增加对碳汇和净第一生产力具有重要的意义。

2. 气候变化

过去 100 年，全球地表温度已经上升了 0.74℃，在过去 50 年中，每 10 年平均上升了 0.13℃。估算不同情景全球变暖的温度上升为 1.8~4.0℃。本世纪末达到 2.4℃，地面温度高于海洋温度。除了温度升高外，降水量在高经度处增加，在亚热带地区减少（IPCC 2007a）。降水量的变化与温度升高直接影响到植被，尤其是碳储量和植物生长量。

3. 氮沉降

氮沉降包括从大气到生物圈那些活性氮物种的输入。Lamarque et al.（2005）模拟研究表明，在假定 IPCC SRES A2 情景下，陆地上全球每年氮沉降预计增加很大，主要原因是氮排放量增加。平均地讲，氮排放量大约 70% 是沉积在陆地上。研究结果表明陆地每年氮沉积 2500 万~4000 万吨，到 2100 年陆地氮贮存量 6 千万~1 亿吨。到 2100 年，森林氮贮存量将可能增加两倍，这对森林生物量贮存量和生长率的提高都可能有作用。化石燃料燃烧、生物量燃烧、有机肥和氮化肥的应用是氮排放增长的主要原因。

第二节　气候变化对森林生态系统的影响

森林约占地球面积的 1/3，全球森林总面积的 42% 是热带林。森林贮藏了大部分生物量碳，估计约有 1.146 万亿吨碳。预测温度升高 2~3℃将在以下几个方面（IPCC 2001，2007b）直接影响到森林生态系统：

（1）在热带、温带和山区内，21 世纪末大量森林出现死亡，生物多样性丧失，碳储量降低、森林其他服务功能减退；

（2）陆地生态系统结构与功能发生实质性变化；

（3）预计有 1/3 物种面临灭绝的风险。

1. 影响森林生物量与净第一生产力

气候变化对植物生产力的影响还没有科学的结论。但预测气候变化可能会导致不同地区和不同时期植物生产率增加和减少。

(1)气候变化评价表明影响程度是多变的(IPCC 2001，2007b；Boisvenue and Running 2006)。依据现场和卫星的数据，最近55年气候变化对森林生产力产生了积极影响。然而，这一点只有在那些水不是限制因子的地方才能成立。二氧化碳肥料起到稳定平均生产力的作用，虽然这一效果可能比以前预测的效果低，并且生产力受土壤养分水平的限制。

(2)大气系统中不仅温度模式发生变化，而且降水和太阳辐射模式也发生了变化，除了二氧化碳浓度增加外，森林植被对二氧化碳浓度的升高反应一直是不确定的，虽然研究(Wittig et al. 2005)发现在树种生长的最初几年，总第一生产力迅猛增加。

(3)Ravindranath et al.（2007）研究中应用 BIOME 平衡模型，估算出 A_2 和 B_2 IPCC-SRES 情景的净第一生产力，在印度不同森林类型的控制与基线情景下增加了 70% ~ 100%，假定水或土壤氮不是限制因子。

(4)据估算，当前植被碳储量大约是 6000 亿 ~ 6300 亿吨；到 2060 ~ 2100 年，在 Had CM2 气候情景下预测增加量为 2900 亿吨碳。Had CM3 气候情景下为 1700 亿吨(White et al. 1999)。

(5)如果养分，尤其是氮和水是主要影响因子(Oren et al. 2001；Reith et al. 2006)，增加 1 倍的二氧化碳对每一树种的影响都不大。当氮和水不是限制因子时，那么二氧化碳对它的影响程度就会增加 70%(Morgan et al. 2004)。

(6)从全球来看，估算的林业产量在短期或中期随气候变化而变化。尽管森林产品在某一区域变化很大，但是全球森林产品输出的趋势是从缓慢增加到稍微下降。

虽然人们对增加空气中二氧化碳能够提高碳吸收有疑问(可能是碳汇)，但是影响程度的大小和空间分布一直是争议的焦点(Morgan et al. 2004；Körner et al. 2005)。二氧化碳浓度增加，氮沉降和其他因素耦合的气候变化，直接影响天然林、人工林和草原生态系统内部的净第一生产力和生物量。尤其是在土地利用系统中，这将对其碳计量和预测未来的碳汇或生物量生产量十分有意义。

第三节 气候变化情景下预测碳汇变化的模型

森林是高度复杂的生物生态系统。在森林科学研究中，一直应用生态模型对气候变化影响森林植被动态进行长期预测。预测未来气候变化和人为干扰对自然植被分布的影响也需要模型。下面是几个预测植被对未来气候变化的模型，表 19-1 列出了一系列模型及其特点。

1. 静态生物地理模型

静态的生物地理模型假设气候和植被都处于平衡状态，通过把气候参数地理分布与植被联系起来，预测潜在植被分布。静态平衡模型明显地忽视了动态过程，一般要求输入信息少，可估算区域、以及全球范围内植被对气候变化的潜在反映程度。这些平衡模型被限制在用于估算稳定状态，并包括像 BIOME 和地图 – 大气 – 植物 – 土壤系统的模型（MRPSS）（Woodward 1987）。

2. 动态生物地理模型

动态生物地理模型被用于预测某个地理区域或生态系统的动态变化，在全球范围内一直被广泛应用。模型包括 HYBRID 和 IBIS（表 19-1）。

3. 基于流程的生物地理化学模型

生物物理化学模型，预测基础生态系统过程的变化，例如碳、营养和水循环。设计的这些模型预测营养循环和第一生产力的变化。这些模型的输入量一般是温度、降水量、太阳辐射、土壤结构和空气中的二氧化碳浓度。模拟植物和土壤的光合作用、分解和土壤氮转移以及蒸发蒸腾作用。生物地理化学模型的输出是估算净第一生产力、净氮矿化、蒸发通量、植被与土壤内碳和氮的贮存量。这样的模型有 BIOM-BGC（Hunt and Running 1992；Running and Hunt 1993）；CENTURY（CENTURY，1992）、RothC 模型（Coleman and Jenkinson，1995）。BIOME-BGC 预测植被与土壤碳储量和通量，而 CENTURY 与 RothC 预测土壤碳储量。

表 19-1　气候影响评估模型与碳计量

模型	特点	需要数据	输出	应用
Hybrid	以数字处理为基础的模型,考虑在生物圈内和生物圈与大气之间,C、N 和水的日常循环,预测土壤和植被中的碳和生产力	1. 每月阴雨天数 2. 每个阴雨天平均降水量 3. 每月有记录的平均最高温度 4. 每月有记录的平均最低温度 5. 太阳辐射、蒸汽气压 6. 过去与预测的 CO_2 浓度 7. 树种植物参数(33) 8. 样地等级参数(23) 9. 单体等级参数(17) 10. 植物物候参数(2)	1. 植物碳(千克碳/平方米) 2. 土壤碳(千克碳/平方米) 3. 每年总的第一生产力(千克碳/平方米·年) 4. 每年净第一生产力(千克碳/平方米·年)	预测碳储量和变化速率
BIOME	双倍碳和水流量方案,决定季节最大 LAI,以及在任何给定的 PFT 内最大化 NPP	1. 月平均温度,降水量,日照时数 2. 土壤 30cm 内与地表 120cm 内的持水能力 3. 水传导率指标	1. 森林类型面积变化 2. 净第一生产力变化值	预测净第一生产力
RothC	陆地生态系统生物地球化学模型	1. 预测月气候温度、降水量与蒸发量 2. 黏土成分,抽样深度,体积密度和土壤非活性炭	土壤总碳量	预测土壤碳

C——碳;N——氮;LAI——树叶面积指数;NPP——净第一生产力;PFT——植物功能类型

Rothc:http://www.rothamsted.bbsrc.ac.uk/aen/carbon/rothc.htm

Hybrid:http://eco.wiz.uni–kassel.de/model_db/mdb/hybrid.html,BIOME:http://mercury.ornl.gov/metadata/ornldaac/html/rgd/daac.ornl.gov_data_bluangel_harvest_RGED_QC_metadata_models_biome4.html

第四节　气候变化对碳计量的影响

气候变化尤其是对长期生物量产量以及碳减缓项目是十分重要的。在项目建设期间,需要预测未来碳储量或生物量产量。表19-2 给出了气候变化对不同规划和项目碳计量的意义。Karjalainen et al. (2003)已经列出了欧洲森林部门 1990 年碳计量并采用基于流程模型的校正生长函数,结合欧洲森林信息情景模型(EFISCEN)框架,预测出 2050 年碳计量。1990 年碳总量为 128 亿吨,树木生物量与森林土壤碳含量占总碳量的 94%,使用的木质品占 6%。预测总的碳储量比在常规情景中多出 35%,预测总的平均碳储量比气候变化情景多出 5%。在现在气候条件下,1990~2050 年间,平均温度上升 2.58℃,年降水量增加 5%~15%。

表 19-2　气候变化对碳计量的意义

碳计量规划或项目	要求估算值	对碳计量的意义	预测气候影响的可行性与可靠性
碳减缓	1. 预测生物量与土壤碳储量 2. 生物量与土壤碳生长率	1. 估算由于 CO_2 化肥与气候变化，碳获得量或损失量 2. 长期造林与避免毁林项目的重要意义 3. 由于人类活动或全球变化的间接影响，需要排除碳信用额	1. 应用全球动态植物模型，预测气候变化影响与 CO_2 化肥的可行性 2. 区域、树种和项目层面，预测的不确定性较高
生物量产量	木材（生物量）贮存量和生长率	长期轮伐木材项目经济分析的重要性	评估气候变化、CO_2 浓度和其他因子的影响效果，具有局限性
温室气体清单	排除 CO_2 施肥以外的因子对碳汇的影响	需要安排预测未来碳库的碳信用额和赤字	排除人类间接影响效果，模型具有局限性

第五节　结论

　　气候参数、二氧化碳浓度、养分供应、土壤湿度状态、管理措施等因子直接影响到天然林、人工林、草原和混农林业生态系统的生物量产量、碳汇速率和碳储量。这些因子决定了预测未来生物量的产量、估算碳汇速率是一项十分复杂的系统工程。模型有助于预测出气候变化和二氧化碳浓度的增加，对天然林与人工林系统的碳储量和净第一植物生产力的影响。这些模型需要气候、植物物理学、土壤、湿度、地理位置和植物功能类型等因子。大多数植被模型只能预测与此模型一体化的植物功能类型。因此，不能评估气候对发生在一个项目地区或一个国家内所有不同天然林、人工林类型的影响。强调现代可用的模型对气候、土壤养分、水状态和管理措施的综合影响还有一定的限制。预测气候变化，尤其是空气中二氧化碳浓度的增加、降水量和温度，将直接影响生物量和碳汇，尤其是直接影响一些与造林、再造林和避免毁林相关的长期项目和规划。未来气候变化的影响和土地利用系统二氧化碳浓度的升高，对那些与气候变化有关的规划和项目，尤其是减缓以及估算国家温室气体排放量的规划和项目具有重要意义。方法和模型的进一步发展能够有利于更好地理解二氧化碳浓度升高、氮沉降等气候变化因子对生物量生产和碳汇的影响。

第二十章　碳计量实践

第一节　碳汇计量方法

目前，世界各地的学者对碳汇计量方法已经做出了很多研究，归纳起来，主要分为两大类：一类是与生物量紧密相关的反映碳储量的现存生物量调查的方法。另一类是利用微气象原理和技术测定森林二氧化碳通量，然后再将二氧化碳通量换算成碳储量的方法。

在我国，估算和研究碳储量的方法主要有生物量法、蓄积量法、生物量清单法、涡度相关微气象法、模型模拟法、遥感估算法等。

一、生物量法

生物量法是目前应用最为广泛的方法，因为此方法操作技术简单、直接。该方法是基于单位面积生物量、森林面积、林木各器官中的生物量所占的比例及各器官的平均碳含量等参数计算而成。早期的生物量法是通过大量实地调查，获得实测的数据，建立生物量数据库和相关参数，基于样地数据获得树种的平均碳密度，将其与树种面积相乘来估算生态系统的碳储量。

二、蓄积量法

蓄积量法是以森林蓄积量数据为基础的碳计量方法。对主要树种进行抽样调查，计算出各树种的平均蓄积量，再通过总蓄积量求出生物量，最后根据生物量与碳储量的转换系数求出森林的碳储量。

三、生物量清单法

生物量清单法是将生态学调查资料和森林普查资料结合起来应用的一种方法。首先计算出各森林生态系统类型乔木层的碳储量密度（P_c, $M_{gC} \cdot hm^{-2}$）。然后再根据乔木层生物量与总生物量的比值，估算出各森林类型单位面积的总生物质碳储量。

$$Pc = V \times D \times \left(\frac{1}{R}\right) \times Cc$$

式中：Pc——某一森林类型乔木层碳储量；

V——某一森林类型的单位面积森林蓄积量；

D——木材基本密度；

R——树干生物量占乔木层生物量的比例；

Cc——植物中碳含量（常采用0.5）。

四、涡度相关法

涡度相关法是通过测定二氧化碳浓度和空气湍流来推测地球与大气间碳的净交换。涡度相关技术被广泛用于研究陆地碳平衡工作中。优点是时间分辨率高和测得生态系统碳的净转移值（Net Ecosystem Production，简称：NEP）。

五、模型模拟法

模型模拟法是通过数学模型估算森林生态系统的生产力和碳储量，主要用于大尺度森林生态系统碳循环研究，可以分为统计模型（即气候生产力模型，以 Miami 模型、Thornthwaite 纪念模型、Chikugo 模型为代表）；参数模型（即光能利用模型，主要有 CASA，GLO-PEM，C-FIX 等模型）；过程模型（即机理模型，有 TEM、Century 等全球模型和 BEPS 等区域模型）。

近几年模型模拟得到广泛应用，并开始由原来的静态统计模型向生态系统机理模型转变，尤其是应用于通量数据的空间与时间插补、从点到面演绎全球尺度的森林碳平衡研究中。这些模型的研究有助于人们认识和了解生态过程中碳收支状况，但这些模型的应用常常受限于实测样地点上，模拟很难推广到其他研究领域。同时由于一些生态过程的特征参数不易获得或难以把握，可靠地观测数据的可获得性标准、模型化等很难。目前研究的相对较少。

六、遥感估算法

森林净初级生产力（NPP）可采用遥感技术，运用模型来推算。遥感方法是通过应用建立在各种植被指数与生物量关系上的模型，来估算森林生物量的方法。这种方法在大尺度问题的研究中具有较大优势，并被广泛应用于研究全球碳平衡及其空间格局的工作中。

遥感方法的优点是用同一方法进行大面积碳储量变化的估算，并不需要直接测定生物量的贮存量（因为该方法不能对林分下层和地下碳储量进行直接测定）。但在建立遥感生物量估算模型时，需对地面进行大量的实测调查，才能对模型进行校正，获得比较准确的净第一生产力估计值。此外，由于模型中的参数是基于样地点的调查获得的，所以，在采用遥感模型估算净第一生产力时，不能估算更大尺度的碳储量。

第二节　碳计量实践

在计算碳汇时，计量方法通常都是根据碳库的特征来选择的，有时也会同时采用几种方法。我国碳汇数据主要来源于生态样方调查，即生物量法。方精云等利用生物量法推算出中国森林植被碳库，采用土壤有机质含量估算我国土壤碳库。计算结果表明：陆地植被的总碳量约为 61 亿吨，其中森林 45 亿吨，疏林及灌木丛 5 亿吨，草地 12 亿吨，农作物 1 亿吨，荒漠 2 亿吨，沼泽地 8 亿吨，其他 3 亿吨。

方精云根据第三次森林资源清查资料的森林面积，利用我国森林蓄积量估算了我国森林生物量和净第一生产力，总生物量约为 $(4.096 \sim 4.551) \times 10^{15} \mathrm{gC}$，净第一生产力每年约为 $(0.452 \sim 0.502) \times 10^{15} \mathrm{gC}$。

马钦彦等利用生物量清单法对我国油松林的幼龄林、中龄林、近熟林、成过熟林的生物量进行了估算，并以生物量含碳率 0.5 计算出各龄组林分生物量碳储量。中国油松林分生物量中碳储量总量为 689.8 万吨，平均每公顷油松林生物量碳储量约为 33.5 吨，油松林 87% 的生物量碳储量在面积占 93% 的幼、中龄林中，中国油松林具有较大的碳汇潜力。王效科等利用这种方法对各森林生态系统类型的幼龄林、中龄林、近熟林、成熟林和过熟林的植物碳储量密度进行估算，再根据相应森林类型的面积得到各森林生态系统类型的植物碳储量，最后得出森林生态系统的现存植物碳储量为 $(3.255 \sim 3.724)$ PgC，而且不同龄级的碳密度差距明显。

近年来，我国在碳通量研究方面有了很大发展，其中，中国陆地生态系统碳通量观测研究网络（China FLUX）做了很多的工作，该网络以微气象学的涡度相关技术和箱式/气相色谱法为主要技术手段，对典型陆地生态系统与大气间二氧化碳通量的日、季节、年际变化进行长期观测研究。进行了陆地及近海生态系统碳通量研究、陆地生态系统碳循环及其驱动机制研究、陆地生态系统碳通量特征及其环境控制作用研究、陆地生态系统碳氮通量过程及其耦合关系集成研究，取得了大量成果。有人采用基于树体结构和管道模型理论为基础的改进生物量法推算杨树人工林生物量和碳储量，并与涡度相关法测量的通量结果相比较，认为涡度相关法测量结果不如改进生物量法外推效果好。

模型模拟法在我国的应用也逐渐广泛，有的专家（Xiao Xiangming）采用陆地生态系统模型（TEM 4.0）对中国陆地生态系统在目前气候下的净第一生产力进行了估算，预测目前中国陆地生态系统净第一生产力为 3.653×10^{15} gC/年。

遥感估算法在估算大面积森林生态系统的碳储量以及土地利用变化对碳储量的影响时具有其他方法无可比拟的优势。目前，在我国已开始被学者重视。他们利用遥感技术获得各种植被状态参数，结合地面调查，完成植被的空间分类和时间序列分析，随后可分析森林生态系统碳储量的时空分布及动态。

第三节　生态服务市场的碳汇

一、生态服务市场

生态服务市场是指通过市场机制的途径来实现生态系统服务功能的市场化，使生态服务在市场中获取一定的经济补偿，从而体现生态系统提供服务的价值。生态系统的服务功能主要包括：水源涵养、土壤保育、固碳释氧、农业防护、生物多样性保护、净化和调节空气、景观游憩等。通常，从生态服务中受益的人们并不直接为得到的服务付费，而生态服务的提供者也没有因提供这些服务得到收入。因此，需要通过一种市场的活动，把生态服务的提供者和受益者之间有效地联系起来。目前，国际上研究较多的是水资源的保护、森林碳汇和生物多样性保护以及森林生态旅游等。这是一个非实物交易的新兴市场，许多国家和组织都在进行积极的探索和示范。而我国的生态服务市场则是一个刚刚兴起的市场，在概念、产品、计量等方面，都处于学习、研究、探索阶段。

生态服务市场的形式可分为自发组织的私人交易、开放式的贸易体系和公共支付体系。市场的良好运作取决于多种因素，包括政府的认识程度，现有的法律法规、供求关系、开展贸易的条件、信息交流以及交易成本等。由于生态系统本身的差异性很大，因此，生态服务市场机制也会按其特定的生态、社会以及政治背景而变化。寻找最佳的市场工具、制定相应规章制度、建立公平高效的交易体系等，都需要在政府主导下公众的积极参与，才能促使生态服务市场正常发育和完善。

二、交易规则和计量标准

森林生态系统是利用太阳能的最大载体，把太阳能转化成生物量，吸收和贮存了大量的二氧化碳，为减缓气候变暖做出了巨大贡献。森林的生态服务是一个被全社会无偿使用的公共物品。市场开发就是要把这些公共物品尽可能的转换为可以进行交易的"商品"，实行有偿服务。市场开发的过程大体分为几个阶段：首先是引起人们对森林生态服务的重视，并通过一些活动引发对生态服务的支付愿望，同时为感兴趣的利益相关者进入市场提供基础条件；其次就是要建立支撑市场的规则和计量标准。这些规则要定义服务内容、确定核算标准及建立监督和认证体系并进行资质管理、确定利益相关者的权利和义务等。在制定市场规则和开发计量标准的过程中，应以国际通行的指南或标准为基础，建立与国际接轨、符合本国具体情况的市场交易体系，包括计量、监测、核证以及资质管理等。

目前，在以流域管理、森林碳汇和生物多样性保护为主要内容的国际生态服务市场中，森林碳汇市场显得十分活跃。其原因是森林与气候变化的关系日趋密切，更重要的是由于《京都议定书》的生效，催生了国际碳市场。虽然《京都议定书》框架的碳市场中，森林碳汇所占份额很小，但在自愿碳市场中，碳汇交易不断增加，尤其是随着国际气候谈判内容的进一步丰富，与森林有关的议题越来越多。例如，通过恢复森林增加碳汇、控制毁林和森林退化减少碳排放等，都使碳汇在国际生态服务市场上受到了前所未有的关注。

三、政府的作用

虽然国际生态服务市场发展迅速，但对我国来说，生态服务市场仍然是个新生事物；需要政府主导、企业和个人积极参与。在应对气候变化的框架下，就森林碳汇市场而言，交易的不仅仅是碳汇，还要有改善生态环境、保护生物多样性、促进社区发展的内容。因此，要在政府主导下，利用购买碳汇的方式，推动造林绿化和森林资源保护并提高林农的生活质量。即把政府对森林管理和保护的投资，转化为"购买"碳汇的资金，利用碳汇的概念对森林进行管理和经营。此外，通过企业和个人志愿出资造林获得（购买）碳汇，抵消企业和个人因生产和日常生活排放的二氧化碳，实践低碳生产和低碳生活，促进低碳经济的发展，是减缓气候变暖的有效途径之一。

林业碳汇计量和监测是加强森林培育、提高森林质量、增强森林生态系统碳汇功能的基础性工作，也是科学化、规范化进行碳汇林业管理的开创性工作。对充分发挥林业在适应和减缓气候变化中的特殊作用有着重要意义。

参考文献

1. Foley J A. An Equilibrium model of the terrestrial carbon budget [J]. Tellus, 1995, 47: 310 – 319

2. Chang huipeng, Michael J. Contribution of China to the global cycle since the last glacial maximum, Reconstruction from palaeovegetation maps and an empirical biosphere model [J]. Tellus, 1997, 49（B）: 393 – 408

3. WINJUMJK, BROWNS, SCHLAMADINGERB. Forest harvests and wood products: sources and sinks of atmospheric carbon dioxide [J]. *For Sci*, 1998, 44 (2): 272 – 284

4. DIAS A C, LOURO M, ARROJA L, *et al*. The contribution of wood products to carbon sequestration in Portugal [J]. *Ann Fort Sci*, 2005, 62 (8): 902 – 909

5. 李怒云编著. 中国林业碳汇[M]. 北京: 中国林业出版社, 2007

6. 王效科, 冯宗炜, 欧阳志云. 中国森林生态系统的植物碳储量和碳密度研究[J]. 应用生态学报, 2001, 12 (1), 13 ~ 16

7. 贺庆棠. 森林对地气系统碳素循环的影响[J]. 北京林业大学学报, 1993, 15 (3): 132 ~ 136

8. 马钦彦, 陈遐林, 王娟等. 华北主要森林类型建群种的含碳率分析[J]. 北京林业大学学报, 2002, 24（5 ~ 6）: 96 ~ 100

9. 方精云. 北半球中高纬度的森林碳库可能远小于目前的估算[J]. 植物生态学报, 2000, 24(5): 635 ~ 638

10. 方精云, 刘国华, 徐嵩龄. 我国森林植被的生物量和净生产量[J]. 生态学报, 1996, 16 (5): 497 ~ 508

11. 马钦彦, 谢征鸣. 中国油松林碳储量基本估计[J]. 北京林业大学学报, 1996, 18(3): 31 ~ 34

12. 王效科, 冯宗炜. 中国森林生态系统中植物固定大气碳的潜力[J]. 生态学杂志, 2000, 19 (4): 72 ~ 74

13. Xiao Xiangming, Melillo J M, Kick lighter D W *et al*. CO_2浓度变化和气候变化对中国陆地生态系统净初级生产力及其平衡的影响[J]. 植物生态学报, 1998, 22 (2): 97 ~ 118

原书参考书目

1. P. Martens and J. Rotmans (eds.): *Climate Change: An Integrated Perspective.* 1999   ISBN 0-7923-5996-8
2. A. Gillespie and W.C.G. Burns (eds.): *Climate Change in the South Pacific: Impacts and Responses in Australia, New Zealand, and Small Island States.* 2000
ISBN 0-7923-6077-X
3. J.L. Innes, M. Beniston and M.M. Verstraete (eds.): *Biomass Burning and Its Inter-Relationships with the Climate Systems.* 2000   ISBN 0-7923-6107-5
4. M.M. Verstraete, M. Menenti and J. Peltoniemi (eds.): *Observing Land from Space: Science, Customers and Technology.* 2000   ISBN 0-7923-6503-8
5. T. Skodvin: *Structure and Agent in the Scientific Diplomacy of Climate Change.* An Empirical Case Study of Science-Policy Interaction in the Intergovernmental Panel on Climate Change. 2000   ISBN 0-7923-6637-9
6. S. McLaren and D. Kniveton: *Linking Climate Change to Land Surface Change.* 2000   ISBN 0-7923-6638-7
7. M. Beniston and M.M. Verstraete (eds.): *Remote Sensing and Climate Modeling: Synergies and Limitations.* 2001   ISBN 0-7923-6801-0
8. E. Jochem, J. Sathaye and D. Bouille (eds.): *Society, Behaviour, and Climate Change Mitigation.* 2000   ISBN 0-7923-6802-9
9. G. Visconti, M. Beniston, E.D. Iannorelli and D. Barba (eds.): *Global Change and Protected Areas.* 2001   ISBN 0-7923-6818-1
10. M. Beniston (ed.): Climatic Change: *Implications for the Hydrological Cycle and for Water Management.* 2002   ISBN 1-4020-0444-3
11. N.H. Ravindranath and J.A. Sathaye: *Climatic Change and Developing Countries.* 2002   ISBN 1-4020-0104-5; Pb 1-4020-0771-X
12. E.O. Odada and D.O. Olaga: *The East African Great Lakes*: Limnology, Palaeolimnologyand Biodiversity. 2002   ISBN 1-4020-0772-8
13. F.S. Marzano and G. Visconti: *Remote Sensing of Atmosphere and Ocean from Space*: Models, Instruments and Techniques. 2002   ISBN 1-4020-0943-7
14. F.-K. Holtmeier: *Mountain Timberlines.* Ecology, Patchiness, and Dynamics. 2003
ISBN 1-4020-1356-6
15. H.F. Diaz (ed.): *Climate Variability and Change in High Elevation Regions: Past, Present & Future.* 2003   ISBN 1-4020-1386-8
16. H.F. Diaz and B.J. Morehouse (eds.): *Climate and Water: Transboundary Challenges in the Americas.* 2003   ISBN 1-4020-1529-1
17. A.V. Parisi, J. Sabburg and M.G. Kimlin: *Scattered and Filtered Solar UV Measurements*. 2004   ISBN 1-4020-1819-3
18. C. Granier, P. Artaxo and C.E. Reeves (eds.): *Emissions of Atmospheric Trace Compounds.* 2004   ISBN 1-4020-2166-6
19. M. Beniston: *Climatic Change and its Impacts.* An Overview Focusing on Switzerland. 2004   ISBN 1-4020-2345-6
20. J.D. Unruh, M.S. Krol and N. Kliot (eds.): *Environmental Change and its Implications for Population Migration.* 2004   ISBN 1-4020-2868-7
21. H.F. Diaz and R.S. Bradley (eds.): *The Hadley Circulation: Present, Past and Future.* 2004   ISBN 1-4020-2943-8

22. A. Haurie and L. Viguier (eds.): *The Coupling of Climate and Economic Dynamics.* Essays on Integrated Assessment. 2005　　　　　　ISBN 1-4020-3424-5
23. U.M. Huber, H.K.M. Bugmann and M.A. Reasoner (eds.): *Global Change and Mountain Regions.* An Overview of Current Knowledge. 2005
　　　　　　　　　　　ISBN 1-4020-3506-3; Pb 1-4020-3507-1
24. A.A. Chukhlantsev: *Microwave Radiometry of Vegetation Canopies.* 2006
　　　　　　　　　　　ISBN 1-4020-4681-2
25. J. McBeath, J. Rosenbery : *Comparative Environmental Politics.* 2006
　　　　　　　　　　　ISBN 1-4020-4762-2
26. M.E. Ibarrarán and R. Boyd: *Hacia el Futuro.* Energy, Economics, and the Environment in 21st Century Mexico. 2006　　　　　ISBN 1-4020-4770-3
27. N.J. Roserberg: *A Biomass Future for the North American Great Plains:* Toward Sustain-able Land Use and Mitigation of Greenhouse Warming. 2006
　　　　　　　　　　　ISBN 1-4020-5600-1
28. V. Levizzani, P. Bauer and F.J. Turk (eds.): *Measuring Precipitation from Space.* EURAINSAT and the Future. 2007　　　　　ISBN 978-1-4020-5834-9
29. N.H. Ravindranath and M. Ostwald: *Carbon Inventory Methods.* Handbook for Greenhouse Gas Inventory, Carbon Mitigation and Roundwood Production Projects. 2008　　　　　　ISBN 978-1-4020-6546-0

词　　汇

A

above – ground biomass　地上生物量

　　frequency of measurement　测量频率

　　herbs　草本

　　methods　方法

　　non trees　非树木

　　parameters　参数

　　plot method　样地法

　　sample size　样本容量，样本单元数

　　sampling method　抽样方法

　　shrubs　灌木

　　trees　乔木

accuracy　准确度

active satellite imagery　主动卫星成像

adaptation　适应

additionality　额外性

adjustable baseline　可调基线

aerial photography　航空摄影

aerosols　气溶胶

afforestation　造林

AFOLU agriculture, forests and other land – u-
ses　农业、林业和其他土地利用

agriculture　农业

agroforestry　混农林业

allometric equations　异速生长方程

ALTERRA　绿色世界研究所，是荷兰一所致
力于生态系统、土壤科学、水和气候、景
观以及地理信息系统研究的机构

annex – 1　《京都议定书》附录 1 所给出的发
达国家

arc view　一种地理信息系统软件，以矢量为
基础，即图像由线、多边形和点构成

ASTER　Advanced Spaceborne Thermal Emission
and Reflection Radiometer　Terra 卫星上的高
分辨率成像仪

AVHRR　Advanced Very High Resolution Radi-
ometer　NOAA 系列卫星的主要探测仪器

avoided deforestation　避免毁林

B

bandwidth　带宽

basal area　断面积

base year　基准年

baseline　基线

　　adjustable　可调的

　　carbon mitigation　碳减缓

　　cross – sectional　横断面调查

　　default value　缺省值

　　dynamic　动态

　　fixed　固定的

　　generic　通用的

　　modelling　模型

　　project – specific　特定项目的

　　regional　区域的

　　scenario　情景

　　steps　步骤

below – ground biomass　地下生物量

　　excavation of roots　根挖掘

　　methods　方法

　　monolith　整块

　　root – shoot – ratio　根冠比

sampling　抽样

bioenergy　生物质能源

biomass conversion　生物量转换

biomass equations　生物量方程

　　application　应用

　　developing　开发

　　generic　通用的

　　species – specific　特定物种的

　　steps　步骤

biomass productivity　生物量生产力

BIOME　Biogeochemical Information Ordering Management Environment　生物地球化学信息有序管理环境模型

boreal　北方

boundary　边界

bulk density　容重

　　clod method　土块取样法

　　core method　取芯法

　　mearurement　测量

bundling　打捆

business as usual scenario　常规情景商业活动

C

calculation　计算

　　above – ground biomass　地上生物量

　　deadwood　枯死木

　　litter biomass　枯落物生物量

canopy　树冠

carbon budget　碳预算

carbon cycle　碳循环

carbon dioxide emissions and removals　二氧化碳排放和转移

carbon emission and removals　碳排放和转移

carbon flux　碳通量

carbon inventory　碳计量(清单)

baseline scenario　基线情景

CDM Clean Development Mechanism projects　清洁发展机制项目

GEF（Global Environment Facility）projects　全球环境基金项目

mitigation projects　减缓项目

　　project conceptualization　项目概念化

　　project development　项目开发

　　project monitoring　项目监测

　　project review　项目评审

　　project scenario　项目情景

carbon pools　碳库

criteria for selection　选择标准

　　definition　定义

　　distribution　分布

　　flux　流通

　　frequency of monitoring　监测频率

carbon sink　碳汇

carbon stock change　碳储量变化

carbon stock – difference　碳储量差异

carbon stocks　碳储量

　　gain – loss　获得损失

　　soil　土壤

　　stock difference　碳储量差异

　　vegetation　植被

C – band　C波段

CENTURY　用于模拟植被 – 土壤生态系统 C 和营养元素 N、P、S 等长期动态变化的生物地球化学模型

　　application　应用

carbon stock　碳储量

parameterization　参数化

chlorophyII　叶绿素

CHN analyzer　碳、氢、氮分析仪

circular plots　圆形样地

clean development mechanism　清洁发展机制

carbon inventory　碳计量(清单)

greenhouse gas inventory　温室气体清单

　activity data　活动数据

　emission factors　排放因子

　key categories　关键类型

　reporting　报告

　stratification　分层

　tier　层

grid counting method　栅格计数法

ground method　地面法

ground - truth information　地面实况信息

H

hardwood　阔叶树

harvest method　收获法

haze　雾

height　高度

　equation　方程

　measurement　测量

herbs　草本

　biomass　生物量

　frequency　频率

　parameters　参数

heterogeneity　异质性

HYBRID　一种动态生物地理模型

I

IDRISI　是一个交互式地理信息系统和影像
　处理解决方案

IKONOS　是一颗提供高分辨率卫星影像的商
　业遥感卫星

incrementality　增加额

indices　指数

industrialwood　工业用材

infrared　红外

IPCC guidelines　Intergovernmental Panel on
　Climate Change 政府间气候变化专门委员会

指南

　revised 1996　1996 年修订版本

　2003　2003 年修订版本

　2006　2006 年修订版本

J

JAXA/ALOS　Japan Aerospace Exploration A-
　gency 日本宇宙航空研发机构 Advanced
　Land Observing Satellite 高级陆地观测卫星

Julita　瑞典地名朱利塔

K

Kyoto Protocol　京都议定书

L

land reclamation　土地改良

landsat　陆地卫星

land survey　土地调查

land - use categories　土地利用类型

　stratification　分层

leaf area index(LAI)　叶面积指数

leakage　泄漏

　primary　初级

　secondary　次级

lidar　激光雷达

litter biomass　枯落物生物量

　production method　生产方法

　stock change method　贮存量变化法

long - term monitoring　长期监测

　above - ground biomass　地上生物量

　below - ground biomass　地下生物量

　deadwood　枯死木

litter　枯落物

　soil organic carbon　土壤有机碳

LULUCF(land use, land - use change and for-
　est)　土地利用、土地利用和林业

M

map 地图

mean tree weight 平均树重

measuring 测量

    chain 链

    tape 卷尺

MERIS(MEdium Resolution Imaging Spectrometer) 中等分辨率成像频谱仪

mitigation opportunities 减缓机会

mitigation potential 减缓潜力

    agriculture 农业

    forest sector 森林部门

    land – use sectors 土地利用部门

modelling 模型

MODIS(Moderate Resolution Imaging Spectroradiometer) 中分辨率成像光谱辐射计

monitoring 监测

Monte Carlo 蒙特卡罗方法

multiple 多重

    parcels 斑块

    units 单位

N

national communication 国家通信

national greenhouse gas inventory 国家温室气体清单

    carbon inventory 碳计量(清单)

    remote sensing 遥感

nearest – neighbour approach 最近邻方法

near – infrared 近红外

net present value 净现值

net primary production(NPP) 净初级生产力

nitrogen deposition 氮沉降

NOAA(National Oceanic and Atmospheric Administration) 美国国家海洋大气局

non – annex – I 非附录 I 国家，即发展中国家

non – permanence 非永久性

normalized difference vegetation index(NDVI) 归一化植被指数

O

optical sensors 光学传感器

orbits 轨道

Orissa 奥利萨邦(印度邦名)

P

PALSAR(phased array type L – band synthetic aperture radar) 相控阵型 L 波段合成孔径雷达

participatory rural appraisal(PRA) 参与式乡村评估

passive 被动的

    satellite imagery 卫星成像

    sensors 传感器

Pearson's correlation coefficient 皮尔森相关系数

permanence 永久性

permanent plots 固定样地

photosynthetically active radiation(PAR) 光合有效辐射

physical measurement 物理测量

plot method 样地法

    above – ground biomass 地上生物量

    below – ground biomass 地下生物量

    definition 定义

plotless method 无样地方法

positive spillover 积极渗溢

post – classification change detection 分类后比较变化监测

precision level 精度水平

pre – classification change detection 分类前比较变化监测

primary 初级

  forest 森林

  leakage 泄漏

project boundary 项目边界

PROCOMAP(project comprehensive mitigation analysis process) 项目综合减缓分析进程

  application 应用

  steps 步骤

producer's accuracy 生产厂商的准确度

project area 项目区

GPS approach 全球定位系统方法

participatory rural appraisal(PRA) 参与式乡村评估

  physical measurement 物理测量

  remote sensing 遥感

project boundary 项目边界

primary 初级

  secondary 次级

project conceptualization 项目概念化

project cycle 项目周期

project evaluation 项目评估

project implementation 项目执行

project monitoring 项目监测

project proposal development 项目建议书开发

project review 项目评审

projections 预测

Q

quality assurance 质量保证

quality control 质量控制

quickbird 卫星

R

radar 雷达

radar SAT 雷达卫星

raster 光栅

recording data 记录数据

reforestation 再造林

regeneration 更新

regional baseline 区域基线

regression 回归

  equation 方程

  model 模型

remote sensing 遥感

  active satellite data 主动卫星数据

  aerial photography 航空摄影

  biomass 生物量

  carbon inventory 碳计量(清单)

  geo – reference 地理参照

  ground reference 地面参照

  laser 激光

  lidar 激光雷达

  NDVI 归一化植被指数

  passive satellite data 被动卫星数据

  project types 项目类型

removal factor 转移因子

resolution 分辨率

root biomass 根生物量

root – shoot – ratio 根茎比

ROTH 一种测量土壤碳动态的模型

  application 应用

  steps 步骤

roundwood 圆木

S

sample plots 样地

  number 数量

shape 形状

size 面积

  type 类型

U

uncertainty　不确定性

  analysis　分析

  causes　原因

  estimation　估计

  reducing　减少

  simple error proportion　简单误差比

universal transverse mercator　墨卡托方位法

unsupervised classification　非监督分类

V

vector　矢量

vegetation indices　植被指数

verification　校验

visual analysis　视觉分析

volume tables　材积表

W

wall – to – wall　从此端到彼端的

water vapour　水蒸气

wavelength　波长

world geodetic system　全球大地测量系统

Y

Yasso model　Yasso 模型

致　谢

　　这本书是我长期与为"政府间气候变化专门委员会"（IPCC）撰写报告的数不清的专家学者合作完成的。由于我已经记不清一些人的名字，所以不能把他们的名字全部写出来。另外，我工作在发展中国家，从事估算温室气体清单和评估土地利用部门碳减缓潜在能力，使我更加感到使用者们渴望读到这本书。我要感谢不同国家的许多人。参加制定联合国开发计划署和全球环境基金（UNDP-GEF）碳计量手册指南条款的工作也给了我写这本书的许多启示。我要感谢 Richard Hosier 和 Bo Lim。进一步说，我和 Bo Lim 在为政府间气候变化专门委员会（IPCC）关于土地利用、土地利用变化和林业的报告工作期间，就已经认识到了出版这本书的必要性（R）。

　　如果没有同事们的辛勤工作与大力支持，这本书是很难写出来的。第一，Indu Murthy，为这本书不同阶段的撰写做出了许多贡献；第二，Niranjan Joshi，为这本书稿提供了许多有建设性的建议。第三，Yateendra Joshi，是一位友善的和高效的文字编辑；最后是 K. S. Murali，R. Chaturvedi，Matilda Palm，Eskil Mattsson，Elisabeth Simelton，Jonas Ardö，G. Chaya，R. Tiwari 和 G. V. Suresh，在这本书的写作过程中，他们给了我们许多评价、建议和支持（R & O）。

　　我们也感谢印度政府环境与森林部、Linköping 大学气候科学与政策研究中心、瑞典 Göteborg 大学地球科学系，瑞典能源局给予的支持。

　　我还要感谢 Shailaja 在我写作书稿中给予的不懈支持，多年来经常出差在外并且忽略了很多生活中的事情。我确信在她的支持下，我才有时间连续不断地写出在脑中形成的书稿（R）。我还要感谢 Ola、Vilgot 和 Listn 以及大家庭中的其他成员，是他们鼓励和帮助下我才完成了这本书的撰写（O）。

　　我们还要感谢联合国开发计划署，购买了多本图书，促进了这本书在世界不同国家估算温室气体清单和开发以土地为基础减缓项目中的应用。感谢联合国开发计划署，把这本书用在土地利用部门计量温室气体的培训和能力建设项目中，我们还要特别感谢 Bo lim，他为了鼓励和支持许多发展中国家开展编制温室气体清单和评估土地利用部门碳减缓潜力等项工作做出了突出贡献。

N. H. Ravindranath（R）

Madelene Ostwald（O）